网络空间安全丛书

博弈论与数据安全

Game Theory and Data Security

■ 田有亮 张 铎◎著

人民邮电出版社
北 京

图书在版编目（CIP）数据

博弈论与数据安全 / 田有亮，张铎著. -- 北京 :
人民邮电出版社，2023.6
（网络空间安全丛书）
ISBN 978-7-115-60227-5

Ⅰ. ①博… Ⅱ. ①田… ②张… Ⅲ. ①博弈论—应用
—数据处理—安全技术 Ⅳ. ①TP274

中国版本图书馆CIP数据核字(2022)第200092号

内 容 提 要

本书从博弈论基础开始，系统地介绍了博弈论在数据安全中的应用，汇集了近年来基于博弈论研究数据安全的最新成果，重点探讨了秘密共享的可公开验证模型及博弈论分析、数据外包情况下的博弈模型、激励相容机制和抗共谋机制以及隐私保护的博弈分析、基于信息论的理性委托攻防模型，为数据外包更新提出了有效策略。本书观点新颖独到，研究内容均为作者原创科研成果，对制定正确的数据安全策略，提高数据安全保障能力具有重要的参考价值。

本书概念清晰、结构合理、内容深入浅出、通俗易懂，不仅阐述了博弈论与数据安全的基本理论，同时涵盖了博弈论与数据安全交叉融合的最新研究成果。本书可作为高等院校网络与信息安全研究生的教学参考书，也可作为数据委托和云计算领域相关技术人员的参考书。

◆ 著　　　田有亮　张　铎
责任编辑　王　夏
责任印制　马振武
◆ 人民邮电出版社出版发行　　北京市丰台区成寿寺路 11 号
邮编　100164　　电子邮件　315@ptpress.com.cn
网址　https://www.ptpress.com.cn
固安县铭成印刷有限公司印刷
◆ 开本：700×1000　1/16
印张：13.25　　　　2023 年 6 月第 1 版
字数：260 千字　　　　2023 年 6 月河北第 1 次印刷

定价：129.90 元

读者服务热线：(010)81055493　印装质量热线：(010)81055316
反盗版热线：(010)81055315
广告经营许可证：京东市监广登字 20170147 号

前 言

当今世界，数据已成为全球重要战略资源。它作为一种新型生产要素在国民经济发展中起到至关重要的作用，已引起世界各国的高度重视。由于以开放性、分布性和异构性为主要特征的网络系统承载着巨大的数据资源，一次小小的数据安全事件就可能造成巨大的影响和难以估计的损失。严峻的数据安全现状正给全球用户带来前所未有的挑战。尽管如此，无论是数据安全威胁还是数据安全事件、攻击方法，归根结底还是决策主体“人的理性行为”在其中起着至关重要的作用。

博弈论（Game Theory）用于研究决策主体的行为发生直接相互作用时产生的决策及其均衡问题，是研究竞争中参与者为争取最大利益应当如何做出决策的数学方法，是研究多决策主体之间行为相互作用及相互均衡，以使收益或效用最大化的一种对策理论。近年来，博弈论已被广泛应用于经济学、生物学、计算机科学、信息安全等学科，取得了系列重要研究成果。

本书聚焦博弈论与数据安全，是田有亮教授团队近 10 年在该交叉领域主要研究成果的总结，重点总结了博弈论与秘密共享、博弈论与委托计算方面的研究工作，较系统全面地论述了博弈论与秘密共享、委托计算领域的理论成果和技术原理。田有亮教授统筹全书，张铎博士负责撰写。本书共 15 章，具体内容如下。

第 1 章为博弈论理论，主要介绍数据安全相关的博弈论定义、分类以及均衡的存在性等知识。

第 2 章为密码学理论技术，主要介绍密码学基本概念、经典的密码方案以及安全性定义等知识。

第 3 章为可验证秘密共享方案，利用椭圆曲线上的双线性对技术研究秘密共享的可验证性问题，同时利用博弈论对秘密共享体制进行细致分析，主要包括秘密共享体制各阶段各参与者的效用分析和秘密分发协议的博弈论分析。该工作是田有亮教授早期的研究成果。

第 4 章为可公开验证秘密共享方案，利用多线性映射和可公开验证秘密共享技术，对秘密进行分发和承诺、公开验证和加解密运算，得到秘密份额后存储在相应的服务器上，提出了一个可公开验证秘密共享方案。该工作是田有亮教授指导硕士生彭巧完成的。

第 5 章为激励相容的理性秘密共享方案，以博弈论为基础，以博弈树的形式直观表示了理性秘密共享这一不完全信息的动态博弈，构造一种新颖的理性秘密共享模型，设计一种有效的激励机制构建博弈以及求解博弈的序贯均衡，证明了理性参与者不会偏离诚实行为，即促使参与者采取合作策略从而摆脱囚徒困境并实现了激励相容。该工作是田有亮教授指导硕士生陈泽瑞完成的。

第 6 章为基于分组的理性秘密共享方案，结合知识承诺方案和双线性对性质设计验证算法，基于贝叶斯法则和“均匀分组”原理，构造出基于均匀分组的两轮理性秘密共享方案，并进行了纳什均衡、安全性分析和通信效率对比。该工作是田有亮教授指导硕士生李梦慧完成的。

第 7 章为常数轮公平理性秘密共享方案，基于双线性对构造一种新的知识承诺方案和双变量单向函数来构造加密算法，利用双线性对的性质实现了秘密份额的可公开验证性，有效地防止了理性参与者的欺骗行为，将真秘密隐藏在一个随机序列中，再基于“均匀分组”思想将参与者分为 3 人一组，参与者只知道自己的秘密份额与组内其他参与者秘密份额数量至多相差 1，来防止参与者产生偏离行为。该工作是田有亮教授指导硕士生李梦慧完成的。

第 8 章为基于全同态加密的可公开验证理性秘密共享方案，引入全同态加密技术使秘密以密文的形式传递，不需要安全信道，同时设计标记使理性参与者不知道当前轮是否为真秘密所在的轮来防止参与者产生偏离行为，构造了基于全同态加密的抗 $t-1$ 参与者共谋的理性秘密共享方案。该工作是田有亮教授指导硕士生李梦慧完成的。

第 9 章为基于全同态加密的理性委托计算协议，利用博弈委托代理理论，构造一种新的委托计算博弈模型；结合全同态加密技术，构造理性委托计算协议；实验分析结果表明，该协议保证了参与者的利益，全局可达帕累托最优。该工作是田有亮教授指导硕士生李秋贤完成的。

第 10 章为可证明安全的理性委托计算协议，在委托计算中引入博弈论并分析理性参与者的行为偏好，利用博弈论构建理性委托计算博弈模型并设计其安全模型；结合混淆电路可随机化重用的优势以及全同态加密技术，构造理性委托计算协议，并根据理性安全模型证明了协议的安全性和输入/输出的隐私性。该工作是田有亮教授指导硕士生李秋贤完成的。

第 11 章为基于博弈论与信息论的理性委托计算协议，根据参与者行为策略设计博弈模型，将纳什均衡与信道容量相结合，设计了理性委托计算协议，并证明了当委托方与计算方都选择诚实策略时效用最大，即全局可以达到纳什均衡状态，同时提升其计算效率。该工作是田有亮教授指导硕士生李秋贤完成的。

第 12 章为理性委托计算的最优攻防策略，结合信息论中平均互信息的概念，分别构造委托方和计算方的攻击信道和防御信道，建立了理性委托计算的攻防模型；根据在不同的混合策略下委托方和计算方的攻防极限的关系，构造委托方和计算方攻防的最优策略，即双方达到均衡点时的策略；在攻防场景下通过构造理性委托计算协议，使委托方和计算方诚实执行协议获得最大利益，保证了委托计算的正确性。该工作是田有亮教授指导硕士生郭婕完成的。

第 13 章为基于门限秘密共享的理性委托计算协议，结合多用户信息论中的平均互信息，给出理性委托计算的攻防模型，构造了委托方和计算方的攻防信道；根据信源编码理论构造了攻防模型和计算防御信道的可达容量区域；在委托方的能力极限的结论上，构造了基于秘密共享的理性委托计算协议，并分析表明了协议的正确性和安全性。该工作是田有亮教授指导硕士生郭婕完成的。

第 14 章为基于序贯均衡理论的理性委托计算协议，分析理性参与者行为偏好及策略，对参与者的策略组合设计不同的收益函数，构造了委托计算博弈模型；给出理性委托计算中委托方和计算方的最优策略，设计了满足序贯均衡的理性委托计算协议，证明了每个参与者都选择诚实策略时，自身效用最大。该工作是田有亮教授指导硕士生郭婕完成的。

第 15 章为激励相容的理性委托计算方案，结合密码学方法，设计了一种一对 n 理性委托计算模型以及制衡合约，构造了该模型下的制衡博弈；设计了共谋合约，构造了共谋博弈，证明了执行相同计算任务的理性服务端不会偏离共谋行为；此外，还设计了背叛合约，构造了诬陷博弈以及背叛博弈，证明了没有理性服务端敢于诬陷以及偏离背叛行为，并对方案的隐私性、可验证性、正确性进行分析。该工作是田有亮教授指导硕士生陈泽瑞完成的。

在本书编写过程中，我们得到了贵州大学计算机科学与技术学院的大力支持，在此表示衷心感谢。

由于作者水平有限，书中难免有不当之处，望广大读者提出意见和建议。

作　者

2022 年 8 月于花溪

目录

第1章 博弈论理论

约翰·冯·诺依曼是20世纪最重要的数学家之一，被后人称为“现代计算机之父”“博弈论之父”，他在有生之年给诸多学科留下了宝贵的智慧遗产。绝大多数人认为，他于1928年发表的一篇学术文章标志着博弈论的诞生。但博弈论的根源更加深远，毕竟人类文明诞生之初便有了博弈游戏，且睿智的思想家们一直在思考如何更有效地进行博弈。但是，直到20世纪，博弈论才以现代数学的新分支的形式出现。

本章主要介绍博弈论的相关概念，这也是本书理性协议设计的基础。

1.1 博弈论的定义及分类

博弈论提供了描述和解决博弈问题的数学工具。通常，博弈通过以下参数来描述：博弈参与者、参与者行动次序、参与者可能的行为、每个参与者在行动前关于其他参与者行为的知识，以及每个参与者关于其他参与者效用函数的知识。博弈论假定每个参与者都是理性的，参与者在响应其他参与者行为时，会选择给其带来最大收益或效用的响应。博弈论研究两个或两个以上参与者之间的交互过程，如果参与者之间完全是竞争关系，称为非合作博弈；如果参与者之间是合作关系，称为合作博弈。博弈论主要有以下4个基本概念。

（1）参与者：博弈中的参与实体，可以是人、机构、动物以及其他任何交互的物体。

（2）行为：参与者在每次行动中都展现出的具体行为，博弈论假定每个参与者知道其他参与者可能的行为。

（3）效用：博弈参与者都做出相应决策后，每个参与者都将获得一个正或负的回馈，即参与者的效用。

（4）策略：参与者的策略是该参与者的行为计划，指定了参与者根据其历史行为将如何行动；策略可分为纯策略和混合策略。

博弈的解即博弈的纳什均衡（Nash Equilibrium），它是理性参与者根据其他参与者的行为策略选择能够最大化其效用的策略时导出的。博弈的纳什均衡是一组参与者的策略组合，使每个参与者的策略都是关于其他参与者策略的最优响应，即该策略能够在其他参与者策略给定的情况下所能导出的最大效用。

博弈主要有以下 3 种分类方法。

（1）根据博弈是否为多阶段，其可分为静态博弈和动态博弈。静态博弈是单阶段博弈，博弈参与者同时行动；动态博弈是多阶段博弈，阶段的次数可以是有限或无限的。概率博弈是一种动态博弈，从开始阶段向下一个阶段转移，每次阶段转移都有相应的转移概率，阶段转移后每个参与者可根据其他参与者的状态转移概率和行为计算出它获得的效用。

（2）根据博弈是否拥有完美信息，其可分为完美信息博弈和不完美信息博弈。在完美信息博弈中，每个参与者在采取行动之前都知道其他参与者先前的行为，如围棋博弈。在不完美信息博弈中，至少有一个参与者在行动前不知道其他参与者先前的行为。

（3）根据博弈是否拥有完全信息，其可分为完全信息博弈和不完全信息博弈。在完全信息博弈中，每个参与者都知道其他参与者的效用函数，如囚徒困境博弈。在不完全信息博弈中，至少有一个参与者不知道其他参与者的效用函数。贝叶斯博弈是典型的不完全信息博弈，每个参与者被分配一个类型，类型用于捕获该参与者的不完全信息。每个参与者知道其他参与者的效用函数结构，但不知道其他参与者具体的类型值，只知道有多个可能的类型值，如拍卖博弈。

1.2 纳什均衡

纳什均衡于 1950 年由纳什提出，在非合作博弈中占据十分重要的地位。为了引出纳什均衡的定义，本节首先对非合作博弈的一般表示方法进行介绍。常用 G 表示一个博弈，其通常包括博弈方、博弈方策略及博弈效用这 3 个主要组成部分。G 中有 n 个博弈方，每个博弈方 i（$1\leqslant i\leqslant n$）的全部可选策略的集合称为“策略空间”，用 $\{S_1,S_2,\cdots,S_n\}$ 表示；博弈方 i 的第 j 个策略用 $s_{ij}\in S_i$ 表示；博弈方 i 的效用用 u_i 表示，一般 u_i 是关于各博弈方策略的多元函数。因此，n 个博弈方的博弈 G 用 $\{S_1,S_2,\cdots,S_n;u_1,u_2,\cdots,u_n\}$ 表示。

1.2.1 纳什均衡的定义

在一个策略组合中，当每个博弈方策略都是针对其他博弈方策略的最优策略时，则称其为一个“纳什均衡”。博弈 G 的纳什均衡定义如下。

定义 1-1 在博弈 $G=\{S_1,S_2,\cdots,S_n;u_1,u_2,\cdots,u_n\}$ 中，如果由每个博弈方策略组成的某个策略组合 $(s_1^*,s_2^*,\cdots,s_n^*)$ 中，任意一个博弈方 i 的策略 s_i^* 都是对其他博弈方策略组合 $(s_1^*,s_2^*,\cdots,s_{i-1}^*,s_{i+1}^*,\cdots,s_n^*)$ 的最佳对策，即

$$u_i(s_1^*,s_2^*,\cdots,s_{i-1}^*,s_{i+1}^*,\cdots,s_n^*)\geqslant u_i(s_1^*,s_2^*,\cdots,s_{i-1}^*,s_i^*,s_{i+1}^*,\cdots,s_n^*) \qquad (1\text{-}1)$$

对任意 i 都成立，则称 $(s_1^*,s_2^*,\cdots,s_n^*)$ 为博弈 $G=\{S_1,S_2,\cdots,S_n;u_1,u_2,\cdots,u_n\}$ 的一个纳什均衡。根据纳什均衡的特性可知，在纳什均衡策略下，各博弈方都不愿意单独改变自身的策略。

1.2.2 纳什均衡的存在性

1950 年，纳什第一次提出了“均衡点”的概念，并证明了混合策略的纳什均衡在相当广泛的博弈模型中是普遍存在的。纳什的这个证明，实际上是他提出的“均衡点”被称为“纳什均衡”的主要原因。纳什均衡的经典定理如下。

定理 1-1 在博弈 $G=\{S_1,S_2,\cdots,S_n;u_1,u_2,\cdots,u_n\}$ 中，如果博弈方数量 n 是有限的，且 S_i 均为有限集（$i\in[1,2,\cdots,n]$），则博弈 G 至少存在一个纳什均衡，但可能包含混合策略。

通俗来讲，定理 1-1 就是“每个有限策略博弈都至少有一个混合策略纳什均衡”。1950 年以后，纳什和其他学者又用不同的方法或者针对不同的博弈类型，证明了纳什均衡的存在性。其中最重要的进展是将针对有限策略博弈的纳什均衡扩展到博弈方策略不可数、效用函数连续的无限策略博弈中，得到了定理 1-2。

定理 1-2 如果一个博弈的策略空间是欧氏空间的非空紧凸集，其效用函数为连续拟凸函数（上凸）时，该博弈存在纯策略的纳什均衡。

1.3 序贯均衡

纳什均衡的原始定义适用于具有完全信息的静态博弈，在不完美信息的动态博弈下可能存在不可置信的威胁。序贯均衡是对纳什均衡的严格而有影响力的改进，能够剔除不可置信的威胁，甚至被认为是对完美贝叶斯均衡的再精炼。

在博弈 G 中，参与者 p_i 的信念 β_i 表示对于每个信息集 I_{ij} 上的具体节点 $x\in I_{ij}$，该参与者对其在该节点的概率判断为 $\beta_i(x)=\Pr[x\,|\,I_{ij}]$。信念系统 $\beta=(\beta_i)_{i\in\mathbb{N}}$ 表示每个参与者信念的集合，意味着参与者对处于信息集上的具体非终止节点的概率分布判断，即参与者对于其他参与者历史行为的判断。参与者在

非终止节点 x 的期望效用 $u_i(s,x)=\sum_{e\in E}u_i(e)\Pr[e|s,x]$ 表示该参与者从节点 x 到每个终止节点的概率与效用乘积之和，其中，$u_i(e)$ 表示参与者在每个终止节点的效用，$\Pr[e|s,x]$ 表示参与者到达终止节点的概率，s 表示策略组合。$u_i(s,\beta,I_{ij})=\sum_{x\in I_{ij}}\beta_i(x)u_i(s,x)$ 表示该参与者在属于该信息集 I_{ij} 上的每个非终止节点的期望效用之和。

在博弈 G 中，给定策略组合 s 和信念系统 β。如果对于任意参与者 p_i，有 $\forall s_{i'}\neq s_i$, $u_i((s_{i'},s_{-i}),\beta,I_{ij})\leqslant u_i(s,\beta,I_{ij})$，则称 $s=(s_i,s_{-i})$ 在信息集 I_{ij} 上是理性的。如果 $s=(s_i,s_{-i})$ 在任意信息集 $I_{ij}\in I$ 上都是理性的，则称 (s,β) 是序贯理性的。如果存在一个完全混合策略组合序列 $(s^k)_{k\in\mathbb{N}}$ 收敛于 s，以及通过贝叶斯法则得到的信念序列 $(\beta^k)_{k\in\mathbb{N}}$ 收敛于 β，则称 (s,β) 是序贯一致的。(s,β) 是序贯均衡的，当且仅当其是序贯理性且序贯一致的。也就是说，序贯均衡要求参与者的效用不止在整个博弈中是最优的，同时在每个信息集上都是最优的。

1.4 斯塔克尔伯格均衡

主从博弈的概念最早由德国经济学家斯塔克尔伯格提出，他在 1934 年出版的 *Market Structure and Equilibrium* 中建立了斯塔克尔伯格模型，后来许多学者对斯塔克尔伯格模型开展相关研究。以下将主要介绍一主多从斯塔克尔伯格均衡的概念，主要内容来源于《博弈论选讲》一书。

1.4.1 斯塔克尔伯格均衡的定义

在包含一个主导方和 n 个随从方的斯塔克尔伯格博弈中，假设主导方的策略集为 X，随从方的集合为 $I=\{1,2,\cdots,n\}$，$\forall i\in I$，随从方 i 的策略集为 Y_i，则 n 个随从方的策略集为 $Y=\prod_{i=1}^{n}Y_i$；主导方的效用函数为 $f:X\times Y\to R$，随从方 i 的效用函数为 $g_i:X\times Y\to R$。

当主导方选择策略 $x\in X$ 时，随从方在此策略上进行竞争，如果均衡点存在，则存在 $\overline{y}=\{\overline{y}_1,\overline{y}_2,\cdots,\overline{y}_n\}\in Y$，满足

$$g_i(x,\overline{y}_i,\overline{y}_{-i})=\max_{u_i\in Y_i}g_i(x,u_i,\overline{y}_{-i}) \tag{1-2}$$

其中，$\overline{y}_{-i}=\{\overline{y}_1,\overline{y}_2,\cdots,\overline{y}_{i-1},\overline{y}_{i+1},\cdots,\overline{y}_n\}$。

随从方的均衡点不一定是唯一的，所有的均衡点均以 x 为基础，记所有均衡

点的集合为$N(x)$，由$x \to N(x)$可定义一个集值映射$N: X \to P_0(Y)$。

主导方有意愿实现自身效用的最大化，因此在自身策略为x时，会在随从方的$N(x)$中选择对自己效用最有利的策略，记为$v(x) = \max\limits_{y \in N(x)} f(x,y)$，考虑到主导方自身策略的变化，最终要达到$\max\limits_{x \in X} v(x)$。综上，可得到一主多从斯塔克尔伯格博弈均衡的定义。

定义 1-2 斯塔克尔伯格博弈的均衡点$(x^*,y^*) \in X \times Y$满足

$$v(x^*) = \max_{x \in X} v(x) \tag{1-3}$$

$$y^* \in N(x^*) \tag{1-4}$$

$$f(x^*,y^*) \geqslant f(x^*,y), \quad \forall y \in N(x^*) \tag{1-5}$$

1.4.2 斯塔克尔伯格博弈均衡点的存在性

《博弈论选讲》给出了一主多从斯塔克尔伯格博弈均衡点的存在性定理。

定理 1-3 设X是R^m中的有界闭集，$\forall i \in I$，Y_i是R^{k_i}中的有界闭凸集，$f: X \times Y \to R$上半连续，$\forall i \in I$，$g_i: X \times Y \to R$连续，且$\forall x \in X$，$\forall y_{-i} \in Y_{-i}$，$u_i \to g_i(x,u_i,y_{-i})$在$Y_i$上是凹的，则主从博弈的均衡点必定存在。

1.5 势博弈

势博弈（Potential Game）的概念最早由 Monderer 和 Shapley 于 1996 年提出。一般地，如果一个策略型重复博弈的全局收益服从一个势函数，那么就说它是一个势博弈模型。势函数可以看作参与者之间差异的量化表示形式，或者说其等价于向纳什均衡解的偏移程度。势博弈模型自身具备一些良好的属性，如在某些条件下，所有的势博弈都必然存在纯策略的纳什均衡解；而在一些不是特别严苛的条件下，博弈中的参与者最终一定会收敛至纳什均衡状态。

1.5.1 势博弈的定义

势博弈理论越来越受到相关学者的关注，将其作为动态分布式优化理论在无线通信网络的功率控制、拥塞控制和资源调度等方面得到了广泛的应用与发展，同时也出现了各种类型的势博弈，如普通势博弈、完全势博弈和加权势博弈，不同类型的势博弈对于实际网络场景下的应用问题具有不同的理论意义。下面给出普通势博弈、加权势博弈和完全势博弈的定义。

定义 1-3 一个 n 个参与者的非合作策略型博弈 $G=\{S_1,S_2,\cdots,S_n;u_1,u_2,\cdots,u_n\}$ 是一个普通势博弈，如果存在一个普通势函数 $\varphi:S\to R$，对任意参与者 $i\in\Gamma$，有

$$\text{sgn}[\varphi(x,s_{-i})-\varphi(y,s_{-i})]=\text{sgn}[u_i(x,s_{-i})-u_i(y,s_{-i})],\quad \forall x,y\in S_i,\forall s_{-i}\in S \tag{1-6}$$

定义 1-4 一个 n 个参与者的非合作策略型博弈 $G=\{S_1,S_2,\cdots,S_n;u_1,u_2,\cdots,u_n\}$ 是一个加权势博弈，如果存在一个势函数 $\varphi:S\to R$，对任意参与者 $i\in\Gamma$，有

$$\text{sgn}[\varphi(x,s_{-i})-\varphi(y,s_{-i})]=\omega_i\,\text{sgn}[u_i(x,s_{-i})-u_i(y,s_{-i})],\quad \forall x,y\in S_i,\forall s_{-i}\in S \tag{1-7}$$

其中，ω_i 为权重。

定义 1-5 特别地，当 $\omega_i=1$ 时，非合作策略型博弈 $G=\{S_1,S_2,\cdots,S_n;u_1,u_2,\cdots,u_n\}$ 是一个完全势博弈，如果存在一个势函数 $\varphi:S\to R$，对于任意参与者 $i\in\Gamma$，有

$$\varphi(x,s_{-i})-\varphi(y,s_{-i})=u_i(x,s_{-i})-u_i(y,s_{-i}),\quad \forall x,y\in S_i,\forall s_{-i}\in S \tag{1-8}$$

在完全势博弈中，每个参与者通过单方面改变策略所获得的个人收益与势函数之间的差值是相同的；在普通势博弈中，二者仅在符号上是一致的。因此，势博弈的结果可以根据势函数的结果来确定。势函数可以按照单方面的偏差定量地分析参与者收益上的差异，如果量化的偏差结果仅在符号上是一致的，则称为普通势博弈；如果量化的偏差结果是一致的，则称为完全势博弈。

1.5.2 势博弈的性质

定理 1-4 每一个有限的势博弈至少存在一个纯策略纳什均衡。

事实上，每一个可以最大化势函数的策略组合 s 都是势博弈的纯策略纳什均衡解。然而，其他纯策略纳什均衡解也有可能存在，这就要求计算所有参与者的势函数。对于无限势博弈而言，存在如下结论。

定理 1-5 对于 n 个参与者的无限势博弈，若一个纯策略纳什均衡存在，则必须满足条件：①每个参与者的策略集合 S_i 是紧集；②势函数 $\varphi:S\to R$ 在策略空间 S 上是上半连续的。

势博弈的最大优势在于其纯策略纳什均衡解一定存在。此外，如果策略空间 S 是紧凸集，并且势函数 φ 在 S 上是严格凹函数而在 S 内部是连续可微的，则此时的势博弈存在唯一的纳什均衡解。对于普通势博弈来说，假设存在势函数且为凹函数，每一个均衡点都对应势函数的最（大）值点。当势函数是一个严格凹函数时，存在唯一的最大值点，也代表均衡点有且只有一个。也就是说，通过多种迭代过程（如高斯-赛德尔迭代、雅可比迭代）可以到达纳什均衡的最优状态。

定理 1-6 对于 n 个参与者的策略型博弈 $G=\{S_1,S_2,\cdots,S_n;u_1,u_2,\cdots,u_n\}$，假设对于任意实数域上的策略集合 S_i，i 的支付函数二阶连续可微，则该博弈 G 是势博弈的充要条件为

$$\frac{\partial^2(u_i,u_j)}{\partial s_i \partial s_j}=0 \tag{1-9}$$

1.6 扩展式博弈

扩展式博弈是一种树状结构，其又被称为博弈树，更适用于描述动态博弈。一个扩展式博弈可以表示为 $G=\{N,H,E,I,A,U\}$，其中 N 表示参与者集合，H 表示非终止节点（非叶子节点）集合，E 表示终止节点（叶子节点）集合，I 表示信息集，A 表示参与者在信息集上的可选策略集合，U 表示效用函数，即参与者在终止节点上的效用。

在扩展式博弈 G 中，第 i 个参与者 p_i 的一个行为策略 s_i 指的是对于该参与者的每个信息集 $I_i \in I$，为其可选行动 $A_i \in A$ 分配一个概率分布。那么 $S_i \in \{s_i\}$ 代表该参与者的所有行为策略集合。如果 n 个参与者每人分别从自己的行为策略集合中选择一个行为策略，那么 n 维向量 $\boldsymbol{s}=(s_1,\cdots,s_i,\cdots,s_n)$ 被称为一个策略组合，或将一个策略组合表示为 $\boldsymbol{s}=(s_i,s_{-i})$，其中 $\boldsymbol{s}_{-i}=(s_1,\cdots,s_{i-i},s_{i+1},\cdots,s_n)$。

参考文献

[1] 张维迎. 博弈论与信息经济学[M]. 上海: 格致出版社, 2012.

[2] 朱・弗登博格, 让・梯若尔. 博弈论[M]. 黄涛, 译. 北京: 中国人民大学出版社, 2010.

[3] 姜伟, 方滨兴, 田志宏, 等. 基于攻防博弈模型的网络安全测评和最优主动防御[J]. 计算机学报, 2009, 32(4): 817-827.

[4] 程代展, 刘挺, 王元华. 博弈论中的矩阵方法[J]. 系统科学与数学, 2014, 34(11): 1291-1305.

[5] MONDERER D, SHAPLEY L S. Potential games[J]. Games and Economic Behavior, 1996, 14(1): 124-143.

[6] DONG C Y, WANG Y L, ALDWEESH A, et al. Betrayal, distrust, and rationality: smart counter-collusion contracts for verifiable cloud computing[C]//Proceedings of the 2017 ACM SIGSAC Conference on Computer and Communications Security. New York: ACM Press, 2017: 211-227.

[7] MASCHLER M, SOLAN E, ZAMIR S. Game theory[M]. Cambridge: Cambridge University Press, 2009.

[8] ROSENTHAL R W. A class of games possessing pure-strategy Nash equilibria[J]. International Journal of Game Theory, 1973, 2(1): 65-67.
[9] VOORNEVELD M. Best-response potential games[J]. Economics Letters, 2000, 66(3): 289-295.
[10] WEAVER W W, KREIN P T. Game-theoretic control of small-scale power systems[J]. IEEE Transactions on Power Delivery, 2009, 24(3): 1560-1567.

第2章 密码学理论技术

密码学的历史极其久远，其起源可以追溯到数千年前的古埃及。随着人类文明的进步和科学技术的发展，人们对保密通信的需求与日俱增，用于对信息进行保密的密码技术应运而生。1949年以前的密码技术研究还称不上一门学科，许多密码系统的设计仅凭一些直观的技巧和经验，保密通信和密码学的本质并没有被揭示，密码的研究与应用仅是一门文字变换技术，因而只能称为密码技术，简称密码术。1949年，克劳德·埃尔伍德·香农（Claude Elwood Shannon）发表了一篇题为《保密系统的通信理论》的经典论文，他将信息理论引入密码学中，为密码学的发展奠定了坚实的理论基础，从而把已有数千年历史的密码技术推向了科学的轨道。因而从严格意义上讲，此后的密码技术才真正称得上密码学。

密码学的发展大致经历了两个阶段：传统密码学和现代密码学。这两个阶段的分界标志是1949年香农发表的经典论文，在此之前称为传统密码学阶段，这一阶段持续时间长，大约有几千年的历史，此时的密码体制主要依靠手工或机械操作方式来实现，采用代换或者换位技术，通信手段以人工或电报为主。从香农经典论文的发表至今称为现代密码学阶段，这一阶段的密码体制主要依靠计算工具来实现，有坚实的数学理论基础，通信手段包括无线通信、有线通信、计算机网络等，逐渐形成一门科学，是密码学发展的高级阶段。

本章主要介绍理论安全（无条件安全）与计算安全、全同态加密、混淆电路、秘密共享、双线性对、Pedersen承诺以及语义安全的基础内容。

2.1 理论安全（无条件安全）与计算安全

信息安全协议的设计目标可分为两类：理论安全（无条件安全）与计算安全。假设攻击者有无限的计算能力，仍然无法攻破一个密码系统，则称这个密码系统是无条件安全的，也称为理论安全。无条件安全不依赖任何困难性假设，其安全性不受计算机技术发展的影响。“一次一密”是典型的理论安全，其安全性依靠真随机数的生成来保证。

由于“一次一密”的理论安全成本很高，其使用范围受到限制，因此在现实中使用更多的是计算安全。计算安全通常依赖某一个困难性假设，即在现有的计算条件下，攻击者无法在短时间内破解该密码系统。这些困难性假设通常是一些复杂的数学难题，如大整数分解、离散对数等。

通常情况下，计算安全足以满足大多数的安全性需求。但在某些特殊情况下，如电子投票协议，由于其结果不仅影响当下，而且有可能影响未来几十年的发展，因此电子投票协议仅满足计算安全是不够的。

2.2 全同态加密

全同态加密（Fully Homomorphic Encryption，FHE）的本质是在给定明文空间 $M=(m_1,m_2,\cdots,m_n)$ 对应的密文空间 $C=(c_1,c_2,\cdots,c_n)$ 的情况下，全同态加密支持任意参与者 p_i 在密文 c_i $(i\in[1,n])$ 上执行函数 f 运算，并输出计算结果。同时满足对计算结果进行解密所得的结果与直接以函数 f 计算明文 m_i $(i\in[1,n])$ 所得的结果相等。并且，在执行函数运算的过程中，输入、输出及中间值均是加密的，不会泄露关于明文的任何信息。

一个全同态加密方案一般由以下 4 种算法组成，其中，明文 $m=(m_1,\cdots,m_n)$，密文 $c=(c_1,\cdots,c_n)$，密文组 $c_i=(c_{i1},\cdots,c_{in})$，函数值 $c_f=f(c_i)$。

（1）密钥生成算法。$(\mathrm{SK_E},\mathrm{PK_E})\leftarrow \mathrm{Setup_{FHE}}(1^\lambda)$：输入安全参数 λ，输出随机私钥公钥对$(\mathrm{SK_E},\mathrm{PK_E})$。

（2）加密算法。$c\leftarrow \mathrm{Encrypt_{FHE}}(\mathrm{PK_E},m)$：输入公钥 $\mathrm{PK_E}$ 和需要加密的明文 m，输出一个对应的密文 c。

（3）解密算法。$m\leftarrow \mathrm{Decrypt_{FHE}}(\mathrm{SK_E},c)$：输入私钥 $\mathrm{SK_E}$ 和需要解密的密文 c，输出一个对应的明文 m。

（4）运算算法。$c_f\leftarrow \mathrm{Eval_{FHE}}(\mathrm{PK_E},c_i,f)$：输入公钥 $\mathrm{PK_E}$、加密的密文组 c_i 和需要求值的函数 f，输出函数值 c_f。

2.3 混淆电路

混淆电路协议允许参与者在不对明文做任何加密的情况下，对明文进行保密计算，一般应用于半诚实参与者之间，是确保双方计算安全的通用方法。当混淆电路协议应用在委托计算方案中时，首先，委托方需要将委托的任意函数 F 转换为布尔电路 C，将转换电路的混淆形式 $G(C)$ 和委托方需要计算 x 的混淆形式 $G(x)$ 一起发送给计算方。这样代表该布尔电路的每条输入输出导线的随机数均被加密。然后，借助准备阶段生成的布尔电路 C 的混淆电路表进行查表运算，通过计算布尔电路的每个门得到整个电路的输出。最后，计算方再将计算结果的混淆形式 $G(F(x))$ 发送给对应的委托方，委托方根据混淆电路将计算结果转换为实际的输出结果 y。

混淆电路结构如图 2-1 所示，其中 X 和 Y 为输入导线，Z 为输出导线。这三根导线分别对应两个值：0 和 1（即输入导线的输入值和输出导线的输出值）。例如，每当输入值 a 与 b 被选中后，通过混淆电路的任务就是安全地计算 $g(a,b)$ 的值。

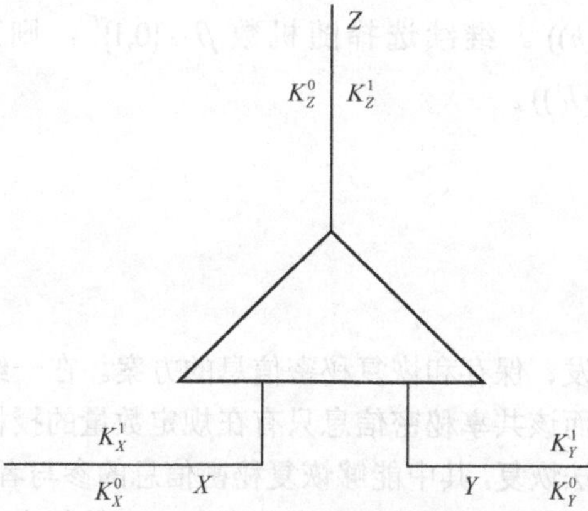

图 2-1 混淆电路结构

混淆电路表如表 2-1 所示，由表 2-1 可知，需要使用混淆电路表将 K_Z^0、K_Z^1、K_X^0、K_X^1、K_Y^0、K_Y^1 联系起来，即在混淆电路表中，K_Z^0、，K_Z^1、K_X^0、K_X^1、K_Y^0、K_Y^1 作为加密秘钥，在合适的秘钥输入对下将 K_Z^0、K_Z^1 进行加密，从而形成混淆电路。其中，当给定两个输入秘钥 K_X^a 和 K_Y^b 时，混淆电路表只有一行是可以正确解密的，即 $E_{K_X^a}(E_{K_Y^b}(K_Z^{g(a,b)}))$，这样可以有效保证输入信息的隐秘性。

表 2-1 混淆电路表

输入导线 X	输入导线 Y	输出导线 Z	混淆电路
K_X^0	K_Y^0	K_Z^0	$E_{K_X^0}\left(E_{K_Y^0}\left(K_Z^0\right)\right)$
K_X^0	K_Y^1	K_Z^0	$E_{K_X^0}\left(E_{K_Y^1}\left(K_Z^0\right)\right)$
K_X^1	K_Y^0	K_Z^0	$E_{K_X^1}\left(E_{K_Y^0}\left(K_Z^0\right)\right)$
K_X^1	K_Y^1	K_Z^1	$E_{K_X^1}\left(E_{K_Y^1}\left(K_Z^1\right)\right)$

随机化混淆电路方案主要利用了全同态加密的同态性质。该方案中，秘钥串 $s \in \{0,1\}^l$，需要使用的公钥是基于素数阶群 q 的元素向量；明文串 $x \in \{0,1\}^n$，其中 $n = 2l$，密文也是基于素数阶群 q 的元素向量。利用全同态加密的同态性质，通过群 Z_p 上的两个已知映射将 0-1 向量映射为同样长度的 0-1 向量。

将需要使用的混淆电路进行随机化处理，即在原有的布尔电路中，假设门电路 g 的第一根输入导线的两个标签为 A_0 和 A_1；门电路 g 的第二根输入导线的两个标签为 B_0 和 B_1；门电路 g 的输出导线的两个标签为 C_0 和 C_1。为实现随机化混淆，将每根导线随机化选择比特置换。假设将门电路 g 的第一根输入导线的两个标签 A_0 和 A_1 进行比特置换，其比特置换为 θ 和 θ'，新的输入导线标签为 $\theta(A_0)$ 和 $\theta(A_1)$。根据全同态加密的秘钥与明文的同态性质，随机选择 $h, h' \in (0,1)^l$，则密文 $E_{A_a}(h)$ 变换为 $E_{\theta(A_a)}(\theta'(h))$。继续选择随机数 $\beta \in \{0,1\}^l$，则形成的密文对为 $(E_{\theta(A_a)}(\beta \oplus h), E_{\theta(B_b)}(\beta \oplus h'))$。

2.4 秘密共享

秘密共享是一种分发、保存和恢复秘密信息的方案。在一组参与者之间分配或共享一个秘密信息，而该共享秘密信息只有在规定数量的授权用户共同参与的条件下才能用特定的方法恢复，其中能够恢复秘密信息的参与者子集称为授权集，其他参与者子集称为非授权集。若一个秘密共享方案中的每个非授权集都不能得到该秘密的任何有用信息，则称其为完美秘密共享。

秘密共享方案实现的主要方法有 Shamir 的 Lagrange 插值法、Blakley 的基于矢量空间的几何方法、Asmuth 和 Bloom 的中国剩余定理方法等，其中最常用的是基于 Lagrange 插值法的 (t,n) 门限秘密共享方案，该方案因其简单、实用的特点被广泛使用。

2.4.1 Shamir 秘密共享

Shamir 于 1979 年给出了秘密共享方案，基于 Lagrange 插值法的 (t,n) 门限秘密共享方案的主要步骤如下。

Step 1 初始化阶段。设 q 为一个大素数，秘密分发者 D 随机选取 n 个不同的非零元 $x_1, x_2, \cdots, x_n \in Z_q$，将 x_i 对应分发给参与者 P_i。

Step 2 秘密共享阶段。秘密分发者 D 随机选取 $t-1$ 个元素 $a_i \in Z_p$。构造 $t-1$ 次多项式 $f(x) = a_0 + a_1 x + a_2 x^2 + \cdots + a_{t-1} x^{t-1}$，其中 $a_0 = s$，计算 $f(x_i) = s_i$，并将 s_i 分发给参与者 P_i，i=1,2,⋯,n。

Step 3　秘密重构阶段。至少任意t个参与者合作给出其s_i，即可利用 Lagrange 插值多项式恢复秘密$s = f(0)$。Lagrange 插值多项式为

$$f(x) = \sum_{i=1}^{t} \lambda_i(x) s_i$$

其中，$\lambda_i(x) = \prod_{j=1, j \neq i}^{t} \frac{x - x_j}{x_i - x_j}$为 Lagrange 插值系数。

Shamir 提出的秘密共享方案是基于信息论安全的，即至多$t-1$个参与者不能得到关于秘密s的任何信息。该方案没有基于任何数学困难问题，故不会像 RSA（Rivest-Shamir-Adleman）算法一样因数学难题被解决而被攻破。但该方案没有考虑秘密分发者和参与者的诚实性，若某些参与者公开假的份额会导致秘密无法恢复，甚至可能导致某些恶意参与者独获秘密。

2.4.2　理性秘密共享

Halpern 和 Teague 在 STOC2004 会议上最早提出理性秘密共享方案，并提出各理性参与者效用函数假设。该方案是基于随机交互次数的(3,3)门限密码共享方案，需要同步广播，使每位理性参与者知道其对手的效用函数。

理性秘密共享是为了在n位理性参与者（通常记为P）间实现秘密共享任务，准确地说，每个参与者$P_i \in P$都有一个效用函数u_i，向量$\boldsymbol{O} = (o_1, o_2, \cdots, o_n)$记为秘密重构的一个结果，这里$o_i = 1$表示当且仅当$P_i$最终得到共享秘密。为了方便讨论，本节也选取大家广泛采用的效用函数假设，即对任意的i（$1 \leqslant i \leqslant n$），$P_i$的效用函数$u_i$满足如下条件。

（1）对任意的$\boldsymbol{O}, \boldsymbol{O}'$，若$o_i > o_i'$，则$u_i(\boldsymbol{O}) > u_i(\boldsymbol{O}')$。

（2）对任意的$\boldsymbol{O}, \boldsymbol{O}'$，若$o_i = o_i'$且$\sum_{i=1}^{n} o_i < \sum_{i=1}^{n} o_i'$，则$u_i(\boldsymbol{O}) > u_i(\boldsymbol{O}')$。

上述两个条件表明：首先，P_i总是希望只有自己知道共享秘密；其次，P_i希望知道共享秘密的参与者越少越好。理性秘密共享的目标是：在秘密重构阶段，设计一个协议使在参与者是理性的假设下，参与者提供各自正确的共享秘密。一旦参与者采取背叛行为，都将导致其收益减少。

2.4.3　安全多方计算

安全多方计算问题是从众多具体的密码学问题中抽象出来的，对它的研究以及由此得到的一些结论对于具体的密码学问题具有指导性意义。安全多方计算提供了对任何密码协议问题在原则上的实现方法，它是分布式密码学和分布式计算研究的基础问题，更是分布式密码协议的核心。安全多方计算拓展了传统的分布

式计算以及信息安全的范畴，为网络协作计算提供了一种新的计算模式，对保障网络环境下的信息安全具有重要价值。利用安全多方计算协议，一方面可以充分实现网上的互联合作，另一方面又可保证秘密的安全性。

安全多方计算结构如图 2-2 所示。安全多方计算的主要思路是所有参与者联合起来可以用一种特殊的方法计算含有许多变量的任何函数，其中每个参与者都知道该函数的输出，但不知道关于其他参与者的任何输入。因此，安全多方计算问题可描述为n个参与者 $P=\{P_1,P_2,\cdots,P_n\}$，每个参与者 P_i 持有一个秘密输入 x_i，希望共同计算一个函数 $f(x_1,x_2,\cdots,x_n)=(y_1,y_2,\cdots,y_n)$，计算结束后有如下要求。

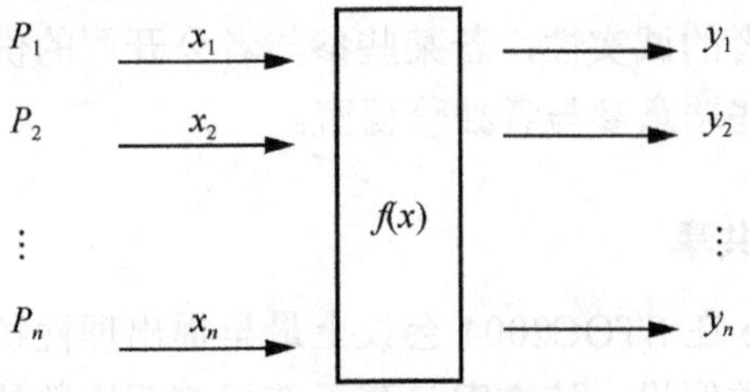

图 2-2　安全多方计算结构

（1）正确性。任意的 $P_i \in P$ 都得到正确的输出 y_i。

（2）保密性。P_i 的秘密输入没有泄露给其他参与者 $P_j \in P_{-i}$。

设参与者集合 $P=\{P_1,P_2\}$，P_1 和 P_2 要共同安全地计算函数 f：$f_1 \times f_2 \to f_1 \times f_2, (x_1,x_2) \to (y_1,y_2)$，其中 $y_1=y_2=x_1x_2$。参与者 P_1 秘密输入 x_1，P_2 秘密输入 x_2。其大致计算流程如下。

第一轮：P_1 发送消息 m_1 给 P_2，其中 m_1 混淆了 x_1 和一些随机数 r_1。

第二轮：P_2 发送消息 m_2 给 P_1，其中 m_2 混淆了 x_2 和一些随机数 r_2。

⋮

最后一轮（设为第k轮）：P_1 发送消息 m_k 给 P_2（或 P_2 发送消息 m_k 给 P_1）。

协议结束后，参与者根据交互过程中得到的信息分别进行计算，P_1 和 P_2 分别得到 y_1 和 y_2。这里的正确性是指 $y_1=y_2=x_1x_2$，保密性是指对 $P_i(i=1,2)$ 得到的信息不会比 (x_i,y_i) 以及由此推导的信息更多。

众所周知，安全多方计算最早是由 Yao 于 1982 年提出的，即广为人知的百万富翁问题，其实际上是用于解决两个整数比较大小的安全两方计算问题。随后，众多研究者对安全多方计算进行了广泛的研究，产生了一批代表性的成果。目前的研究工作可以分为两类。第一类工作致力于在理论上研究任意函数的一般化的安全多方计算方法，这类研究在理论上具有重要价值，但是目前的研究结果都存在着计算时间长、存储空间小以及通信复杂度高的问题，还不能应用于解决实际问题。另一类工作重点讨论特定函数的多方计算，以期对特定的问题找到更高效的实用解决方案。在安全多方计算领域中，通用型协议的研究关注安全多方计算的一般化结论，对实际应用协议所能达到的安全强度、通信性能等都给出了指导性的结论，这些研究结论是具体应用协议的基础。

2.5 双线性对

设 G_1 为加法循环群，G_2 为乘法循环群，阶均为 p，g 为群 G_1 的生成元。如果一个二元函数 $e: G_1 \times G_1 \to G_2$ 满足如下性质。

（1）双线性。对 $\forall\ P_1, P_2 \in G_1$ 和 $a, b \in Z_q^*$，有 $e(aP_1, aP_2) = e(P_1, P_2)^{ab}$。

（2）非退化性。$\exists\ P_1, P_2 \in G_1$，使 $e(P_1, P_2) \neq 1$。

（3）可计算性。对 $\forall\ P_1, P_2 \in G_1$，存在有效的算法计算出 $e(P_1, P_2)$。

则称 $e: G_1 \times G_1 \to G_2$ 为双线性对。

2.6 Pedersen 承诺

密码学承诺方案是一个涉及两方的二阶段交互协议，双方分别为承诺方和接收方。第一阶段为承诺阶段，承诺方选择一个消息 m，以密文的形式发送给接收方，意味着自己不会更改 m。第二阶段为打开阶段，承诺方公开消息 m 与盲化因子（相当于秘钥），接收方以此来验证其与承诺阶段所接收的消息是否一致。承诺方案有两个基本性质，即隐藏性和绑定性。隐藏性是指承诺不会泄露任何关于消息 m 的信息；绑定性是指任何恶意的承诺方都不能将承诺打开为非 m 的消息通过验证，即接收方可以确信 m 是和该承诺对应的消息。根据参与者计算能力的不同，承诺方案一般分为两类：计算隐藏、完美绑定承诺方案；计算绑定、完美隐藏承诺方案。

Pedersen 承诺是密码学承诺的一种，于 1992 年被 Pedersen 在 *Non-Interactive and Information-Theoretic Secure Verifiable Secret Sharing* 一文中提出，它是一个满足计算绑定、完美隐藏的同态承诺协议，其完美隐藏性不依赖于任何困难性假设，计算绑定性依赖于离散对数假设，在信息安全协议中有着广泛的应用。结合下例阐述 Pedersen 承诺。

假设 Alice 和 Bob 用抛币的方式来解决一个争端，且在同一个位置用面对面的方式，那么过程就很简单。

（1）Alice 先押结果，即正面或反面。

（2）Bob 抛币并公布结果。

（3）如果与之前 Alice 所押的结果相同，则 Alice 获胜，否则 Bob 获胜。

如果 Alice 和 Bob 不在同一个位置，则上述方法就不再适用。需要在上述过程中加入承诺步骤，以保证协议的公平性。过程如下。

（1）Alice 先押结果，并将该结果做承诺（密封）发给 Bob。

（2）Bob 抛币并公布结果。

（3）Alice 打开承诺，即将之前的密封打开。

（4）如果 Alice 打开的承诺与 Bob 公布一致，则 Alice 胜。

Pedersen 承诺包括以下两个阶段。

（1）承诺阶段。Alice 对一个数 s 做承诺后发送给 Bob，除了 Alice，其他人都不知道该数。

（2）打开阶段。Alice 打开对 s 的承诺，在此过程中，如果 Alice 企图声称该承诺是对 s' 做出的，那么这在计算上是不可能的。

下面介绍基于离散对数的 Pedersen 承诺。

假设 p 和 q 是大素数且满足 $q|p-1$，G_q 是 Z_p^* 的唯一子群，阶为 q。g 是 G_q 的生成元，h 是 G_q 的元素，计算 $\log_g h$ 是困难性问题。

基于离散对数的 Pedersen 承诺包括以下两个阶段。

（1）承诺阶段。Alice 希望对 s 做承诺并发送给 Bob，Alice 选择随机数 t 并计算 $C=g^s h^t$，将 C 发送给 Bob。

（2）打开阶段。Alice 将 s 和 t 发送给 Bob，Bob 可以验证 C 确实是 s 的承诺。

由于离散对数求解的困难性，无法通过 $C=g^s h^t$ 得到 s 的任何信息。另外，Alice 无法将 C 打开成另外的 s'（$s' \neq s$），除非 Alice 能计算 $\log_g h$。

Pedersen 承诺实现以下两个目标。

（1）不能从承诺 $C=g^s h^t$ 得到 s 的任何信息，承诺者 Alice 不能把 C 打开成另外的 s'（$s' \neq s$）。

（2）同一个 s 可以被承诺两次，$C=g^s h^t, C'=g^s h^{t'}, t' \neq t$。Alice 可以通过出示 $t-t'$ 向 Bob 证明 C 和 C' 都是对同一个数值的承诺，但 Bob 并不知道 s 是什么。

2.7 语义安全

公钥加密算法中语义安全是指协议中恶意攻击者得到有关消息密文的任何有用信息。即攻击者 $\mathcal{A}$ 在协议中的目标是猜测挑战的随机抛币 b，定义攻击者 $\mathcal{A}$ 的

优势为 $ADV_{\mathcal{A}} = \Pr[b' = b] - \frac{1}{2}$，其中 b' 为攻击者 $\mathcal{A}$ 的猜测值。如果存在某个安全协议，对于任何概率多项式时间的攻击者，都有 $ADV_{\mathcal{A}} = \Pr[b' = b] - \frac{1}{2} < \delta$，且 δ 是可以忽略的函数，则称该协议是语义安全的。

参考文献

[1] SHAMIR A. How to share a secret[J]. Communications of the ACM, 1979, 22(11): 612-613.

[2] 刘忆宁. 基于秘密分享的信息安全协议[M]. 西安: 西安电子科技大学出版社, 2015.

[3] 杨波. 现代密码学(第 3 版)[M].北京: 清华大学出版社, 2015.

[4] ANDERSON R, MOORE T. The economics of information security[J]. Science, 2006, 314(5799): 610-613.

[5] ASHAROV G, LINDELL Y. Utility dependence in correct and fair rational secret sharing[C]// Advances in Cryptology - CRYPTO 2009. Berlin: Springer, 2009: 559-576.

[6] CHAN C W, CHANG C C. A scheme for threshold multi-secret sharing[J]. Applied Mathematics and Computation, 2005, 166(1): 1-14.

[7] TIAN Y L, MA J F, PENG C G, et al. A rational framework for secure communication[J]. Information Sciences, 2013, 250: 215-226.

[8] 田有亮, 彭长根. 基于双线性对的可验证秘密共享方案[J]. 计算机应用, 2007, 27(S2): 125-127.

[9] 田有亮, 彭长根. 基于双线性对的可验证秘密共享及其应用[J]. 计算机工程, 2009, 35(10): 158-161.

[10] 田有亮, 马建峰, 彭长根, 等. 秘密共享体制的博弈论分析[J]. 电子学报, 2011, 39(12): 2790-2795.

[11] 田有亮, 马建峰, 彭长根, 等. 椭圆曲线上的信息论安全的可验证秘密共享方案[J]. 通信学报, 2011, 32(12): 96-102.

[12] 张志芳, 刘木兰. 理性密钥共享的扩展式博弈模型[J]. 中国科学: 信息科学, 2012, 42(1): 32-46.

[13] HALPERN J, TEAGUE V. Rational secret sharing and multiparty computation: extended abstract[C]//Proceedings of the 36th Annual ACM Symposium on Theory of Computing. New York: ACM Press, 2004: 623-632.

第 3 章 可验证秘密共享方案

可验证秘密共享（Verifiable Secret Sharing，VSS）方案假设有一个秘密需要在 n 个参与者 $P=\{P_1,\cdots,P_n\}$ 之间共享，仅当至少 t 个参与者联合时才能恢复共享秘密，参与者数量少于 t 个的任何组合都无法得到关于秘密的任何信息。为了实现秘密分配，系统需要有一个秘密分发者 D。

3.1 方案描述

本章方案由 4 个子协议组成，分别为系统初始化协议、秘密分发协议、秘密份额的验证协议和秘密重构协议。

（1）系统初始化协议。设 G_1 为素数阶的加法群（这里为椭圆曲线群），阶为 q；P 和 Q 为 G_1 的两个生成元，且任何人都不知道 $n\in_R Z_q^*$（n 满足 $Q=np$）；设 G_2 为 q 阶乘法群，且存在双线性映射 $e:G_1\times G_1\to G_2$ 能被有效计算；G_1 和 G_2 上的离散对数（G_1 上是椭圆曲线离散对数）都是难解的；秘密 $S\in G_1$。

（2）秘密分发协议。分发协议的 5 个步骤如下。

① 秘密分发者 D 公布秘密 S 的承诺 $C_0=C(S,r)=e(S+rQ,P),\forall r\in_R Z_q^*$。

② 秘密分发者 D 选取 $G_1[x]$ 上次数最多为 $t-1$ 的秘密多项式 $F(x)=S+xF_1+\cdots+x^{t-1}F_{t-1}$ 满足 $S=F(0)$（这里 $x^{t-1}F_{t-1}$ 表示在椭圆曲线群 G_1 上 x^{t-1} 个 F_{t-1} 相加），并计算 $S_i=F(i)$，$i=1,\cdots,n$。

③ 秘密分发者 D 随机选取 $g_1,\cdots,g_{t-1}\in_R Z_q^*$，并广播 $C_i=C(F_i,g_i)=e(F_i+g_iQ,P)$，$i=1,\cdots,t-1$。

④ 设 $g(x)=r+g_1x+\cdots+g_{t-1}x^{t-1}$，$D$ 计算 $r_i=g(i)$，$i=1,\cdots,n$。

⑤ 秘密分发者 D 秘密发送 (S_i,r_i) 给 P_i，$i=1,\cdots,n$。

（3）秘密份额的验证协议。P_i 接收到 (S_i, r_i) 后，验证秘密份额的正确性，即

$$e(S_i + r_iQ, P) = \prod_{j=0}^{t-1} C_j^{i^j}$$

（4）秘密重构协议。当至少 t 个参与者 B（$B \subset P$ 且 $|B| \geqslant t$）提供各自的秘密份额 (S_i, r_i) 后，即可利用 Lagrange 插值多项式计算出秘密 (S, r)，即

$$S = \sum_{i \in B} (L_{B_i}(i) S_i)$$

$$r = \sum_{i \in B} (L_{B_i}(i) r_i)$$

其中，$L_{B_i}(i)$ 为插值系数，$L_{B_i}(i) = \prod_{j \in B \setminus \{i\}} \frac{x - x_j}{x_i - x_j}$。可利用公开信息 C_0 验证 (S, r) 的正确性，即 $C_0 = e(S + rQ, P)$。

3.2　正确性与安全性分析

（1）$e(S_i + r_iQ, P) = \prod_{j=0}^{t-1} C_j^{i^j}$ 的正确性

证明　因为 $S_i = F(i)$ 和 $r_i = g(i)$，所以有

$$e(S_i + r_iQ, P) = e(S_i, P)e(r_i, P) = e(F(i), P)e(g(i)Q, P)$$

而

$$\begin{aligned} e(F(i), P) = e(S + iF_1 + \cdots + i^{t-1}F_{t-1}, P) = \\ e(S, P)e(iF_1, P) \cdots e(i^{t-1}F_{t-1}, P) = \\ e(S, P)e(F_1, P)^i \cdots e(F_{t-1}, P)^{i^{t-1}} \end{aligned}$$

同理

$$e(g(i), P) = e(r, P)e(g_1, P)^i \cdots e(g_{t-1}, P)^{i^{t-1}}$$

所以有

$$\begin{aligned} e(F(i), P)e(g(i), P) = e(S + rQ, P)e(F_1 + g_1Q, P)^i \cdots e(F_{t-1} + g_{t-1}Q, P)^{i^{t-1}} = \\ C_0^{i^0} C_1^{i^1} \cdots C_{t-1}^{i^{t-1}} = \prod_{j=0}^{t-1} C_j^{i^j} \end{aligned}$$

因此，$e(S_i + r_iQ, P) = \prod_{j=0}^{t-1} C_j^{i^j}$ 成立。证毕。

（2）方案的安全性

引理 3-1 本章方案中，当且仅当双线性 Diffie-Hellman（Bilinear Diffie-Hellman，BDH）假设成立时，对于在 G_1 上的多项式 $F(x)$ 的系数 $F_0,F_1,\cdots,F_{t-1}$，承诺 $C_0,C_1,\cdots,C_{t-1}$ 是安全的。

证明 ① 必要性（反证法）。假设本章方案中的承诺算法是安全的，但 BDH 假设不成立。那么由 BDH 假设不成立可知，对于 G_1 中给定的 P,aP,bP,cP（$a,b,c\in Z_q^*$），存在算法 A 能以不可忽略的优势 ε 计算出 $e(P,P)^{abc}$。现在证明利用算法 A 可以破解上述承诺算法。要破解上述承诺算法，只需从 C_i 中计算出 F_i。为此，随机选取元素 $\alpha,\beta,\gamma,\alpha',\beta',\gamma'\in Z_q^*$，然后分别将（$P,\alpha P,\beta P,\gamma P$）和（$P,\alpha' P,\beta' P,\gamma' P$）作为输入提供给算法 A。由于该输入是随机的，故算法 A 将以不可忽略的优势 ε 分别输出 $e(P,P)^{\alpha\beta\gamma}$ 和 $e(P,P)^{\alpha'\beta'\gamma'}$。又由于 $C_i=e(P,P)^{\alpha\beta\gamma}e(P,P)^{\alpha'\beta'\gamma'}$，则 $e((\alpha\beta\gamma)P,P)=\dfrac{C_i}{e(P,P)^{\alpha'\beta'\gamma'}}$，从而可求出 F_i。这与承诺算法是安全的相矛盾。因此，若上述方案中的承诺算法是安全的，则 BDH 假设必然成立。

② 充分性（反证法）。假设 BDH 假设成立，但本章方案中的承诺算法是不安全的。那么由承诺算法不安全可知，将任何 G_1 中的随机元素 $Q_1,Q_2,Q_3\in_R G_1$ 作为算法的输入时，存在算法 B 能以不可忽略的优势 ε 计算出 F_i，满足 $C_i=e(F_i+r_iP,P=e(Q_1+Q_2,Q_3))$。假设 $F_i=\alpha P$ 和 $r_iP=\alpha P$，$r_iP=\beta P$，$\alpha,\beta\in_R Z_q^*$ 和 $Q_1=\alpha_1P$，$Q_2=\alpha_2P$，$Q_3=\alpha_3P$，$\alpha_1,\alpha_2,\alpha_3\in_R Z_q^*$，则算法 B 能以不可忽略的优势 ε 计算出 F_i，满足 $e((\alpha_1+\alpha_2)P)=e((\alpha+\beta)P,P)$。由此可得 $e(P,P)^{(\alpha_1+\alpha_2)\alpha_3}=e(P,P)^{\alpha+\beta}\Rightarrow e(P,P)^{(\alpha_1+\alpha_2)\alpha_3(\alpha+\beta)^{-1}}$。令 $a=\alpha_1+\alpha_2$，$b=\alpha_3$，$c=(\alpha+\beta)^{-1}$，则对于 G_1 给定的（$P,\alpha P,\beta P,\gamma P$），算法 B 能以 ε 计算出 $e(P,P)^{abc}$，这与假设矛盾。因此，若 BDH 假设成立，则上述方案中的承诺算法就是安全的。

综上所述，方案中的承诺算法是安全的 $\Leftrightarrow$ BDH 假设成立。证毕。

引理 3-2 上述方案中，若 BDH 假设成立，则任何 $t-1$ 个参与者联合都不能恢复秘密 S。

证明 采用反证法证明。假设 $t-1$ 个参与者联合能够恢复秘密 S。不失一般性，假设这 $t-1$ 个参与者记为 $P_1,\cdots,P_{t-1}$。现要证明，对任意 $(\alpha P,\beta P,\gamma P)$，攻击者 $\mathcal{A}$ 利用这 $t-1$ 个参与者作为预言机，就能计算出 $e(P,P)^{\alpha\beta\gamma}$。不妨设 α,β,γ 是随机元素，否则，就用 3 个随机元素 $\alpha',\beta',\gamma'\in Z_q^*$ 对 $\alpha P,\beta P,\gamma P$ 进行随机化。

为攻击者 $\mathcal{A}$ 设置一个模拟系统，使当 $P_1,\cdots,P_{t-1}$ 作为预言机时，就可以计算出 $e(P,P)^{\alpha\beta\gamma}$。模拟系统的设置分为以下 5 个步骤。

① 攻击者 $\mathcal{A}$ 设置 $C_0=e(\alpha P+\beta P,\gamma P)$，这样就隐含地确定了 $F(0)=\alpha\gamma P$ 和

$g(0)Q = \beta\gamma P$。

② 随机选取 $t-1$ 组值，即（$F(1), g(1)$），…，（$F(t-1), g(t-1)$）$\in_R G_1 \times Z_q^*$；结合已确定的 $F(0)$ 和 $g(0)$ 来固定函数 $F(x)$ 和 $g(x)$。

③ 攻击者 $\mathcal{A}$ 计算前 $t-1$ 个 $e(S_i + r_i Q, P)$（$i = 1, \cdots, t-1$）的值。

④ 由于 $F(0)$ 和 $g(0)$ 是隐含在 C_0 中的，故攻击者 $\mathcal{A}$ 无法计算（$F(t), g(t)$），…，（$F(n), g(n)$）的值。但是，攻击者 $\mathcal{A}$ 可利用 Lagrange 插值多项式计算出余下的 $e(S_i + r_i Q, P)$（$i = 1, \cdots, n$）。

⑤ 计算 $C_i (i = 1, \cdots, t-1)$，由于 $F(x) = S + \sum_{i=1}^{t-1} x^i F_i$，$g(x) = r + \sum_{i=1}^{t-1} g_i x^i$，故可得方程组为

$$\begin{cases} e(S + rQ, P)e(F_1 + g_1 Q, P)^{0^1} \cdots e(F_{t-1} + g_{t-1} Q, P)^{0^{t-1}} = e(F(0) + g(0)Q, P) \\ e(S + rQ, P)e(F_1 + g_1 Q, P)^{1^1} \cdots e(F_{t-1} + g_{t-1} Q, P)^{1^{t-1}} = e(F(1) + g(1)Q, P) \\ \vdots \\ e(S + rQ, P)e(F_1 + g_1 Q, P)^{(t-1)^1} \cdots e(F_{t-1} + g_{t-1} Q, P)^{(t-1)^{t-1}} = e(F(t-1) + g(t-1)Q, P) \end{cases}$$

其中，攻击者 $\mathcal{A}$ 只知道（$F(1), g(1)$），…，（$F(t-1), g(t-1)$）的值，不知道 $(F(0), g(0))$ 的值，不能解出 $S, F_1, \cdots, F_{t-1}$ 和 $r, g_1, \cdots, g_{t-1}$ 的值。然而攻击者 $\mathcal{A}$ 知道 C_0，故攻击者 $\mathcal{A}$ 利用 C_0 和上述方程组就可以计算出 $C_j (j = 1, \cdots, t-1)$。

这样，一个模拟系统就设置完成了。当攻击者 $\mathcal{A}$ 将模拟系统的相关信息提供给 $t-1$ 个参与者 $P_1, \cdots, P_{t-1}$ 时，由于个人观察是相互一致的，那么根据假设，这 $t-1$ 个参与者 $P_1, \cdots, P_{t-1}$ 就可以计算出秘密 $F(0)$ 并满足

$$e(\alpha P + \beta P, \gamma P) = e(F(0) + g(0)Q, P) \Rightarrow$$
$$e(P, P)^{\alpha\beta\gamma} = e(\beta^{-1}(F(0) + g(0)Q), P)e(P, \gamma P)^{-1}$$

由于系统中的双线性对是能被有效计算的，这就表明这 $t-1$ 个参与者能求解 BDH 问题。这与 BDH 假设成立相矛盾，从而命题成立。证毕。

利用引理 3-1 和引理 3-2 可得出定理 3-1。

定理 3-1　上述方案是信息论安全的。也就是说，任何 t 个参与者联合都可以重构分发的秘密 S，而任何 $t-1$ 个参与者构成的子集都不能得到该秘密的任何信息。

证明　设任意的参与者 $B \subset \{P_1, \cdots, P_n\}$，且 $|B| = t-1$，B 的观察为

$$\text{view}_B \overset{\text{def}}{=} (C_0, C_1, \cdots, C_{t-1}; (S_i, r_i)_{i \in B})$$

则命题需证明

$$\Pr[P_i \text{ gets } S | \text{view}_B] = \Pr[P_i \text{ gets } S] < \varepsilon, \forall P_i \in B$$

根据引理 3-1 可知，对任意的$S\in_R G_1$，若$r\in_R Z_q^*$是随机、均匀选取的，则在$C(S,r)\overset{\text{def}}{=}e(S+rQ,P)$的均匀分布中，若 BDH 假设成立，则秘密分发者$D$不能用两种方式打开$C(S,r)$。由于$C(S,r)$具有良好的随机性，故有

$$\Pr[D\text{ has secret }S|\text{view}_B]=\Pr[D\text{ has secret }S]$$

根据引理 3-2 可知，若 BDH 假设成立，对$\forall P_i\in B$有

$$\Pr[P_i\text{ gets }S]=\Pr[P_i\text{ gets }S|\text{view}_B]=\frac{|C|}{|G_2|}=\frac{1}{q}$$

因此

$$\Pr[P_i\text{ gets }S]=\Pr[P_i\text{ gets }S|\text{view}_B]=\frac{1}{q}$$

证毕。

3.3 秘密共享体制的博弈论分析

本节基于博弈论理论，详细分析秘密共享体制中秘密分发者及各参与者的效用、秘密分发协议及秘密重构协议，将秘密分发者D记为参与者P_0。

3.3.1 秘密分发者效用分析

在秘密分发阶段，需要一位秘密分发者P_0来分发秘密信息，它是绝对诚实可信的，但在现实中很难找到这样一个可信中心。在此假设P_0与其他参与者一样，其行为是理性的，称为理性第三方。一位理性第三方能否保证每个参与者P_i（$i=1,\cdots,n$）都能得到一个由P_0分发的正确秘密份额是非常值得关注的问题。假设对理性第三方P_0分发协议Π，总希望能在参与者$P_1,\cdots,P_n$中分发成功（不存在被拒绝接受的情况）。然而，在分发过程中有 4 种情况，①P_i接受P_0分发的错误的秘密份额s_i，这也是P_0的最大期望；②P_i接受正确的秘密份额s_i；③P_i拒绝接受错误的秘密份额s_i；④P_i拒绝接受正确的秘密份额s_i。

设v_1、v_2、v_3和v_4分别表示上述 4 种情况下分发者P_0的不同收益，其中，v_1表示P_0分发错误的秘密份额且P_i接受（欺骗成功）；v_2表示P_0分发正确的秘密份额且P_i接受（没有欺骗）；v_3表示P_0分发错误的秘密份额且P_i拒绝（欺骗失败）；v_4表示P_0分发正确的秘密份额且P_i拒绝（P_0不可信，分发失败）。

通过上述假定和分析，显然有$v_1>v_2>v_3>v_4$。

3.3.2　秘密分发阶段参与者的效用分析

对参与者 P_i（$i=1,\cdots,n$）来说，不是任何 P_0 分发的秘密份额就接受，而是通过一个验证协议来验证其秘密份额的正确性，或者通过 P_0 的历史行为来判断是否应该接受其秘密份额。可见，秘密共享分发协议可以看成由 n 个二人博弈组成的协议，这 n 个二人博弈之间又有一定的关系，这种关系主要是由分发协议决定的。对参与者 P_i（$i=1,\cdots,n$）来说，在分发协议中的参与者只有 P_0 和 P_i，P_i 希望收到正确的子密钥 s_i。

设 u_1、u_2、u_3 和 u_4 分别表示 $P_i(i=1,\cdots,n)$ 的不同收益，其中，u_1 表示 P_i 接受了正确的秘密份额（没有被欺骗）；u_2 表示 P_i 拒绝了正确的秘密份额（没有被欺骗）；u_3 表示 P_i 拒绝了错误的秘密份额（没有被欺骗）；u_4 表示 P_i 接受了错误的秘密份额（被欺骗成功）。

每个参与者都希望在没有被欺骗的情况下，自己收到的秘密份额是正确无误的，因此有 $u_1>u_2>u_3>u_4$。

3.3.3　秘密重构阶段参与者的效用分析

在秘密重构阶段，每位理性的参与者首先都希望自己得到这个秘密而其他参与者不能得到该秘密；其次，若其他参与者得到共享秘密，则希望自己也知道该秘密；再次，若自己不知道该秘密，则希望其他任何一个参与者都不知道该共享秘密；最后，其他参与者都知道共享秘密而自己不知道该秘密，设 ω_1、ω_2、ω_3 和 ω_4 分别表示上述 4 种不同的收益，其中，ω_1 表示参与者 P_i 得到这个秘密而其他参与者不能得到该秘密；ω_2 表示参与者 P_i 知道共享秘密，其他参与者也知道该秘密；ω_3 表示参与者 P_i 不知道共享秘密，其他任何一个参与者都不知道该共享秘密；ω_4 表示参与者 P_i 不知道共享秘密，而其他参与者都知道该秘密。经分析，显然有 $\omega_1>\omega_2>\omega_3>\omega_4$。

3.4　秘密分发协议的博弈论分析

3.4.1　秘密分发博弈

在秘密分发阶段，这 n 个参与者与秘密分发者 P_0 之间的博弈不是一个 $n+1$ 人博弈，而是 n 对二人博弈且博弈之间有一定的内在关系，这种关系主要是由分发协议所决定的，记该分发博弈为 $\Pi=\{\Pi_1,\cdots,\Pi_n\}$。首先分析博弈关系，对于 Π_i（$i=1,\cdots,n$）来说，(1) 参与者是 P_0 和 P_i；(2) P_0 有两种策略 S_{01} 和 S_{02}，其中，S_{01} 表示给 P_i 发送正确的秘密份额 s_i，S_{02} 表示给 P_i 发送错误的秘密份额 s_i（这里不考虑秘密分发者不给参与者分发秘密份额的情况，因为对于一位理性第三方来说，显然给P_i发送正确或者错误的秘密份额都严格优于不给P_i分发秘密份额)；P_i有两种策略S_{i1}和S_{i2}，其中，S_{i1}表示P_i接受s_i，S_{i2}表示P_i拒绝接受s_i；(3) 秘密分发博弈的结果和收益如表 3-1 所示。

表 3-1　秘密分发博弈的结果和收益

P_0	P_i	
	S_{i1}	S_{i2}
S_{01}	$(v_2:u_1)$	$(v_4:u_2)$
S_{02}	$(v_1:u_4)$	$(v_3:u_3)$

下面分析纳什均衡。对于P_0来说，若选择策略S_{01}，则其收益为v_2或v_4；若选择策略S_{02}，则其收益至少是v_3，甚至可能是v_1，因此对于P_0来说，其最优策略是S_{02}。同理，P_i的最优策略为S_{i2}。因此（S_{02},S_{i2}）是唯一的纳什均衡点。也就是说，在秘密分发博弈中，秘密分发者P_0总是分发错误的秘密份额，而参与者P_i总是拒绝。这里存在一个非常严重的问题：秘密分发者P_0是理性的，如果在秘密分发协议中都达到了纳什均衡，则该秘密分发协议总是失败的。从而有如下结论。

定理 3-2　在秘密共享体制$\Gamma=\{P,\Pi,\mathrm{RE}\}$中，RE 表示秘密分发博弈，若秘密分发者及各参与者均是理性的，当且仅当秘密分发者P_0选择欺骗各参与者。

证明　①充分性。在理性假设下，若P_0选择不欺骗参与者P_i，即选择策略S_{01}，在上述效用函数假定下，其可能的收益为v_1或v_4；而当P_0选择策略S_{02}时，其收益至少是v_3。由于$v_3>v_4$，因此理性的秘密分发者将会选择策略S_{02}，即总是选择欺骗各参与者。

② 必要性（反证法）。设秘密分发者P_0总是选择欺骗各参与者，则P_0是非理性的。若秘密分发者P_0是非理性的，则其将会考虑选择策略S_{01}以获得可能比v_3更高的收益v_2，这与假设相矛盾。因此，若秘密分发者P_0总是选择欺骗各参与者，则其是理性的。证毕。

显然，对于秘密分发者和各参与者来说，纳什均衡所产生的并不是各自的最大收益，其最大收益为（v_2,u_1）。自然要问：在什么机制下，理性第三方P_0不存在欺骗行为并能得到更佳的收益呢？这里可以考虑引入博弈论中的自然(Nature)。Nature 知道秘密分发者P_0及各参与者P_i的策略概率分布。各参与者根据 Nature 提供的知识来做决策。秘密分发博弈树的描述如图 3-1 所示。在该博弈中，Nature 先开始行动使秘密分发者P_0知道参与者P_i的策略（S_{i1},S_{i2}）的概率分布为（$\beta,1-\beta$）；参与者P_i知道P_0的策略（S_{01},S_{02}）的概率分布为（$\alpha,1-\alpha$）。此时的结果和收益如表 3-2 所示。

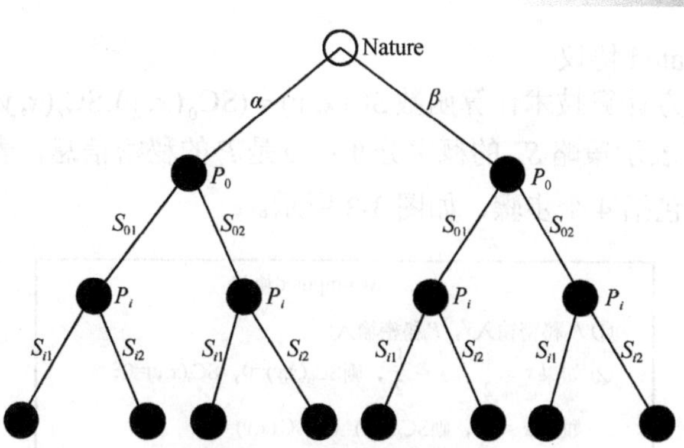

图 3-1 秘密分发博弈树

表 3-2 秘密分发混合博弈的结果和收益

P_0	P_i	
	$S_{i1}:\beta$	$S_{i2}:1-\beta$
$S_{01}:\alpha$	(v_2,u_1)	(v_4,u_2)
$S_{02}:1-\alpha$	(v_1,u_4)	(v_3,u_3)

秘密分发者 P_0 的期望效用由纯策略下的 $\dfrac{v_1+v_2+v_3+v_4}{4}$ 变为 $(1-\alpha)\beta v_1+\alpha\beta\, v_2+(1-\alpha)(1-\beta)\, v_3+\alpha(1-\beta)\, v_4$；参与者 P_i 的期望效用由 $\dfrac{u_1+u_2+u_3+u_4}{4}$ 变为 $\alpha\beta u_1+\alpha(1-\beta)\, u_2+(1-\alpha)(1-\beta)\, u_3+(1-\alpha)\beta\, u_4$。当 $\alpha>\dfrac{1}{2}$ 且 $\beta>\dfrac{1}{2}$ 时，策略（S_{01},S_{02}）为该博弈的纳什均衡，其收益为（v_2,u_1），明显优于（v_3,u_3）。

对于 P_0 和 P_i 来说，其策略的概率分布都是秘密信息，而在现实中很难找到这样的 Nature 都知道这些分布。下面给出解决该问题的具体机制。

3.4.2 理性秘密分发机制

秘密分发者 P_0 想在 n 个参与者间分发秘密 S。为了便于描述，将分发机制记为：P_0 将秘密 $S=(S_1\oplus\cdots\oplus S_n)$ 中的 S_i 秘密分发给 P_i。分发机制包括 3 个子协议：Commit 协议、SComputed 协议和 Distributed 协议。具体机制描述如下。

（1）Commit 协议

Commit 协议包括两个步骤，如图 3-2 所示。

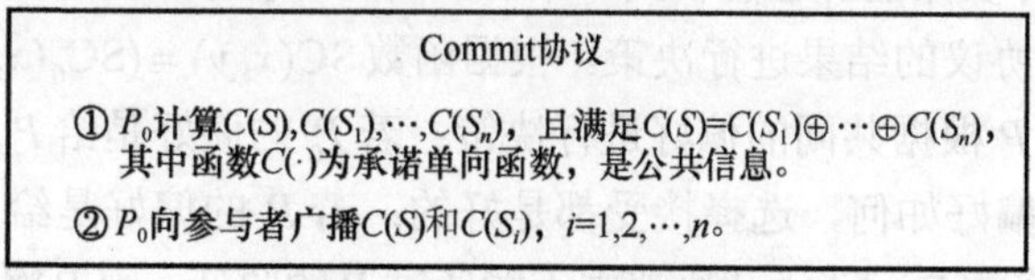
Commit协议
① P_0计算$C(S),C(S_1),\cdots,C(S_n)$，且满足$C(S)=C(S_1)\oplus\cdots\oplus C(S_n)$，其中函数$C(\cdot)$为承诺单向函数，是公共信息。
② P_0向参与者广播$C(S)$和$C(S_i)$，$i=1,2,\cdots,n$。

图 3-2 Commit 协议步骤

（2）SComputed 协议

利用安全多方计算技术计算函数$SC(x,y)=(SC_0(x,y),SC_i(x,y))$，其中，$x$是$P_0$的秘密信息，表示策略$S_{01}$的概率分布；$y$是$P_i$的秘密信息，表示策略$S_{i1}$的概率分布。该协议包括 4 个步骤，如图 3-3 所示。

SComputed协议

① P_0秘密输入x，P_i秘密输入y。

② 如果$x\geqslant\frac{1}{2}$，$y\geqslant\frac{1}{2}$，则$SC_0(x,y)=0$，$SC_i(x,y)=0$；

如果$x<\frac{1}{2}$，则$SC_0(x,y)=1$，$SC_i(x,y)=1$。

③ 如果$y<\frac{1}{2}$，则$SC_0(x,y)=1$，$SC_i(x,y)=1$。

④ 输出（$SC_0(x,y),SC_i(x,y)$）。

图 3-3　SComputed 协议

（3）Distributed 协议

该子协议包括 3 个步骤，如图 3-4 所示。

Distributed协议

① 如果$SC_0(x,y)=0$，则P_0选择策略S_{01}；否则，P_0选择策略S_{02}。

② P_i计算收到的$C(S_i^*)$，验证$C(S_i^*)=C(S_i)$是否成立，若成立，则转下一步；否则，P_i选择策略S_{i2}。

③ 如果$SC_i(x,y)=0$，则P_i选择策略S_{i1}；否则，P_i选择策略S_{i2}。

图 3-4　Distributed 协议

通过对理性秘密分发机制的分析，本节得出如下结论。

定理 3-3　假定秘密分发者和参与者都是理性的，在上述机制下秘密分发博弈$\Pi=\{\Pi_1,\cdots,\Pi_n\}$达到均衡结果（$v_2,u_1$）。

证明　根据博弈机制，博弈的 Commit 协议保证了秘密分发者P_0不可能存在欺骗行为而获得更好的收益；否则，P_0将有能力攻破单向函数$C(\cdot)$。也就是说，一方面，若P_0给P_i分发一个错误的秘密份额S_i，S_i能通过验证的概率是可以忽略的，所以P_0总是给P_i分发一个正确的秘密份额，否则将不能保证通过验证机制。另一方面，若P_i收到的秘密份额能通过P_i的验证，则接受该秘密份额；否则将拒绝接受。可见，对于理性的秘密分发者P_0来说，给P_i分发一个错误的秘密份额的概率是可以忽略的。这样就可以保证P_i总能收到一个正确的秘密份额。博弈的 Distributed 协议依据 SComputed 协议的结果进行决策。根据函数$SC(x,y)=(SC_0(x,y), SC_i(x,y))$的功能描述，$P_0$和$P_i$根据共同的偏好进行决策：若$P_0$的偏好是给$P_i$发送正确的秘密份额，无论$P_i$的偏好如何，选择接受都是好的；若$P_0$的偏好是给$P_i$发送错误的秘密份额，则在博弈的 Distributed 协议中不能通过P_i的验证，则P_i将采取拒绝接受策略，从而导致 P_0 的收益为 v_3（$v_3 < v_2$）。因此在该机制下，对于理性的秘密分发者和参与者来说，（S_{i1}, S_{i2}）是最佳选择，从而达到均衡结果（v_2, u_1）。证毕。

3.4.3 秘密重构博弈

在秘密共享体制 $\Gamma = \{P, \Pi, \mathrm{RE}\}$ 中，秘密重构博弈 RE 是 n 个参与者恢复共享秘密 S 的特定方法。在（t,n）门限秘密共享方案中，任何 t 个参与者合作能重构共享秘密，而任何 $t-1$ 个参与者共谋都得不到共享秘密的任何信息；在一般的秘密共享体制中，任何一个授权集中的参与者合作能恢复共享秘密，而属于非授权集中的参与者共谋却得不到关于共享秘密的任何信息。

在所有参与者都是理性的假设下，秘密重构博弈 RE 就是一个 n 人博弈，仍记为 $\mathrm{RE} = \{P, A_i, U_i\}$，其中，$P$ 是参与者集合，A_i 是 P_i 的策略集合，U_i 是 P_i 的收益集合。详细说明如下。

（1）参与者集合 $P = \{P_1, \cdots, P_n\}$。

（2）参与者 P_i 的策略集合 $A_i = \{A_{i1}, A_{i2}, A_{i3}\}$（$i = 1, \cdots, n$）。其中，$A_{i1}$ 表示 P_i 广播正确的秘密份额 S_i；A_{i2} 表示 P_i 广播错误的秘密份额 S_i'；A_{i3} 表示 P_i 保持沉默，什么都不广播。

（3）参与者 P_i 的收益集合 $U_i = \{\omega_1, \omega_2, \omega_3, \omega_4\}$（$i = 1, \cdots, n$）。其中，$\omega_1$ 表示参与者 P_i 得到共享秘密而其他参与者不能得到该秘密；ω_2 表示参与者 P_i 知道共享秘密，其他参与者也知道该秘密；ω_3 表示参与者 P_i 知道共享秘密，其他任何一个参与者都不知道该秘密；ω_4 表示参与者 P_i 不知道共享秘密，而其他参与者都知道该秘密；且 $\omega_1 > \omega_2 > \omega_3 > \omega_4$。

下面分析纳什均衡。首先分析（t,n）门限秘密共享方案下的情况。因为对于每个参与者 P_i 来说，它都有 3 个可选的策略 A_{i1}、A_{i2} 和 A_{i3}。当 P_i 选择时 A_{i1}，分以下两种情况讨论。

（1）当有大于或等于 $t-1$ 个参与者也选择策略 A_{j1}（$j = 1, 2, \cdots, l; t-1 \leqslant l \leqslant n$）时，无论其他参与者选择 A_{i2} 还是 A_{i3}，其参与者都能获得共享秘密 S，此时 P_i 的收益是 ω_2，其他参与者的收益也是 ω_2。

（2）当有小于 $t-1$ 个参与者也选择策略 A_{j1}（$j = 1, 2, \cdots, l; 0 < l < t-1$）时，此时 P_i 的收益可能是 ω_3 或 ω_4。当 $l = t-2$ 时，无论其他参与者选择 A_{i2} 还是 A_{i3}，此时都有 $n-t+1 = n-l-1$ 个参与者的收益是 ω_1，而此情况下 P_i 及其他参与者的收益是 ω_4；当 $0 < l < t-2$ 时，所有参与者的收益均为 ω_3（这里不考虑部分参与者结盟的情况）。

当 P_i 选择时 A_{i2}，分以下两种情况讨论。

（1）当有大于或等于 t 个参与者也选择策略 A_{j1}（$j = 1, 2, \cdots, l; t \leqslant l \leqslant n$）时，

无论其他参与者选择 A_{i2} 还是 A_{i3}，其参与者都能获得共享秘密 S，此时 P_i 的收益是 ω_1，其他参与者的收益是 ω_2。

（2）当有小于 t 个参与者也选择策略 A_{j1}（$j=1,2,\cdots,l;0<l<t$）时，此时 P_i 的收益可能是 ω_3 或 ω_1，当 $l=t-1$ 时，无论其他参与者选择 A_{i2} 还是 A_{i3}，此时都有 $n-t+1=n-l-1$ 个参与者的收益是 ω_1（包括 P_i 在内），其他参与者的收益是 ω_4；当 $0<l<t-2$ 时，所有参与者的收益均为 ω_3（这里不考虑部分参与者结盟的情况）。

当 P_i 选择时 A_{i3}，此情况类似于 P_i 选择策略 A_{i2} 时的情况。

因此，在一般的秘密共享体制下，对于任何一个参与者 P_i 来说，如果其更愿意得到共享秘密，则选择 A_{i1} 的收益是最大的，此时纳什均衡为（$A_{11},\cdots,A_{n1}$）。

通过上面的分析很容易看出，后广播秘密份额的参与者能够获得更大的收益。由此可见，由于大家都是理性的，没有哪个参与者有动力来给其他参与者发送自己的秘密份额。因此大家的最优策略就是都不发送自己的秘密份额，这样就让大家陷入一种“僵局”。博弈论中称之为空威胁。下面给出解决该问题的机制。

3.4.4 理性秘密重构机制

记共享秘密 $S=(S_1\oplus\cdots\oplus S_n)$，$P_i$ 拥有秘密份额 S_i，且知道秘密及秘密份额的承诺 $C(S)$ 和 $C(S_i)$（$i=1,\cdots,n$）。重构秘密 S 的具体机制描述如下。

重构机制包括两个协议：Cycle Distribution（$P_1,\cdots,P_n$）协议和 OTPooling 协议。

（1）Cycle Distribution（$P_1,\cdots,P_n$）协议

Cycle Distribution（$P_1,\cdots,P_n$）协议包括 3 个步骤，如图 3-5 所示。

惩罚协议 PuniCD(k,j) 如图 3-6 所示。该协议表示 Cycle Distribution（$P_1,\cdots,P_n$）协议执行至第 j 轮因 P_k 的背叛行为而执行的协议。

Cycle Distribution($P_1,\cdots,P_n$)协议

① $P_1,\cdots,P_n$共同随机产生一个数$k(1\leqslant k\leqslant n)$，每位$P_i$置flag$_i$=$S_i$。
（注：当k=n时，k+1=1，下同此规定）

② for j=1 to n–2
    for i=0 to n–1
        (a) P_{k+i}将其子秘密flag$_{k+i}$传送给P_{k+i+1}
        (b) P_{k+i+1}收到flag$_{k+i}$后，验证其正确性及是否已有该子秘密，
        如果验证通过，则P_{k+i+1}置flag$_{k+i+1}$=flag$_{k+i}$，并发送flag$_{k+i+1}$
        给P_{k+2}；否则，广播P_{k+i}为“CHEAT”，转入执行协议
        PuniCD(k+i, j)
    end for
end for

③ 重置各参与者的身份为$P_{i_1},\cdots,P_{i_n}$（注：$(i_1,\cdots,i_n)$是$(1,\cdots,n)$的一个置换）

图 3-5　Cycle Distribution（$P_1,\cdots,P_n$）协议

PuniCD(k, j)协议

① 如果j=1，则重置时钟，重新执行Cycle Distribution$(P_1,\cdots,P_n)$协议。

② 如果j>1，则剔除参与者P_k，转入执行Cyclc Distribution $(P_1,\cdots,P_{n-1})$协议。

图 3-6　PuniCD (k, j) 协议

（2）OTPooling 协议

OTPooling 协议在 Cycle Distribution 协议成功执行后执行，该协议包括两个步骤，如图 3-7 所示。其中的健忘传输协议是诸多密码算法的一个基础协议。健忘传输协议 OT_1^k 表示发送者 Alice 有 K 个秘密数据 $S_1,\cdots,S_k$，选择者 Bob 要选择其中一个秘密 $S_i(1\leqslant i\leqslant k)$。协议结束后，Alice 不知道哪个数据是 Bob 选择的，Bob 不知道除 S_i 以外的任意一个秘密的信息。

OTPooling协议

① $P_1,\cdots,P_n$随机产生序列$(j_1,\cdots,j_n)$。
（注：$(j_1,\cdots,j_n)$是（$1,\cdots,n$）的一个置换）

② for l=1 to n
如果P_l已得到秘密，则P_l退出协议；否则，执行
(a) P_l与P_{jl}同时执行两个健忘传输协议 OT_1^{n-1}，取回所需结果
(b) P_l根据上一步的结果计算恢复S，并验证S的正确性
end for

图 3-7　OTPooling 协议

通过对理性秘密重构机制的分析，本节得出如下结论。

定理 3-4　假定各参与者都是理性的，在上述机制下秘密重构博弈 RE 达到均衡结果（$\omega_2,\cdots,\omega_2$）。

证明　Cycle Distribution（$P_1,\cdots,P_n$）协议顺利执行后，理性的参与者都将有 $n-1$ 份秘密份额（若某个参与者在某轮有欺骗行为，根据惩罚协议 PuniCD (k, j)，该参与者将获得更少的秘密份额），互不相同的每个参与者都仅需要一份秘密份额就能恢复出共享秘密，而且各自所需的秘密份额也互不相同。Cycle Distribution（$P_1,\cdots,P_n$）协议中的步骤③打乱了各参与者的身份信息，使各参与者在后面的协议中互不知道对方需要何份秘密份额，能够猜中的概率为$\dfrac{1}{n}$。这样保证了在 OTPooling 协议执行前，发送者不知道哪份秘密份额是接收者所需要的。最后各参与者通过 OTPooling 协议取回所需的那份秘密份额。

通过理性秘密重构机制，各参与者的最优策略都是采取合作，否则将得到更差的收益（当然，这里没有考虑各参与者结盟的情况）。从而每个参与者都得到共享密码，根据其效用函数知参与者的收益均为ω_2，从而达到纳什均衡（$\omega_2,\cdots,\omega_2$）。证毕。

参考文献

[1] ANDERSON R, MOORE T. The economics of information security[J]. Science, 2006, 314(5799): 610-613.

[2] ASHAROV G, LINDELL Y. Utility dependence in correct and fair rational secret sharing[C]// Advances in Cryptology - CRYPTO 2009. Berlin: Springer, 2009: 559-576.

[3] ASMUTH C, BLOOM J. A modular approach to key safeguarding[J]. IEEE Transactions on Information Theory, 1983, 29(2): 208-210.

[4] ASOKAN N, SCHUNTER M, WAIDNER M. Optimistic protocols for fair exchange[C]// Proceedings of the 4th ACM Conference on Computer and Communications Security. New York: ACM Press, 1997: 7-17.

[5] ASOKAN N, SHOUP V, WAIDNER M. Optimistic fair exchange of digital signatures[J]. IEEE Journal on Selected Areas in Communications, 2000, 18(4): 593-610.

[6] BEAVER D. Foundations of secure interactive computing[C]//Advances in Cryptology - CRYPTO'91. Berlin: Springer, 1991: 377-391.

[7] 田有亮, 彭长根. 基于双线性对的可验证秘密共享方案[J]. 计算机应用, 2007, 27(S2): 125-127.

[8] 田有亮, 彭长根. 基于双线性对的可验证秘密共享及其应用[J]. 计算机工程, 2009, 35(10): 158-161.

[9] 田有亮, 马建峰, 彭长根, 等. 秘密共享体制的博弈论分析[J]. 电子学报, 2011, 39(12): 2790-2795.

[10] JI W J, MA J F, MA Z, et al. Tree-based proactive routing protocol for wireless mesh network[J]. China Communications, 2012, 9(1): 25-33.

[11] BUTTYÁN L, JEAN-PIERRE H. Rational exchange-a formal model based on game theory[C]//International Workshop on Electronic Commerce. Berlin: Springer, 2001: 16-17.

[12] FISCHER M, WRIGHT R. An application of game theoretic techniques to cryptography[C]// Advances in Computational Complexity Theory. Rhode Island: American Mathematical Society, 1993: 99-118.

[13] FUJISAKI E, OKAMOTO T. A practical and provably secure scheme for publicly verifiable secret sharing and its applications[C]//Advances in Cryptology-EUROCRYPT'98. Berlin: Springer, 1998: 32-46.

[14] GARAY J A. JAKOBSSON M, MACKENZIE P. Abuse-free optimistic contract signing[C]// Advances in Cryptology-CRYPTO'99. Berlin: Springer, 1999: 449-466.

第 4 章 可公开验证秘密共享方案

可验证秘密共享（Verifiable Secret Sharing，VSS）方案是解决秘密共享中分发者和参与者间可能存在的不诚实行为问题的一个重要方法，有效避免了分发者分发错误的秘密和参与者提供无效的秘密份额的问题。但是现有的可验证秘密共享方案在实现可验证性的同时又会损失信息率，往往很难构造出信息率渐近最优的可验证秘密共享方案。本章利用多线性对设计了知识承诺方案，基于该方案构造了信息率几乎最优的可公开验证秘密共享（Publicly Verifiable Secret Sharing，PVSS）方案，不仅实现了秘密共享的可验证性，而且提高了方案的安全性和信息率。

4.1 问题引入

在秘密共享方案中，秘密分发者 D 在多个参与者间共享一个秘密，使只有授权集中的参与者联合才能重构秘密，然而秘密分发者和参与者可能存在的不诚实行为会导致参与重构的份额无效，从而无法重构出秘密。可见，秘密共享方案针对的是共享体制中分发者和参与者都是诚实的情况，为防止分发者和参与者间可能存在的恶意行为，Chor 等首次提出了可验证秘密共享，有效地解决了这个问题。Feldman 基于离散对数的困难性问题，提出了一种实用的非交互的可验证秘密共享方案，随后，可验证秘密共享在理论和应用方面都取得了许多重要的研究成果。

然而，已有的可验证秘密共享方案，无论是基于传统公钥系统设计的，还是基于离散对数、双线性 Diffie-Hellman 等难题设计的，为了实现秘密共享的安全性或可验证性，其信息率都有一定折损。为了解决可验证秘密共享中信息率低下的问题，本章提出了一种基于多线性映射的信息率渐近最优的可公开验证秘密共享方案。

4.2 方案描述

假设秘密分发者 D 需在 n 个参与者 $U=\{U_1,U_2,\cdots,U_n\}$ 间共享秘密 $S=\{S'_1,S'_2,\cdots,S'_n\}\in G_1$，$S'_i\in_R Z_q^*$，$i=1,2,\cdots,n$。当至少有 t 个参与者联合才能恢复共享秘密，任意 $t-1$ 个或者更少的参与者联合既无法重构出秘密，也无法得到关于秘密的任何信息。具体方案包括以下 4 个阶段：系统初始化阶段、秘密分发阶段、秘密份额的验证阶段和秘密恢复阶段。具体描述如下。

（1）系统初始化阶段。设 $(G_1,+)$ 是素数阶的加法循环群，其阶为 q，P 为 G_1 的生成元；设 $(G_2,\cdot)$ 是 q 阶乘法循环群，且 G_1 和 G_2 上的离散对数都是难解的；同时，假设两个群之间存在多线性映射 $G_1^m\to G_2$，且能被有效计算；设共享的秘密是由 m 个正整数元素构成的，记为 $S=\{S'_1,S'_2,\cdots,S'_m\}\in G_1$, $S'_i\in_R Z_q^*, i=1,2,\cdots,m$。

（2）秘密分发阶段。秘密分发阶段主要包括以下 5 个步骤。

① 秘密分发者 D 公布秘密 S 的承诺 $C_0=e(r_0P,S)=e_{m+1}(r_0P,S'_1,S'_2,\cdots,S'_m)$（$\forall r_0\in Z_q^*$）。

② 秘密分发者 D 从 $G_1[x]$ 中选取至少为 $t-1$ 次的秘密多项式 $F(x)=F_0+F_1x+\cdots+F_{t-1}x^{t-1}$，且它满足秘密 $S=F_0=F(0)=(S'_1,S'_2,\cdots,S'_m)$。其中，$F_1=(f_{1,1},f_{1,2},\cdots,f_{1,m})$，$F_2=(f_{2,1},f_{2,2},\cdots,f_{2,m}),\cdots$，$F_{t-1}=(f_{t-1,1},f_{t-1,2},\cdots,f_{t-1,m})$，$f_{i,j}\in Z_q^*$，$i\in\{1,2,\cdots,t-1\}$，$j\in\{1,2,\cdots,m\}$。然后分发者 D 为参与者 U_i 计算秘密份额 $S_i=(S_{i1},S_{i2},\cdots,S_{im})=F(i)$，$S_{i,j}\in Z_q^*$，其中 $i=1,2,\cdots,n$，$j=1,2,\cdots,m$。

③ 秘密分发者 D 从 Z_q^* 中随机选取 $t-1$ 个元素，然后计算并广播承诺 $C_j=e(g_jP,F_j)=e_{m+1}(g_{ji}P,f_{i1},f_{i2},\cdots,f_{im})$，其中 $j=1,2,\cdots,t-1$。

④ 设 $t-1$ 次多项式 $g(x)=r+r_1x+\cdots+r_{t-1}x^{t-1}$，其中 $r=r_0$，D 计算 $r_i=g(i)\in Z_q^*$，$i=1,2,\cdots,n$。

⑤ 秘密分发者 D 分别向参与者 U_i 秘密发送 (S_i,r_i)，其中 $S_i=(S_{i1},S_{i2},\cdots,S_{im})$。

（3）秘密份额的验证阶段。参与者 U_i 接收到 (S_i,r_i) 后，可通过

$$e(r_iP,S_i)=e_{m+1}(r_iP,S_{i1},S_{i2},\cdots,S_{im})=\sqrt{C_i^t\prod_{j=0}^{t-1}C_i^{(i)^{(j)m+1}}}$$

来验证接收到的秘密份额的正确性。

（4）秘密恢复阶段。当 t 个或多于 t 个参与者 U_i（不失一般性，设 $i\in N$ 且

$|N| \geqslant t$）提供各自拥有的(S_i, r_i)后，可利用 Lagrange 插值多项式来恢复秘密S和r，即

$$\begin{cases} S = \sum_{i \in N} L_{Ni}(0) S_i \\ r = \sum_{i \in N} L_{Ni}(0) r_i \end{cases}$$

其中，$L_{Ni}(i)$为 Lagrange 插值系数，且

$$L_{Ni}(i) = \prod_{j \in N/\{i\}} \frac{x-j}{i-j}$$

秘密份额$S_i = (S_{i1}, S_{i2}, \cdots, S_{im})$，$i = 1, 2, \cdots, n$，可利用公开信息$C_0$并通过

$$C_0 = e(rP, S) = e_{m+1}(r_0 P, S_1, S_2, \cdots, S_m)$$

来验证(S_i, r_i)的有效性。

4.3　方案分析

4.3.1　正确性分析

本节对本章所提方案的正确性进行分析证明。$e(r_i P, S_i) = e_{m+1}(r_i P, S_{i1}, S_{i2}, \cdots, S_{im}) = \sqrt{C_i^t \prod_{j=0}^{t-1} C_i^{(i)^{(j)m+1}}}$ 的正确性证明如下。

证明　已知$S_i = F(i)$，$C_0 = e(rP, S)$且$C_j = e(g_j P, F_j) = e_{m+1}(g_j P, f_{j,1}, f_{j,2}, \cdots, f_{j,m})$，则可以得到

$$e(r_i P, S_i) = e_{m+1}(r_i P, S + F_1 i + \cdots + F_{t-1} i^{t-1}) = e(r_i P, S) e(r_i P, F_1 i) \cdots e(r_i P, F_{t-1} i^{t-1})$$

以及等式

$$e(r_i P, S_i) = e_{m+1}(r_i P + r_1 i P + \cdots + r_{t-1} i^{t-1} P) = e(r_0 P, S_i) e(r_1 i P, S_i) \cdots e(r_{t-1} i^{t-1} P, S_i)$$

又因为$e(r_i P, S_i) e(r_0 P, S_i) = e(r_i P, S_i) \cdots e(r_0 P, S) = C_i C_0$

$$
\begin{aligned}
&e(r_iP,F_1i)e(r_1iP,S_i)=e(r_iP,S_i)e(r_1iP,F_1i)=\\
&C_ie_{m+1}(r_1iP,f_{1,1}i,f_{1,2}i,\cdots,f_{1,m}i)=\\
&C_ie_{m+1}(r_1P,f_{1,1},f_{1,2},\cdots,f_{1,m})i^{m+1}=\\
&C_iC_1^{(i)^{m+1}}
\end{aligned}
$$

$$\vdots$$

$$
\begin{aligned}
&e(r_iP,F_{t-1}i^{t-1})e(r_{t-1}i^{t-1},S_i)=\\
&e(r_iP,S_i)e(r_{t-1}i^{t-1}P,F_{t-1}i^{t-1})=\\
&C_ie_{m+1}(r_{t-1}i^{t-1}P,f_{t-1,1}i,f_{t-1,2}i,\cdots,f_{t-1,m}i)=\\
&C_ie_{m+1}(r_{t-1}P,f_{t-1,1},f_{t-1,2},\cdots,f_{t-1,m})^{(i^{t-1})^{m+1}}=\\
&C_iC_{t-1}^{(i^{t-1})^{m+1}}
\end{aligned}
$$

则

$$
\begin{aligned}
&e(r_iP,S_i)e(r_iP,S_i)=\\
&[e(r_iP,S)e(r_0P,S_i)][e(r_iP,F_ii)e(r_1iP,S_i)]\cdots\\
&[e(r_iP,F_{t-1}i^{t-1})e(r_{t-1}i^{t-1}P,S_i)]=\\
&(C_iC_0)(C_iC_1^{(i^{m+1})^1})(C_iC_{t-1}^{(i^{m+1})^{t-1}})=\\
&C_i^t\prod_{j=0}^{t-1}C_j^{(i^{m+1})^j}
\end{aligned}
$$

故 $e(r_iP,S_i)=\sqrt{C_i^t\prod_{j=0}^{t-1}C_j^{(i^{m+1})^j}}$，其中 $S_i=(S_{i1},S_{i2},\cdots,S_{im})$。证毕。

4.3.2 安全性分析

本节对本章所提方案的安全性进行分析证明。

引理 4-1 在提出的可公开验证秘密共享方案中，群 G_1 上的秘密多项式 $F(x)$ 的系数 $F_0,F_1,\cdots,F_{t-1}$ 的承诺 $C_0,C_1,\cdots,C_{t-1}$ 是安全的 $\Leftrightarrow$ 多线性 Diffie-Hellman（Multilinear Diffie-Hellman，MDH）假设成立。

证明 ①必要性（反证法）。假设所提方案中基于多线性对的承诺算法是安全的，但 MDH 假设不成立。则由 MDH 假设不成立可知，存在算法 A：对于 G_1 中已知的 $P,a_1P,\cdots,a_mP$ ($a_1,a_2,\cdots,a_m\in_R Z_q^*$)，算法 A 能以不可忽略的优势 ε 计算出多线性对 $e_m(P,P,\cdots,P)^{a_1a_2\cdots a_m}$。然而要攻破此承诺算法，只需从承诺 C_i 中计算出系数 F_i。因此，在 Z_q^* 中随机选取 $2m$ 个元素 $a_1,a_2,\cdots,a_m$，$a_1',a_2',\cdots,a_m'$，然后将 $(P,a_1P,\cdots,a_mP)$ 和 $(P,a_1'P,\cdots,a_m'P)$ 输入算法 A。由于该输入是随机的，因此算法 A

将以不可忽略的优势 ε 分别输出 $e_m(P,P,\cdots,P)^{a_1a_2\cdots a_m}$ 和 $e_m(P,P,\cdots,P)^{a_1'a_2'\cdots a_m'}$。又因为 $C_i=e_m(P,P,\cdots,P)^{a_1a_2\cdots a_m}e_m(P,P,\cdots,P)^{a_1'a_2'\cdots a_m'}$，则由多线性映射的多线性性质可得等式 $e_m((a_1a_2\cdots a_m)P,P,\cdots,P)=\dfrac{C_i}{e_m(P,P,\cdots,P)^{a_1'a_2'\cdots a_m'}}$，从而解出系数 F_i，这与承诺算法是安全的相矛盾，因此假设不成立，从而MDH假设成立。

② 充分性（反证法）。假设MDH假设成立，但所提方案中的承诺算法是不安全的。那么由承诺算法的不安全性可知，存在算法B：当向B输入任何随机元素 $Q_1,Q_2,\cdots,Q_m\in G_1$ 时，算法B能以不可忽略的优势 ε 计算出系数 F_i，且 F_i 满足 $C_i=e(F_i,r_iP)=e_{m+1}(Q_1,Q_2,\cdots,Q_{m+1})$，若设 $F_i=(a_1P,a_2P,\cdots,a_mP)$，$Q_1=\beta_1P$，$Q_2=\beta_2P$，…，$Q_{m+1}=\beta_{m+1}P$，其中 $a_i\in_R Z_q^*$，$i=1,2,\cdots,m$ 且 $\beta_j\in_R Z_q^*$，$j=1,2,\cdots,m+1$。则算法B以不可忽略的优势 ε 计算 F_i，且 F_i 满足 $e_{m+1}(\beta_1P,\beta_2P,\cdots,\beta_{m+1}P)=e_{m+1}(a_1P,\cdots,a_mP,r_iP)$。那么由多线性映射的多线性性质可得等式 $e_{m+1}(P,P,\cdots,P)^{\beta_1\beta_2\cdots\beta_{m+1}}=e_{m+1}(P,\cdots,P,P)^{a_1a_2\cdots a_mr_i}$，即可得到

$$e_{m+1}(P,P,\cdots,P)^{a_1a_2\cdots a_mr_i(\beta_1\beta_2\cdots\beta_{m+1})^{-1}a_1'a_2'\cdots a_m'}=e_{m+1}(P,P,\cdots,P)$$

整理可得

$$e_{m+1}(P,P,\cdots,P)^{(a_1\beta_1^{-1})(a_2\beta_2^{-1})\cdots(a_m\beta_m^{-1})(a_{m+1}\beta_{m+1}^{-1})}=e_{m+1}(P,P,\cdots,P)$$

令 $\alpha_1=a_1\beta_1^{-1},\alpha_2=a_2\beta_2^{-1},\cdots,\alpha_m=a_m\beta_m^{-1},\alpha_{m+1}=a_{m+1}\beta_{m+1}^{-1}$，可得

$$e_{m+1}(P,\cdots,P,P)^{\alpha_1\alpha_2\cdots\alpha_{m+1}}=e_{m+1}(P,P,\cdots,P)$$

这表明对于 G_1 中给定的 $P,\alpha_1P,\cdots,\alpha_mP,\alpha_{m+1}P$ $(\alpha_1,\alpha_2,\cdots,\alpha_{m+1}\in_R Z_p^*)$，算法B能够以不可忽略的优势 ε 计算出多线性对 $e_{m+1}(P,P,\cdots,P)^{\alpha_1\alpha_2\cdots\alpha_{m+1}}$，这与上述假设矛盾。所以，若MDH假设成立，则所述方案中的承诺算法就是安全的。

根据反证法，综合必要性和充分性可证得，所提方案中的承诺算法是安全的 $\Leftrightarrow$ MDH假设成立。证毕。

引理4-2 在构建的可公开验证秘密共享方案中，若MDH假设成立，则 $t-1$ 个或少于 $t-1$ 个参与者的任意联合都无法重构出共享秘密 S。

证明 采用反证法证明。假设 $t-1$ 个参与者联合能够重构出秘密 S。不失一般性，假设这 $t-1$ 个参与者记为 $U_1,\cdots,U_{t-1}$。下面证明，对任意给定的 $bP,a_1P,\cdots,a_mP$，其中 $b,a_1,a_2,\cdots,a_m\in_R Z_q^*$，存在攻击者 Ω 利用这 $t-1$ 个参与者作为预言机，能计算出多线性对 $e_{m+1}(P,P,\cdots,P)^{ba_1a_2\cdots a_m}$。不妨设 $b,a_1,a_2,\cdots,a_m\in_R Z_q^*$ 是随机元素，否则就用与之不同的元素 $b,a_1',a_2',\cdots,a_m'\in_R Z_q^*$ 将 $bP,a_1P,\cdots,a_mP$ 随机化。

为攻击者 Ω 构建一个模拟的VSS系统，当 $U_1,\cdots,U_{t-1}$ 作为预言机时，可计算

出 $e_{m+1}(P,P,\cdots,P)^{ba_1a_2\cdots a_m}$。模拟的 VSS 系统构建需要执行以下 5 个步骤。

① 攻击者 Ω 设定 $C_0=e_{m+1}(bP,a_1P,\cdots,a_mP)$，这样，就可以隐含地确定 $F(0)=(a_1P,\cdots,a_mP)$ 和 $g(0)=b$。

② 在 $G_1\times Z_q^*$ 中随机选取 $t-1$ 组 $m+1$ 维向量 $(F(1),g(1)),(F(2),g(2)),\cdots,(F(t-1),g(t-1))$，则多项式 $F(x)$ 和 $g(x)$ 就可以由步骤①中确定的 $F(0)$ 和 $g(0)$ 的值固定下来。

③ 攻击者 Ω 计算前 $t-1$ 个多线性对 $e(r_iP,S_i)=e_{m+1}(r_iP,S_{i1},S_{i2},\cdots,S_{im})$ 的值，其中 $i=1,2,\cdots,t-1$。

④ 由于 $F(0)$ 和 $g(0)$ 的值隐藏在承诺 C_0 中，所以 $(F(i),g(i))$ 的值无法被攻击者 Ω 计算出来；但是，攻击者 Ω 可以根据 Lagrange 插值多项式计算出余下的 $n-t+1$ 个多线性对 $e(r_iP,S_i)$ 的值，其中 $i=t,t+1,\cdots,n$。

⑤ 攻击者 Ω 计算前 $t-1$ 个承诺 C_i（$i=1,2,\cdots,t-1$）。已知多项式 $F(x)=S+\sum_{i=1}^{t-1}F_ix^i$ 和 $g(x)=r+\sum_{i=1}^{t-1}g_ix^i$，故可得到方程组为

$$\begin{cases}
e(rP,S)^1e(g_1P,F_1)^{0^2}\cdots e(g_{t-1}P,F_{t-1})^{q^{2(t-1)}}=e(g(0)P,F(0))\\
e(rP,S)^1e(g_1P,F_1)^{1^2}\cdots e(g_{t-1}P,F_{t-1})^{1^{2(t-1)}}=e(g(1)P,F(1))\\
e(rP,S)^1e(g_1P,F_1)^{2^2}\cdots e(g_{t-1}P,F_{t-1})^{2^{2(t-1)}}=e(g(2)P,F(2))\\
\vdots\\
e(rP,S)^1e(g_1P,F_1)^{(t-1)^2}\cdots e(g_{t-1}P,F_{t-1})^{(t-1)^{2(t-1)}}=e(g(t-1)P,F(t-1))
\end{cases}$$

在上述方程组中，攻击者 Ω 只知道 $t-1$ 组 $m+1$ 维向量 $(F(1),g(1)),(F(2),g(2)),\cdots,(F(t-1),g(t-1))$ 的值，而不知道 $F(0)$ 和 $g(0)$ 的值，因此 $S,F_1,F_2,\cdots,F_{t-1}$ 及未知量 $r,g_1,g_2,\cdots,g_{t-1}$ 的值无法被 Ω 求出。但是对于 Ω 来说，承诺 C_0 是已知的，Ω 利用 C_0 和上述方程组可以求出承诺 C_i，其中 $i=1,2,\cdots,t-1$。

这样，一个模拟的 VSS 系统就构建完成了。当 Ω 向这 $t-1$ 个参与者 $U_1,\cdots,U_{t-1}$ 提供这一系统的相关信息时，这 $t-1$ 个参与者获取信息的能力是相同的的。那么根据假设知这 $t-1$ 个参与者联合可以恢复出共享秘密 $S=F(0)$，且它满足 $e_{m+1}(bP,a_1P,\cdots,a_mP)=e(g(0)P,F(0))$，由多线性映射性质得 $e_{m+1}(P,\cdots,P,P)^{ba_1a_2\cdots a_m}=e(g(0)P,F(0))$，因此在模拟的 VSS 系统中多线性对可以被有效计算，这表明 MDH 问题能被这 $t-1$ 个参与者求解。这与 MDH 假设成立相矛盾，因此，$t-1$ 个参与者联合无法重构出秘密 S，同理少于 $t-1$ 个参与者联合也无法重构出秘密 S。证毕。

定理 4-1 所提出的可公开验证秘密共享方案的安全性是基于多线性离散对数（Multilinear Discrete logarithm，MDL）和 MDH 的难解性的。

证明　首先，由引理 4-1 及其证明可知，承诺$C_0,C_1,\cdots,C_{t-1}$是安全的，是基于 MDH 假设成立的前提；其次，在秘密分发阶段，假设存在攻击者Ω欲从公布的承诺$C_0,C_1,\cdots,C_{t-1}$中获取系数$F_0,F_1,\cdots,F_{t-1}$和$r_0,r_1,\cdots,r_{t-1}$，则Ω必须要求解 MDL 和 MDH 难题；再次，由引理 4-2 知，至多$t-1$个参与者的任意联合不能恢复共享秘密S，其证明也是基于 MDH 问题的难解性的。最后，Ω欲从验证式中求解(S_i,r_i)，则必须求解 MDL 和 MDH 难题。综上所述，本章方案的安全性是基于多线性映射的 MDL 和 MDH 的难解性的。证毕。

4.3.3　性能分析

（1）计算量方面。秘密分发者D需要为各参与者计算相应的秘密份额，而本章方案中各参与者可以自己计算相应的秘密份额，因此本章方案节省了秘密份额生成的开销。在秘密分发阶段，秘密分发者D需要为参与者计算$2t$次群G_1上的多线性对，且所需的主要运算和参与者数目n呈线性关系；在秘密份额的验证阶段，需要m次多线性对运算，m次数乘运算，因此本章方案较其他方案在计算量上有明显的优势；在秘密重构阶段，计算量为群G_1上t次数乘运算。另外，易知所提方案的主要运算开销与参与者数目呈线性关系，而且在秘密分发阶段中有些计算可以进行预处理，因此大大提高了秘密分发的效率。

（2）信息率方面。众所周知，信息率是衡量协议效率的重要指标，信息率越高，秘密共享体制的信息扩散程度越小，因此构造出信息率渐近最优的可公开验证秘密共享方案具有重要意义。在本章方案中，由于共享秘密为$S=(S'_1,S'_2,\cdots,S'_m)$，$S^*_i\in G_1$，$i=1,2,\cdots,m$，所以$|S|=mq$；且$(S_i,r_i)$中的秘密份额$S_i=(S_{i1},S_{i2},\cdots,S_{im})\in G_1$，$r_i\in Z^*_q$。因此，$(S_i,r_i)$对的长度为$|(S_i,r_i)|=|S_i|+|r_i|=m|q|+|q|$。根据信息率的定义可知，本章方案的信息率为

$$\mathrm{IR}_{\mathrm{SS}}=\frac{|S|}{|(S_i,r_i)|}=\frac{m|q|}{m|q|+|q|}=\frac{m}{m+1}\to 1$$

信息率达到了渐近最优。已有方案的信息率分别为$\frac{1}{2}$、$\frac{1}{5}$、$\frac{2}{3}$，因此所提方案较同一安全级别的可验证秘密共享方案在信息率上具有明显的优势，能更好地满足那些对通信效率要求更高的应用场景。

（3）存储量方面。所提方案主要包括秘密信息和公开信息的存储。一方面，对于秘密分发者来说，其需要保密的信息为$t-1$次的秘密多项式$F(x)$，长度为mt，而已有方案需要存储的是n次多项式的长度，存储量比本章方案大；另一方面，对于参与者来说，其需要对(S_i,r_i)进行保密，(S_i,r_i)是$m+1$维向量，长度为$m+1$，与已有方案的存储量相差不大；公开信息的存储主要是对承诺的存储，其

存储量与参与者数目呈线性关系。因为公开信息的泄露不会对系统造成任何影响，所以可以将公开信息由一个或多个参与者协同存储，以便合理利用系统而不会给系统造成过重的存储负担。

参考文献

[1] 张恩，蔡永泉. 基于双线性对的可验证的理性秘密共享方案[J]. 电子学报，2012，40(5): 1050-1054.

[2] 李慧贤，庞辽军. 基于双线性变换的可证明安全的秘密共享方案[J]. 通信学报，2008，29(10): 45-50.

[3] 田有亮，彭长根. 基于双线性对的可验证秘密共享及其应用[J]. 计算机工程，2009，35(10): 158-161.

[4] TIAN Y L, PENG C G, MA J F. Publicly verifiable secret sharing schemes using bilinear pairings[J]. International Journal of Network Security, 2012, 14(3): 142-148.

[5] WU T Y, TSENG Y M. A pairing-based publicly verifiable secret sharing scheme[J]. Journal of Systems Science and Complexity, 2011, 24(1): 186-194.

[6] 田有亮，马建峰，彭长根，等. 椭圆曲线上的信息论安全的可验证秘密共享方案[J]. 通信学报, 2011, 32(12): 96-102.

[7] 许春香. 安全秘密共享及其应用研究[D]. 西安：西安电子科技大学, 2003.

[8] 李慧贤，庞辽军. 基于双线性变换的可证明安全的秘密共享方案[J]. 通信学报，2008，29(10): 45-50.

[9] TIAN Y L, PENG C G, ZHANG R P, et al. A practical publicly verifiable secret sharing scheme based on bilinear pairing[C]//Proceedings of 2008 2nd International Conference on Anti-counterfeiting, Security and Identification. Piscataway: IEEE Press, 2008: 71-75.

[10] WU T Y, TSENG Y M. Publicly verifiable multi-secret sharing scheme from bilinear pairings[J]. IET Information Security, 2013, 7(3): 239-246.

[11] FENG T, LI F H, MA J F, et al. A new approach for UC security concurrent deniable authentication[J]. Science in China Series F: Information Sciences, 2008, 51(4): 352-367.

[12] ZHANG F, MA J F, MOON S. Universally composable anonymous Hash certification model[J]. Science in China Series F: Information Sciences, 2007, 50(3): 440-455.

[13] JING Z J, JIANG G P, GU C S. A verifiable multi-recipient encryption scheme from multilinear maps[C]//Proceedings of the 2014 Ninth International Conference on P2P, Parallel, Grid, Cloud and Internet Computing. Piscataway: IEEE Press, 2014: 151-156.

第 5 章 激励相容的理性秘密共享方案

在理性秘密共享中，两个理性参与者往往陷入囚徒困境。如何打破此均衡状态以解决囚徒困境是一个挑战性问题，也是本章所研究的内容。首先，证明了理性秘密共享在自然状态下达到序贯均衡，在该均衡状态下，理性参与者将陷入囚徒困境，从而该两名参与者都无法正确地重构秘密。接着，为了解决这一问题，本章提出了一种激励相容的理性秘密共享方案。具体来说，重新设计了秘密共享的过程并设计了合理且有效的激励机制，从而构建了不完全信息的动态博弈，并求解了博弈的序贯均衡，证明了理性参与者没有动机偏离诚实行为，即参与者能够正确地重构秘密。

5.1 问题引入

1979 年，Shamir 和 Blakey 研究了著名的 (t,n) 门限秘密共享方案，其基本思想是持有秘密的分发者将秘密划分为 n 个秘密份额，并将秘密份额分发给 n 个参与者，任何 t 个或更多的参与者都可以重构秘密，而小于 t 个参与者则不能。在传统的秘密共享中，参与者要么是“好”的，要么是“坏”的，其中“好”的参与者总是愿意诚实地参与秘密重构，而“坏”的参与者则不愿意这样做。Halpern 等使用博弈论对传统的秘密共享进行了分析，并首创性地提出了理性秘密共享方案。Dodis 等指出，如果能设计出合理的方案，博弈论和密码学就能有效地结合起来，在这种情况下，参与者既不是“好”的也不是“坏”的，更确切地说，这些参与者是理性的，即目的都是最大化自身的效用。

5.2 囚徒困境

本节介绍了自然状态下的理性秘密共享，证明了理性参与者必然会陷入囚徒困境，从而没有一个参与者有动机诚实地发送秘密份额，导致没有参与者能够正确重构秘密。

5.2.1 系统模型

在自然状态下，一个简化的理性秘密共享过程包含一个秘密生成中心（Secret Generation Center，SGC）和秘密共享参与者（Secret Sharing Party，SSP）。

（1）SGC。可信 SGC 的任务是在系统中分发和保存共享的秘密，一旦秘密被分发，它就会离线。

（2）SSP。SSP 是秘密共享中的理性参与者 p_i。

那么，一个理性秘密共享过程可以分为以下两个阶段。

（1）分发阶段。SGC 随机生成秘密 $W \in \{0,1\}^k$，并随机选择 $w_1, w_2 \in \{0,1\}^k$ 作为秘密份额，其中 $W = w_1 \oplus w_2$，将 w_i 发送给 p_i 后，SGC 离线。显然，如果参与者没有同时获得两个秘密份额且 k 足够大，那么猜测出 W 的概率 $\xi = \left(\frac{1}{2}\right)^k$ 是可忽略的。

（2）重构阶段。参与者 p_i 选择给另一方发送秘密份额 w_i'（w_i' 不一定为真实的 w_i）或者不发送秘密份额，之后参与者 p_i 计算重构值 $W = w_i \oplus w_{-i}$。

在理性秘密共享中，参与者都更倾向于在自身能正确重构秘密的同时其他参与者无法正确重构秘密。因此，在不同的情况下，定义理性秘密共享中参与者的效用如表 5-1 所示。

表 5-1 理性秘密共享中参与者的效用

效用	描述
a	一方诚实一方作弊时，作弊方的收益
b	两方均诚实计算时，双方的收益
c	两方均不诚实计算时，双方的收益
d	一方诚实一方作弊时，诚实方的收益

显然，$a > b > c > d$。

5.2.2 问题描述

在重构阶段，当参与者发送自身的秘密份额时，参与者有如下两个策略：{honest}表示发送真实秘密份额，{dishonest}表示不发送或者发送虚假秘密份额。博弈树 Game_1 如图 5-1 所示。

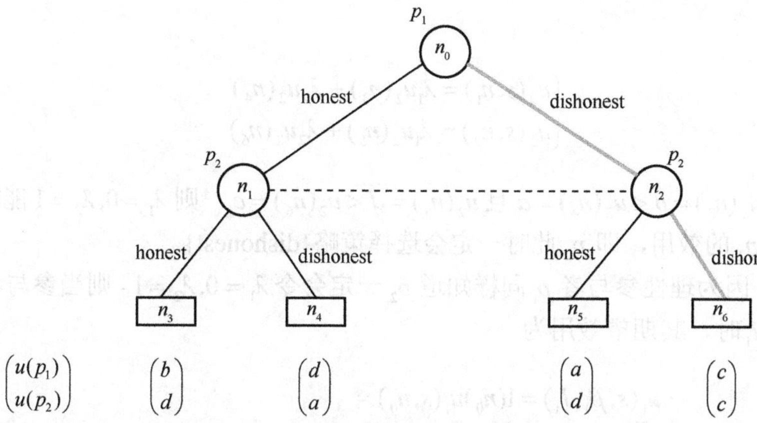

图 5-1　Game_1

在 Game_1 中，参与者集合 $P=\{p_1,p_2\}$；非终止选择集合 $H=\{n_0,n_1,n_2\}$；终止集合 $E=\{n_3,n_4,n_5,n_6\}$；信息集 $I=\{I_1,I_2\}$，其中 $I_1=\{n_0\},I_2=\{n_1,n_2\}$；可选策略集合 $A=\{\text{honest,dishonest}\}$。

定理 5-1　Game_1 存在唯一序贯均衡 $(s,\beta)=((s_1,s_2),(\beta_1,\beta_2))$，其中

$$\begin{cases} s_1=([0(\text{honest}),1(\text{dishonest})]) \\ s_2=([0(\text{honest}),1(\text{dishonest})]) \\ \beta_1=([1(n_0)]) \\ \beta_2=([0(n_1),1(n_2)]) \end{cases} \tag{5-1}$$

证明　令策略组合为 $s=(s_1,s_2)$，即

$$\begin{cases} s_1=([\rho_1(\text{honest}),\rho_2(\text{dishonest})]) \\ s_2=([\lambda_1(\text{honest}),\lambda_2(\text{dishonest})]) \end{cases} \tag{5-2}$$

其中，$\rho_1,\rho_2,\lambda_1,\lambda_2$ 是概率，满足 $\rho_1,\rho_2,\lambda_1,\lambda_2\in[0,1]$，$\rho_1+\rho_2=1$，$\lambda_1+\lambda_2=1$。由贝叶斯法则得出信念系统 $\beta=(\beta_1,\beta_2)$ 为

$$\begin{cases} \beta_1=([1(n_0)]) \\ \beta_2=([\rho_1(n_1),\rho_2(n_2)]) \end{cases} \tag{5-3}$$

下面证明序贯理性。

当参与者 p_2 到达信息集 I_2 时，其期望效用为

$$\begin{aligned} &u_2(s,\beta_2,I_2)= \\ &\beta_2(n_1)u_2(s,n_1)+\beta_2(n_2)u_2(s,n_2)= \\ &\rho_1u_2(s,n_1)+\rho_2u_2(s,n_2) \end{aligned} \tag{5-4}$$

其中

$$\begin{cases}u_2(s,n_1)=\lambda_1 u_2(n_3)+\lambda_2 u_2(n_4)\\u_2(s,n_2)=\lambda_1 u_2(n_5)+\lambda_2 u_2(n_6)\end{cases} \tag{5-5}$$

由于$u_2(n_3)=b<u_2(n_4)=a$且$u_2(n_5)=d<u_2(n_6)=c$，则$\lambda_1=0,\lambda_2=1$能够最大化参与者p_2的效用，即p_2此时一定会选择策略{dishonest}。

同理，因为理性参与者p_1同样知道p_2一定会令$\lambda_1=0,\lambda_2=1$，则当参与者p_1到达信息集I_1时，其期望效用为

$$\begin{aligned}&u_1(s,\beta_1,I_1)=1(n_0)u_1(s,n_0)=\\&\rho_1\lambda_1 u_1(n_3)+\rho_1\lambda_2 u_1(n_4)+\rho_2\lambda_1 u_1(n_5)+\rho_2\lambda_2 u_1(n_6)\end{aligned} \tag{5-6}$$

由于$u_1(n_4)=d<u_1(n_6)=c$，则p_1一定会令$\rho_1=0,\rho_2=1$来最大化自身的效用，即p_1也一定会选择策略{dishonest}。

下面证明序贯一致。

令完全混合策略组合序列为$s^k=(s_1^k,s_2^k)$，其中

$$\begin{cases}s_1^k=\left(\left[\dfrac{1}{k}(\text{honest}),\dfrac{k-1}{k}(\text{dishonest})\right]\right)\\s_2^k=\left(\left[\dfrac{1}{k}(\text{honest}),\dfrac{k-1}{k}(\text{dishonest})\right]\right)\end{cases} \tag{5-7}$$

则由贝叶斯法则得到的信念序列为$\beta^k=(\beta_1^k,\beta_2^k)$，其中

$$\begin{cases}\beta_1^k=([1(n_0)])\\\beta_2^k=\left(\left[\dfrac{1}{k}(n_1),\dfrac{k-1}{k}(n_2)\right]\right)\end{cases} \tag{5-8}$$

因为$\lim\limits_{k\to\infty}\left(\dfrac{k-1}{k}\right)=1$且$\lim\limits_{k\to\infty}\left(\dfrac{1}{k}\right)=0$，则

$$\begin{cases}\lim\limits_{k\to\infty}(s^k)\to s\\\lim\limits_{k\to\infty}(\beta^k)\to\beta\end{cases} \tag{5-9}$$

证毕。

因此，Game_1 将沿着$n_0\to n_2\to n_6$路径进行。即理性 SSP 一定会选择策略

{dishonest}，将在陷入囚徒困境的同时获得 c 的效用，从而没有任何参与者能够正确重构出秘密并同时获得 b 的效用。

5.3 激励机制

本节重新设计了理性秘密共享的过程，提出了激励相容的理性秘密共享系统模型（Incentive Compatible Rational Secret Sharing，ICRSS），并在此基础下提出了激励合约（Incentive Contract，IC），证明了在激励合约的约束下理性参与者没有动机偏离诚实行为，从而解决了理性秘密共享中的囚徒困境问题，促使理性参与者能够正确重构秘密。

5.3.1 ICRSS

除了前文提到的 SGC 和 SSP，ICRSS 还包含了一个可信第三方验证者 V。当验证请求被发起时，可信第三方 V 将验证参与者的行为是否诚实。ICRSS 包括以下 5 个阶段。

（1）分发阶段。①SGC 随机生成秘密 $W \in \{0,1\}^k$，并随机选择 $w_1, w_2 \in \{0,1\}^k$ 作为秘密份额，其中 $W = w_1 \oplus w_2$；②SGC 计算哈希函数 $m_1 = h(w_1), m_2 = h(w_2)$；③SGC 随机选择 $s_1, s_2 \in F_q^*$，并生成承诺 $\mathrm{Com}_{s_1}(m_1), \mathrm{Com}_{s_2}(m_2)$；④SGC 将 (w_i, s_i, h) 发送给参与者 p_i，并将 $(W, w_1, w_2, \mathrm{Com}_{s_1}(m_1), \mathrm{Com}_{s_2}(m_2), h)$ 发送给验证者 V；⑤SGC 将 $\mathrm{Com}_{s_1}(m_1), \mathrm{Com}_{s_2}(m_2)$ 作为激励合约 IC 的一部分并将合约发布至区块链，随后离线。

（2）签订合约阶段（Sign Contract Phase，SCP）。参与者通过打开承诺来验证合约来源，并决定是否签订合约。

（3）公开秘密份额阶段（Publish Secret Share Phase，PSSP）。①参与者 p_i 计算哈希函数 $m_{i'} = h(w_{i'})$；② p_i 随机选择 $s_{i'} \in F_q^*$ 并生成承诺 $\mathrm{Com}_{s_{i'}}(m_{i'})$；③ p_i 将 $\mathrm{Com}_{s_{i'}}(m_{i'})$ 发布至区块链，并将 $(s_{i'}, w_{i'})$ 发送给另一名参与者 p_{-i}。

（4）公布重构秘密阶段（Promulgate Reconstracted Secret Phase，PRSP）。①参与者 p_i 计算哈希函数 $M_{i'} = h(W_{i'})$；② p_i 随机选择 $S_{i'} \in F_q^*$ 并生成承诺 $\mathrm{Com}_{S_{i'}}(M_{i'})$；③ p_i 将 $\mathrm{Com}_{S_{i'}}(M_{i'})$ 发布至区块链，并将 $(S_{i'}, W_{i'})$ 发送给另一名参与者 p_{-i}。

（5）发起验证请求阶段（Initiating Verification Request Phase，IVRP）。一旦有任何一方参与者向验证者 V 发起验证请求，则每名参与者 p_i 都须发送 $(s_{i'}, w_{i'}, S_{i'}, W_{i'})$ 给验证者。

5.3.2 合约内容

定义激励合约 IC 中的价值变量如表 5-2 所示。

表 5-2 激励合约 IC 中的价值变量

变量名	描述
$r+g$	参与者签订 IC 需要缴纳的押金
r	参与者作弊被捕捉时被处罚的押金
g	参与者请求验证者进行验证所需的费用
v	验证者自身的验证开销
T_1	SCP 的截止时间
T_2	PSSP 的截止时间
T_3	PRSP 的截止时间
T_4	IVRP 的截止时间

激励合约 IC 的具体流程如下。

Step 1 在 SCP 中，在 T_1 时间前，如果参与者 p_1,p_2 都签订了 IC 并向 IC 转入押金 $r+g$，那么 IC 将会生效并进入 Step2；否则，参与者 p_1,p_2 将会进入 Game_1。

Step 2 在 PSSP 中，在 T_2 时间前，如果参与者 p_1,p_2 均给对方发送了随机数与秘密份额 $(s_{i'},w_{i'})$ 并向区块链发布了秘密份额的承诺 $\text{Com}_{s_{i'}}(m_{i'})$，那么 IC 进入 Step3；否则，未如此做的参与者的押金 $r+g$ 将被没收，IC 终止。

Step 3 在 PRSP 中，在 T_3 时间前，如果参与者 p_1,p_2 均给对方发送了随机数与重构秘密 $(s_{i'},W_{i'})$ 并向区块链发布了重构秘密的承诺 $\text{Com}_{s_{i'}}(M_{i'})$，那么 IC 进入 Step4；否则，未如此做的参与者的押金 $r+g$ 将被没收，IC 终止。

Step 4 在 IVRP 中，在 T_4 时间前，如果一名参与者（称为 p_{ldr}）首先向验证者 V 发起验证请求，那么 IC 进入 Step5；否则，归还每名参与者的押金 $r+g$，IC 终止。

Step 5 验证者 V 验证 $W_{\text{flr}'}$ 与 $W_{\text{ldr}'}$，如果 $W_{\text{ldr}'}=W_{\text{flr}'}=W$，那么 IC 将会进入 Step5-1；否则，如果 $W_{\text{flr}'}=W$，那么 IC 进入 Step5-2；否则，如果 $W_{\text{ldr}'}=W$，那么 IC 进入 Step5-3；否则，IC 进入 Step5-4。

Step 5-1 IC①转交 p_{ldr} 的押金 g 给 V，归还 p_{ldr} 的押金 r；②归还 p_{flr} 的押金 $r+g$，IC 终止。

Step 5-2 验证者 V 验证 $w_{\text{flr}'}$ 的正确性，如果 $w_{\text{flr}'}$ 错误，那么 IC①转交 p_{ldr} 的

押金 g 给 V，归还 p_{ldr} 的押金 r；②转交 p_{flr} 的押金 $r+g$ 给 p_{ldr}，IC 终止；否则，IC①转交 p_{ldr} 的押金 g 给 V，转交 p_{ldr} 的押金 r 给 p_{flr}；②归还 p_{flr} 的押金 $r+g$，IC 终止。

Step 5-3　验证者 V 验证 $w_{\text{ldr}'}$ 的正确性，如果 $w_{\text{ldr}'}$ 错误，那么 IC①转交 p_{ldr} 的押金 g 给 V，转交 p_{ldr} 的押金 r 给 p_{flr}；②归还 p_{flr} 的押金 $r+g$，IC 终止；否则，IC①转交 p_{ldr} 的押金 g 给 V，归还 p_{ldr} 的押金 r；②转交 p_{flr} 的押金 r 给 p_{ldr}，归还 p_{flr} 的押金 g，IC 终止。

Step 5-4　验证者 V 同时验证 $w_{\text{ldr}'}, w_{\text{flr}'}$ 正确性，如果满足 $(((w_{\text{ldr}'} \neq w_{\text{ldr}}) \| (W_{\text{ldr}} \neq (w_{\text{ldr}} \oplus w_{\text{flr}'})))\&\&((w_{\text{flr}'} \neq w_{\text{flr}}) \| (W_{\text{flr}} \neq (w_{\text{ldr}'} \oplus w_{\text{flr}}))) = 1$，那么 IC①转交 p_{ldr} 的押金 $r+g$ 给 V；②转交 p_{ldr} 的押金 r 给 V，归还 p_{flr} 的押金 g，IC 终止；否则，如果满足 $((w_{\text{ldr}'} \neq w_{\text{ldr}}) \| (W_{\text{ldr}} \neq (w_{\text{ldr}} \oplus w_{\text{flr}'}))) = 1$，那么 IC①转交 p_{ldr} 的押金 g 给 V，转交 p_{ldr} 的押金 r 给 p_{flr}；②归还 p_{flr} 的押金 $r+g$，IC 终止；否则，如果满足 $((w_{\text{flr}'} \neq w_{\text{flr}}) \&\& (W_{\text{flr}} \neq (w_{\text{ldr}'} \oplus w_{\text{flr}}))) = 0$，那么 IC①转交 p_{ldr} 的押金 g 给 V，归还 p_{ldr} 的押金 r；②转交 p_{flr} 的押金 r 给 p_{ldr}，归还 p_{flr} 的押金 g，IC 终止；否则，IC①转交 p_{ldr} 的押金 g 给 V，归还 p_{ldr} 的押金 r；②转交 p_{flr} 的押金 g 给 V，转交 p_{flr} 的押金 r 给 p_{ldr}，IC 终止。

也就是说，Step1 说明参与者处于 SCP，此时有策略{sign}与{no_sign}，其中{sign}表示参与者可以选择在截止时间内缴纳押金以使 IC 生效。Step2 说明参与者处于 PSSP，此时有策略{silent}、{publish}和{cheat}，其中，{silent}表示不发送，{publish}表示诚实发送秘密份额，{cheat}表示不诚实发送，显然策略{silent}是严格劣势策略，因为其获得最低效用 $c-r-g$。Step3 说明参与者处于 PRSP，此时有策略{concealed}、{promulgate}和{deceive}，其中{concealed}表示不发送，{promulgate}表示诚实发送重构秘密，{deceive}表示不诚实发送，显然，策略{concealed}是严格劣势策略。Step4 说明参与者有权利在截止时间内向验证者 V 发起验证请求，此时，有策略{IVR}与{NIVR}，其中{IVR}表示发起验证请求。Step5 说明验证请求被 p_{ldr} 发起，验证者 V 将收取 p_{ldr} 的验证费用 g 并执行验证步骤捕捉不诚实行为，IC 将根据不同的验证结果对参与者的押金进行分配，以此保证诚实的参与者被奖励而不诚实的参与者被惩罚。并且，只要 p_{ldr} 是诚实的，在验证结束后 V 将发送正确的秘密 W 以保证结果的正确性。

引理 5-1　对于诚实的理性参与者而言，如果另一名参与者也是诚实的，那么诚实的理性参与者一定不会发起验证请求，反之其一定会发起验证请求。对于不诚实的理性参与者而言，其一定不敢发起验证请求。

证明　参与者选择发起或不发起验证请求的效用如表 5-3 所示。

表 5-3 参与者选择发起或不发起验证请求的效用

序号	p_{ldr}	p_{flr}	p_{ldr}	p_{flr}	$u_{IVR}(p_{ldr})$	$u_{NIVR}(p_{ldr})$
1	publish	promulgate	publish	promulgate	$b-g$	b
2	publish	promulgate	publish	deceive	$b+r-g$	b
3	publish	promulgate	cheat	promulgate	$b+r-g$	d
4	publish	promulgate	cheat	deceive	$b+r-g$	d
5	publish	deceive	publish	deceive	$b-r-g$	b
6	publish	deceive	cheat	promulgate	$d-r-g$	d
7	publish	deceive	cheat	deceive	$d-r-g$	d
8	cheat	promulgate	publish	deceive	$a-r-g$	a
9	cheat	promulgate	cheat	promulgate	$c-r-g$	c
10	cheat	promulgate	cheat	deceive	$c-r-g$	c
11	cheat	deceive	publish	deceive	$a-r-g$	a
12	cheat	deceive	cheat	promulgate	$c-r-g$	c
13	cheat	deceive	cheat	deceive	$c-r-g$	c
14	publish	deceive	publish	promulgate	$b-r-g$	b
15	cheat	promulgate	publish	promulgate	$a-r-g$	a
16	cheat	deceive	publish	promulgate	$a-r-g$	a

表 5-3 中，p_{ldr} 效用由 IC 的 Step5 求得，其中，序号 1 表示 p_{ldr}, p_{flr} 均是诚实的，此时 $u_{IVR}(p_{ldr}) < u_{NIVR}(p_{ldr})$，即不发起验证请求是更优的。序号 2～序号 4 表示 p_{ldr} 诚实而 p_{flr} 不诚实，此时 $u_{IVR}(p_{ldr}) > u_{NIVR}(p_{ldr})$，即发起验证请求是更优的。序号 5～序号 16 表示 p_{ldr} 不诚实，此时 $u_{IVR}(p_{ldr}) < u_{NIVR}(p_{ldr})$，即不发起验证请求是更优的。也就是说，理性参与者会根据不同情况决定是否发起验证请求。证毕。

5.3.3 博弈与分析

由 IC 的分析可知，理性参与者在 PSSP 中的策略{silent}与在 PRSP 中的策略{concealed}均是完全劣势策略，因此在构造博弈树时剔除了对应分支。由引理 5-1 可知，理性参与者会根据不同的情况合理地选择是否发起验证请求，并使参与者获得对应的效用，因此在构造博弈树时简化了对应分支。博弈树 Game$_2$ 如图 5-2 所示。

在 Game$_2$ 中，参与者集合 $P=\{p_1,p_2\}$；非终止选择集合 $H=\{n_0,n_1,\cdots,n_{16}\}$；终止集合 $E=\{n_{17},n_{18},\cdots,n_{32}\}$；信息集 $I=\{I_{11},I_{12},I_{13},I_{14},I_{21},I_{22},I_{23},I_{24}\}$，其中，参与者 p_1 的信息集为 $I_{11}=\{n_0\},I_{12}=\{n_2\},I_{13}=\{n_5,n_6\},I_{14}=\{n_7,n_8\}$，参与者 p_2 的信息集为 $I_{21}=\{n_1\},I_{22}=\{n_3,n_4\},I_{23}=\{n_9,n_{10},n_{13},n_{14}\},I_{24}=\{n_{11},n_{12},n_{15},n_{16}\}$；可选策略集合 $A=$ {sign,no_sign,publish,cheat,promulgate,deceive}。

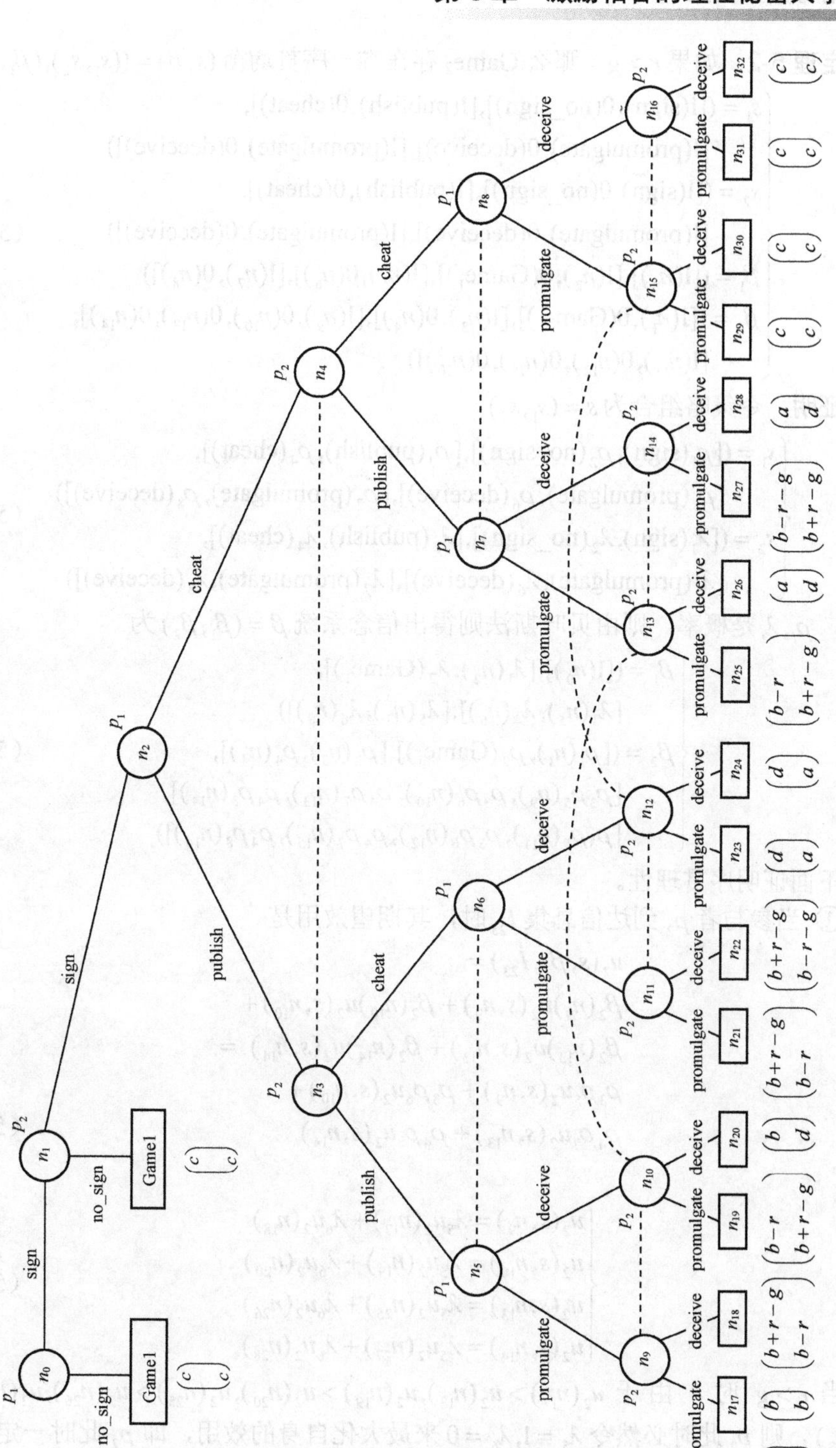

图 5-2　Game_2

定理 5-2 如果 $r>g$，那么 $Game_2$ 存在唯一序贯均衡 $(s,\beta)=((s_1,s_2),(\beta_1,\beta_2))$

$$\begin{cases} s_1=([1(\text{sign}),0(\text{no\_sign})],[1(\text{publish}),0(\text{cheat})], \\ \quad [1(\text{promulgate}),0(\text{deceive})],[1(\text{promulgate}),0(\text{deceive})]) \\ s_2=([1(\text{sign}),0(\text{no\_sign})],[1(\text{publish}),0(\text{cheat})], \\ \quad [1(\text{promulgate}),0(\text{deceive})],[1(\text{promulgate}),0(\text{deceive})]) \\ \beta_1=([1(n_0)],[1(n_2),0(\text{Game}_1)],[1(n_5),0(n_6)],[1(n_7),0(n_8)]) \\ \beta_2=([1(n_1),0(\text{Game}_1)],[1(n_3),0(n_4)],[1(n_9),0(n_{10}),0(n_{13}),0(n_{14})], \\ \quad [1(n_{11}),0(n_{12}),0(n_{15}),0(n_{16})]) \end{cases} \tag{5-10}$$

证明 令策略组合为 $s=(s_1,s_2)$

$$\begin{cases} s_1=([\rho_1(\text{sign}),\rho_2(\text{no\_sign})],[\rho_3(\text{publish}),\rho_4(\text{cheat})], \\ \quad [\rho_5(\text{promulgate}),\rho_6(\text{deceive})],[\rho_7(\text{promulgate}),\rho_8(\text{deceive})]) \\ s_2=([\lambda_1(\text{sign}),\lambda_2(\text{no\_sign})],[\lambda_3(\text{publish}),\lambda_4(\text{cheat})], \\ \quad [\lambda_5(\text{promulgate}),\lambda_6(\text{deceive})],[\lambda_7(\text{promulgate}),\lambda_8(\text{deceive})]) \end{cases} \tag{5-11}$$

其中，ρ_i,λ_i 是概率，则由贝叶斯法则得出信念系统 $\beta=(\beta_1,\beta_2)$ 为

$$\begin{cases} \beta_1=([1(n_0)],[\lambda_1(n_2),\lambda_2(\text{Game}_1)], \\ \quad [\lambda_3(n_5),\lambda_4(n_6)],[\lambda_5(n_7),\lambda_6(n_8)]) \\ \beta_2=([\rho_1(n_1),\rho_2(\text{Game}_1)],[\rho_3(n_3),\rho_4(n_4)], \\ \quad [\rho_3\rho_5(n_9),\rho_3\rho_6(n_{10}),\rho_4\rho_7(n_{13}),\rho_4\rho_8(n_{14})], \\ \quad [\rho_3\rho_5(n_{11}),\rho_3\rho_6(n_{12}),\rho_4\rho_7(n_{15}),\rho_4\rho_8(n_{16})]) \end{cases} \tag{5-12}$$

下面证明序贯理性。

① 当参与者 p_2 到达信息集 I_{23} 时，其期望效用是

$$\begin{aligned} & u_2(s,\beta_2,I_{23})= \\ & \beta_2(n_9)u_2(s,n_9)+\beta_2(n_{10})u_2(s,n_{10})+ \\ & \beta_2(n_{13})u_2(s,n_{13})+\beta_2(n_{14})u_2(s,n_{14}) = \\ & \rho_3\rho_5u_2(s,n_9)+\rho_3\rho_6u_2(s,n_{10})+ \\ & \rho_4\rho_7u_2(s,n_{13})+\rho_4\rho_8u_2(s,n_{14}) \end{aligned} \tag{5-13}$$

其中

$$\begin{cases} u_2(s,n_9)=\lambda_5u_2(n_{17})+\lambda_6u_2(n_{18}) \\ u_2(s,n_{10})=\lambda_5u_2(n_{19})+\lambda_6u_2(n_{20}) \\ u_2(s,n_{13})=\lambda_5u_2(n_{25})+\lambda_6u_2(n_{26}) \\ u_2(s,n_{14})=\lambda_5u_2(n_{27})+\lambda_6u_2(n_{28}) \end{cases} \tag{5-14}$$

当 $r>g$ 时，由于 $u_2(n_{17})>u_2(n_{18}),u_2(n_{19})>u_2(n_{20}),u_2(n_{25})>u_2(n_{26}),u_2(n_{27})>u_2(n_{28})$，则 p_2 此时必然令 $\lambda_5=1,\lambda_6=0$ 来最大化自身的效用，即 p_2 此时一定会选择策略{promulgate}。

② 当参与者 p_2 到达信息集 I_{24} 时，其期望效用是

$$\begin{aligned}&u_2(s,\beta_2,I_{24})=\\&\beta_2(n_{11})u_2(s,n_{11})+\beta_2(n_{12})u_2(s,n_{12})+\\&\beta_2(n_{15})u_2(s,n_{15})+\beta_2(n_{16})u_2(s,n_{16})=\\&\rho_3\rho_5u_2(s,n_{11})+\rho_3\rho_6u_2(s,n_{12})+\\&\rho_4\rho_7u_2(s,n_{15})+\rho_4\rho_8u_2(s,n_{16})\end{aligned}\tag{5-15}$$

其中

$$\begin{cases}u_2(s,n_{11})=\lambda_7u_2(n_{21})+\lambda_8u_2(n_{22})\\u_2(s,n_{12})=\lambda_7u_2(n_{23})+\lambda_8u_2(n_{24})\\u_2(s,n_{15})=\lambda_7u_2(n_{29})+\lambda_8u_2(n_{30})\\u_2(s,n_{16})=\lambda_7u_2(n_{31})+\lambda_8u_2(n_{32})\end{cases}\tag{5-16}$$

由于 $u_2(n_{21})>u_2(n_{22}),u_2(n_{23})=u_2(n_{24}),u_2(n_{29})=u_2(n_{30}),u_2(n_{31})=u_2(n_{32})$，则 p_2 此时必然令 $\lambda_7=1,\lambda_8=0$ 来最大化自身的效用，即 p_2 此时一定会选择策略 {promulgate}。

③ 当参与者 p_1 到达信息集 I_{13} 时，其期望效用是

$$\begin{aligned}&u_1(s,\beta_1,I_{13})=\\&\beta_1(n_5)u_1(s,n_5)+\beta_1(n_6)u_1(s,n_6)=\\&\lambda_3u_1(s,n_5)+\lambda_4u_1(s,n_6)\end{aligned}\tag{5-17}$$

因为 p_1 同样知道 p_2 会令 $\lambda_5=1,\lambda_6=0,\lambda_7=1,\lambda_8=0$，则有

$$\begin{cases}u_1(s,n_5)=\rho_5u_1(n_{17})+\rho_6u_1(n_{19})\\u_1(s,n_6)=\rho_5u_1(n_{21})+\rho_6u_1(n_{23})\end{cases}\tag{5-18}$$

又由于 $u_1(n_{17})>u_1(n_{19}),u_1(n_{21})>u_1(n_{23})$，则 p_1 必然令 $\rho_5=1,\rho_6=0$ 来最大化自身的效用。

④ 当参与者 p_1 到达信息集 I_{14} 时，其期望效用是

$$\begin{aligned}&u_1(s,\beta_1,I_{14})=\\&\beta_1(n_7)u_1(s,n_7)+\beta_1(n_8)u_1(s,n_8)=\\&\lambda_5u_1(s,n_7)+\lambda_6u_1(s,n_8)\end{aligned}\tag{5-19}$$

其中

$$\begin{cases}u_1(s,n_7)=\rho_7u_1(n_{25})+\rho_8u_1(n_{27})\\u_1(s,n_8)=\rho_7u_1(n_{29})+\rho_8u_1(n_{31})\end{cases}\tag{5-20}$$

由于 $u_1(n_{25})>u_1(n_{27}),u_1(n_{29})=u_1(n_{31})$，则 p_1 必然令 $\rho_7=1,\rho_8=0$。

⑤ 当参与者 p_2 到达信息集 I_{22} 时，其期望效用是

$$\begin{aligned}&u_2(s,\beta_2,I_{22})=\\&\beta_2(n_3)u_2(s,n_3)+\beta_2(n_4)u_2(s,n_4)=\\&\rho_3u_2(s,n_3)+\rho_4u_2(s,n_4)\end{aligned} \tag{5-21}$$

由于 $\lambda_5=1,\lambda_6=0,\lambda_7=1,\lambda_8=0,\rho_5=1,\rho_6=0,\rho_7=1,\rho_8=0$，因此

$$\begin{cases}u_2(s,n_3)=\lambda_3u_2(n_{17})+\lambda_4u_2(n_{21})\\u_2(s,n_4)=\lambda_3u_2(n_{25})+\lambda_4u_2(n_{29})\end{cases} \tag{5-22}$$

由于 $u_2(n_{17})>u_2(n_{21}),u_2(n_{25})>u_2(n_{29})$，则 p_2 必然令 $\lambda_3=1,\lambda_4=0$。

⑥ 当参与者 p_1 到达信息集 I_{12} 时，其期望效用是

$$\begin{aligned}&u_1(s,\beta_1,I_{12})=\\&\beta_1(n_2)u_1(s,n_2)+\beta_1(\text{Game}_1)u_1(s,\text{Game}_1)=\\&\lambda_1u_1(s,n_2)+\lambda_2u_1(s,\text{Game}_1)\end{aligned} \tag{5-23}$$

其中

$$\begin{cases}u_1(s,n_2)=\rho_3u_1(n_{17})+\rho_4u_1(n_{25})\\u_1(s,\text{Game}_1)=c\end{cases} \tag{5-24}$$

由于 $u_1(n_{17})>u_1(n_{25})$，则 p_1 必然令 $\rho_3=1,\rho_4=0$。

⑦ 当参与者 p_2 到达信息集 I_{21} 时，其期望效用是

$$\begin{aligned}&u_2(s,\beta_2,I_{21})=\\&\beta_2(n_1)u_2(s,n_1)+\beta_2(\text{Game}_1)u_2(s,\text{Game}_1)=\\&\rho_1u_2(s,n_1)+\rho_2u_2(s,\text{Game}_1)\end{aligned} \tag{5-25}$$

其中

$$\begin{cases}u_2(s,n_1)=\lambda_1u_2(n_{17})+\lambda_2c\\u_2(s,\text{Game}_1)=c\end{cases} \tag{5-26}$$

由于 $u_2(n_{17})>c$，则 p_2 必然令 $\lambda_1=1,\lambda_2=0$。

⑧ 当参与者 p_1 到达信息集 I_{11} 时，其期望效用是

$$u_1(s,\beta_1,I_{11})=1(n_0)u_1(s,n_0) \tag{5-27}$$

其中

$$u_1(s,n_0)=\rho_1u_1(n_{17})+\rho_2c \tag{5-28}$$

由于 $u_1(n_{17})>c$，则 p_1 必然令 $\rho_1=1,\rho_2=0$。

从①～⑧可知，$\begin{cases}\lambda_1=1,\lambda_2=0,\lambda_3=1,\lambda_4=0,\lambda_5=1,\lambda_6=0,\lambda_7=1,\lambda_8=0\\ \rho_1=1,\rho_2=0,\rho_3=1,\rho_4=0,\rho_5=1,\rho_6=0,\rho_7=1,\rho_8=0\end{cases}$，则有 $\rho_3\rho_5=1,\rho_3\rho_6=0,\rho_4\rho_7=0,\rho_4\rho_8=0$。

下面证明序贯一致。

令完全混合策略组合序列为 $s^k=(s_1^k,s_2^k)$，其中

$$\begin{cases}s_1^k=\left(\left[\dfrac{k-1}{k}(\text{sign}),\dfrac{1}{k}(\text{no\_sign})\right],\left[\dfrac{k-1}{k}(\text{publish}),\dfrac{1}{k}(\text{cheat})\right],\right.\\ \left.\left[\dfrac{k-1}{k}(\text{promulgate}),\dfrac{1}{k}(\text{deceive})\right],\left[\dfrac{k-1}{k}(\text{promulgate}),\dfrac{1}{k}(\text{deceive})\right]\right)\\ s_2^k=\left(\left[\dfrac{k-1}{k}(\text{sign}),\dfrac{1}{k}(\text{no\_sign})\right],\left[\dfrac{k-1}{k}(\text{publish}),\dfrac{1}{k}(\text{cheat})\right],\right.\\ \left.\left[\dfrac{k-1}{k}(\text{promulgate}),\dfrac{1}{k}(\text{deceive})\right],\left[\dfrac{k-1}{k}(\text{promulgate}),\dfrac{1}{k}(\text{deceive})\right]\right)\end{cases}\tag{5-29}$$

则由贝叶斯法则得到的信念序列为 $\beta^k=(\beta_1^k,\beta_2^k)$，其中

$$\begin{cases}\beta_1^k=\left([1(n_0)],\left[\dfrac{k-1}{k}(n_2),\dfrac{1}{k}(\text{Game}_1)\right],\right.\\ \left.\left[\dfrac{k-1}{k}(n_5),\dfrac{1}{k}(n_6)\right],\left[\dfrac{k-1}{k}(n_7),\dfrac{1}{k}(n_8)\right]\right)\end{cases}\tag{5-30-1}$$

$$\begin{cases}\beta_2^k=\left(\left[\dfrac{k-1}{k}(n_1),\dfrac{1}{k}(\text{Game}_1)\right],\left[\dfrac{k-1}{k}(n_3),\dfrac{1}{k}(n_4)\right],\right.\\ \left[\dfrac{(k-1)^2}{k^2}(n_9),\dfrac{k-1}{k^2}(n_{10}),\dfrac{1}{k^2}(n_{13}),\dfrac{k-1}{k^2}(n_{14})\right],\\ \left.\left[\dfrac{(k-1)^2}{k^2}(n_{11}),\dfrac{k-1}{k^2}(n_{12}),\dfrac{1}{k^2}(n_{15}),\dfrac{k-1}{k^2}(n_{16})\right]\right)\end{cases}\tag{5-30-2}$$

因为 $\lim\limits_{k\to\infty}\left(\dfrac{k-1}{k}\right)=1$，$\lim\limits_{k\to\infty}\left(\dfrac{1}{k}\right)=0$，$\lim\limits_{k\to\infty}\dfrac{(k-1)^2}{k^2}=1$，$\lim\limits_{k\to\infty}\dfrac{k-1}{k^2}=0$ 且 $\lim\limits_{k\to\infty}\dfrac{1}{k^2}=0$ 则有

$$\begin{cases}\lim\limits_{k\to\infty}(\beta_1^k)\to\beta_1\\ \lim\limits_{k\to\infty}(\beta_2^k)\to\beta_2\end{cases}\Rightarrow\lim_{k\to\infty}(\beta^k)\to\beta\tag{5-31}$$

证毕。

因此，如果 $r>g$，Game_2 将沿着图 5-2 中的 $n_0\to n_1\to n_2\to n_3\to n_5\to n_9\to n_{17}$ 路径进行。即理性参与者必然在 SCP 中选择签订 IC 以避免进入 Game_1 而陷入囚徒

困境，然后，必然在 PSSP 中选择诚实发送秘密份额，并在 PRSP 中选择诚实发送重构秘密。也就是说，在本章方案的序贯均衡下，理性参与者必然选择诚实以最大化自身的效用，促使双方均能够正确重构秘密，从而解决了囚徒困境问题。

5.4 实验仿真

本节分析整个方案的安全需求，在以太坊上利用智能合约进行仿真，并给出使用智能合约的开销。

5.4.1 安全分析

该方案的安全需求如下。

（1）隐私性。参与者之间的秘密份额应该是对其他人隐蔽的。

（2）可验证性。参与者所接收到的秘密份额的正确性应该是能被验证的。

为了解决以上需求，在激励机制的设计过程中结合 Pedersen 承诺方案以及抗碰撞的哈希算法。具体地，使用哈希函数处理秘密份额，如 $m_{i'}=h(w_{i'})$，接着在 PSSP 中，p_i 随机选择随机数 $s_{i'}$ 生成承诺 $\mathrm{Com}_{s_{i'}}(m_{i'})$ 并发送至区块链。同时，p_i 发送自己的秘密份额 $w_{i'}$ 以及随机数 $s_{i'}$ 给 p_{-i}。对于一个给定的承诺 $\mathrm{Com}_{s_{i'}}(m_{i'})$，因为承诺满足隐藏性，因此 p_i 在没有 s_i' 的情况下知道 m_i' 是不可行的，又因为承诺满足绑定性，所以不可能存在这样不同的两对 $(s_{i'},m_{i'})$ 和 $(s_{i''},m_{i''})$ 能够使 $\mathrm{Com}_{s_{i'}}(m_{i'})=\mathrm{Com}_{s_{i''}}(m_{i''})$。也就是说，当 p_{-i} 收到 $(s_{i'},w_{i'})$ 时，就可以计算 $\mathrm{Com}_{s_{i'}}(h(w_{i'}))$，并与 p_i 发送至区块链上的承诺进行对比。同样，在 PRSP 中，p_i 需要对重构的秘密进行承诺。值得注意的是，如果两个参与者都是诚实的，那么重构的秘密应该是一致的，即如果 p_{-i} 是诚实的，那么就可以通过打开重构秘密的承诺来判断 p_i 是否诚实。类似地，如果验证请求被发起，那么验证者 V 通过不断打开承诺来判断欺骗行为。因此，所提方案满足隐私性和可验证性。

5.4.2 合约函数

合约的主要函数如下。

（1）Sign：参与者在 T_1 前调用该函数以签署 IC，如果 IC 生效，那么从参与者账户转账押金 $r+g$ 到合约账户。

（2）SendSecretShare：参与者在 T_2 前调用该函数以发送秘密份额的承诺。

（3）SendReconstructedSecret：参与者在 T_3 前调用该函数以发送重构秘密的承诺。

（4）IVROrNot：参与者在 T_4 前调用该函数以决定是否发起验证请求。

（5）Transfer：该函数用于处理不同情况下的纠纷。如果没有发起验证请求阶段（Not Initiating Verification Request，NIVR），那么合约给每个参与者转账押金 $r+g$。否则如果发起验证请求阶段（Initiating Verification Request，IVR），分以下 5 种情况讨论。

① p_{ldr} 与 p_{flr} 都诚实：合约给 p_{ldr} 转账 r，给 p_{flr} 转账 $r+g$。

② 仅 p_{ldr} 诚实：合约给 p_{ldr} 转账 $2r$，给 p_{flr} 转账 g，给 V 转账 g。

③ 仅 p_{flr} 诚实：合约给 p_{flr} 转账 $2r+g$，给 V 转账 g。

④ p_{ldr} 与 p_{flr} 均不诚实，且 p_{flr} 要么在 PSSP 欺骗，要么在 PRSP 欺骗：合约给 p_{flr} 转账 g，给 V 转账 $2r+g$。

⑤ p_{ldr} 与 p_{flr} 均不诚实，且 p_{flr} 既在 PSSP 欺骗，又在 PRSP 欺骗：合约给 V 转账 $2r+2g$。

（6）TimeOut：该函数用于处理超时的押金分配，分以下 6 种情况讨论。

① 只有 p_i 在 T_2 前调用函数 SendSecretShare：合约给 p_i 转账 $r+g$，给 V 转账 $r+g$。

② 没有参与者在 T_2 前调用函数 SendSecretShare：合约给 V 转账 $2r+2g$。

③ 只有 p_i 在 T_3 前调用函数 SendReconstructedSecret：合约给 p_i 转账 $r+g$，给 V 转账 $r+g$。

④ 没有参与者在 T_3 前调用函数 SendReconstructedSecret：合约给 V 转账 $2r+2g$。

⑤ 只有 p_i 在 T_4 前调用函数 IVROrNot：合约给 p_i 转账 $r+g$，给 V 转账 $r+g$。

⑥ 没有参与者在 T_4 前调用函数 IVROrNot：合约给 V 转账 $2r+2g$。

由定理 5-2 可知，理性参与者 p_i 必然在 T_1 前调用函数 Sign 并向合约缴纳押金 $r+g$，在 T_2 前调用 SendSecretShare 并发送正确的承诺，在 T_3 前调用 SendReconstructedSecret 并发送正确的承诺，在 T_4 前调用 IVROrNot 并设置 NIVR=true，即选择不发起验证请求，且 TimeOut 不会被执行。智能合约的开销是以 gas 来衡量的，其中 gas 的换算公式为：1 gas = 1Gwei（1×10^{-9} ether）。

智能合约开销如表 5-4 所示，从表 5-4 中可知，使用智能合约的开销并不高。其中函数 Deploy 用于部署合约，而其他执行合约的函数开销更低。

表 5-4 智能合约开销

函数	开销/gas
Deploy	1 382 691
Sign	292 963
SendSecretShare	132 224
SendReconstructedSecret	132 180
IVROrNot	95 416
Transfer	41 748

参考文献

[1] SHAMIR A. How to share a secret[J]. Communications of the ACM, 1979, 22(11): 612-613.

[2] CHUNG K M, KALAI Y, VADHAN S. Improved delegation of computation using fully homomorphic encryption[C]//Annual Cryptology Conference. Berlin: Springer, 2010: 483-501.

[3] MYERSON R B. Game theory[M]. Cambridge: Harvard University Press, 2013.

[4] HALPERN J, TEAGUE V. Rational secret sharing and multiparty computation: extended abstract[C]//Proceedings of the 36th Annual ACM Symposium on Theory of Computing. New York: ACM Press, 2004: 623-632.

[5] STADLER M. Publicly verifiable secret sharing[C]//International Conference on the Theory and Applications of Cryptographic Techniques. Berlin: Springer, 1996: 190-199.

[6] YUAN J, DING C S. Secret sharing schemes from three classes of linear codes[J]. IEEE Transactions on Information Theory, 2006, 52(1): 206-212.

[7] FENG J B, WU H C, TSAI C S, et al. Visual secret sharing for multiple secrets[J]. Pattern Recognition, 2008, 41(12): 3572-3581.

[8] FARRAS O, PADRO C. Ideal hierarchical secret sharing schemes[J]. IEEE Transactions on Information Theory, 2012, 58(5): 3273-3286.

[9] APPLEBAUM B, BEIMEL A, NIR O, et al. Better secret sharing via robust conditional disclosure of secrets[C]//Proceedings of the 52nd Annual ACM SIGACT Symposium on Theory of Computing. New York: ACM Press, 2020: 280-293.

[10] GORDON S D, KATZ J. Rational secret sharing, revisited[C]//International Conference on Security and Cryptography for Networks. Berlin: Springer, 2006: 229-241.

[11] KOL G, NAOR M. Games for exchanging information[C]//Proceedings of the fortieth Annual ACM Symposium on Theory of Computing. New York: ACM Press, 2008: 423-432.

[12] KOL G, NAOR M. Cryptography and game theory: designing protocols for exchanging information[C]//Theory of Cryptography Conference. Berlin: Springer, 2008: 320-339.

[13] 田有亮，马建峰，彭长根，等. 秘密共享体制的博弈论分析[J]. 电子学报，2011，39(12): 2790-2795.

[14] TIAN Y L, PENG C G, LIN D D, et al. Bayesian mechanism for rational secret sharing scheme[J]. Science China Information Sciences, 2015, 58(5): 1-13.

[15] LIU H, LI X H, MA J F, et al. Reconstruction methodology for rational secret sharing based on mechanism design[J]. Science China Information Sciences, 2017, 60(8): 1-3.

[16] KALAI Y T, PANETH O, YANG L S. How to delegate computations publicly[C]//Proceedings of the 51st Annual ACM SIGACT Symposium on Theory of Computing. New York: ACM Press, 2019: 1115-1124.

[17] ZHOU Q, TIAN C L, ZHANG H L, et al. How to securely outsource the extended euclidean algorithm for large-scale polynomials over finite fields[J]. Information Sciences, 2020, 512: 641-660.

[18] 尹鑫, 田有亮, 王海龙. 公平理性委托计算协议[J]. 软件学报, 2018, 29(7): 1953-1962.
[19] GENTRY C. Fully homomorphic encryption using ideal lattices[C]//Proceedings of the 41st Annual ACM Symposium on Theory of Computing. New York: ACM Press, 2009: 169-178.
[20] PEDERSEN T P. Non-interactive and information-theoretic secure verifiable secret sharing[C]//Annual International Cryptology Conference. Berlin: Springer, 1991: 129-140.
[21] ATALLAH M J, PANTAZOPOULOS K N, RICE J R, et al. Secure outsourcing of scientific computations[J]. Advances in Computers, 2002, 54: 215-272.
[22] ATALLAH M J, LI J T. Secure outsourcing of sequence comparisons[J]. International Journal of Information Security, 2005, 4(4): 277-287.
[23] HOHENBERGER S, LYSYANSKAYA A. How to securely outsource cryptographic computations[C]//Theory of Cryptography Conference. Berlin: Springer,2005: 264-282.
[24] GENNARO R, GENTRY C, PARNO B. Non-interactive verifiable computing: outsourcing computation to untrusted workers[C]//Advances in Cryptology - CRYPTO 2010. Berlin: Springer, 2010: 465-482.
[25] EISELE S, EGHTESAD T, TROUTMAN N, et al. Mechanisms for outsourcing computation via a decentralized market[C]//Proceedings of the 14th ACM International Conference on Distributed and Event-based Systems. New York: ACM Press, 2020: 61-72.
[26] KREPS D M, WILSON R. Sequential equilibria[J]. Econometrica, 1982, 50(4): 863.
[27] FUDENBERG D, TIROLE J. Perfect Bayesian equilibrium and sequential equilibrium[J]. Journal of Economic Theory, 1991, 53(2): 236-260.

第6章 基于分组的理性秘密共享方案

本章基于不完全信息动态博弈，研究理性秘密共享的完美贝叶斯均衡问题。利用椭圆曲线上双线性对知识构造一个知识承诺函数，将该函数作为秘密份额的加密算法，秘密份额的正确性是可公开验证的，以此来检验分发者和参与者的欺骗问题。结合“均匀分组”思想，理性参与者以组为单位进行通信，可降低方案的通信复杂度，参与者根据贝叶斯法则采取行为策略，进而构造出两轮理性秘密共享方案。分析证明本章方案能够实现秘密重构博弈的完美贝叶斯均衡。

6.1 参数假设

本章方案假设门限值$1<t\leqslant 1+\frac{n}{3}$，秘密分发者$D$要在$n$个理性参与者之间共享的秘密为$s\in Z_q^*$，$n$个理性参与者的集合为$N=\{P_1,P_2,\cdots,P_n\}$。

6.2 可选策略集合和信念系统

将n位理性参与者分为3组，分别记为$A=\{A_1,A_2,\cdots,A_a\}$,$B=\{B_1,B_2,\cdots,B_b\}$，$C=\{C_1,C_2,\cdots,C_c\}$，其中$a+b+c=n$。参与者以组为单位，组内参与者同步广播秘密份额，任意两组的参与者类型互不相同，每组中的各个参与者具有相同的类型。令类型空间为$T=T_A\times T_B\times T_C$，$A$组参与者的类型空间为$T_A=\{A^h,A^d\}$，$B$组参与者的类型空间为$T_B=\{B^h\}$，$C$组参与者的类型空间为$T_C=\{C^h\}$。其中，$h$表示参与者是“好”的类型，$d$表示参与者是“坏”的类型。在类型空间$T_A,T_B,T_C$上的概率分布$\theta_A$，$\theta_B$，$\theta_C$分别为

$$\theta_A^h = \Pr(A^h \mid B),\quad \theta_A^d = \Pr(A^d \mid B),\quad \text{s.t. } \theta_A^h + \theta_A^d = 1$$

$$\theta_B^h = \Pr(B^h \mid C) = 1,\quad \theta_B^d = \Pr(B^d \mid C) = 0$$

$$\theta_C^h = \Pr(C^h \mid A) = 1,\quad \theta_C^d = \Pr(C^d \mid A) = 0$$

A 组、B 组、C 组参与者的策略集合分别为 $M_A = \{C, D, \text{quit}_A\}$、$M_B = \{C, \text{quit}_B\}$、$M_C = \{C, \text{quit}_C\}$，$A$ 组参与者的一个纯策略为 $s_A \in S_A = \{(s_1, s_3)_h, (s_2, s_3)_d\}$，$B$ 组参与者的一个纯策略为 $s_B \in S_B = \{(s_1, s_3)\}$，$C$ 组参与者的一个纯策略为 $s_C \in S_C = \{(s_1, s_3)\}$，其中，$s_1 \in \{C\}$、$s_2 \in \{D\}$、$s_3 \in \{\text{quit}_A, \text{quit}_B\}$。

当秘密重构参与者进入重构过程的最后公开阶段时，根据贝叶斯法则，A 组参与者的信念是关于 B 组参与者策略集合的概率分布，即

$$\beta : T_B \to \Delta(M_B),\quad \text{s.t. } \beta(C) + \beta(\text{quit}_B) = 1$$

B 组参与者的信念是关于 C 组参与者策略集合的概率分布，即

$$\gamma : T_C \to \Delta(M_C),\quad \text{s.t. } \gamma(C) + \gamma(\text{quit}_C) = 1$$

C 组参与者的信念是关于 A 组参与者策略集合的概率分布，即

$$\alpha_h, \alpha_d : T_A \to \Delta(M_A)$$

$$\text{s.t. } \alpha_h(C) + \alpha_h(D) + \alpha_h(\text{quit}_A) = 1$$

$$\alpha_d(C) + \alpha_d(D) + \alpha_d(\text{quit}_B) = 1$$

6.3 方案介绍

6.3.1 秘密共享阶段

Step 1　秘密分发者 D 对秘密 s 实施承诺，$C_0 = C(s) = e(sP, P+Q)$，$s \in Z_q^*$。

Step 2　秘密分发者 D 随机选择 $t-1$ 次多项式 $f(x) = \sum_{j=0}^{t-1} a_j x^j$，其中，$a_0 = s$，$a_j \in Z_q^*$，$(j = 1, 2, \cdots, t-1)$，计算并公开广播 $C_j = C(a_j)$ $(j = 1, 2, \cdots, t-1)$。

Step 3　秘密分发者 D 计算 $s_i = f(i)$ 并发送给参与者 P_i，P_i 收到秘密份额 s_i 后可以根据

$$C(s_i) = \prod_{j=0}^{t-1} C_j^{i^j} \tag{6-1}$$

验证秘密份额的正确性。

若式(6-1)成立，则 P_i 收到的秘密份额是正确的，否则是错误的。得到 t 个秘密份额后，可利用 Lagrange 插值多项式重构秘密，即

$$s=\sum_{i\in B}\left(s_i\prod_{j\in B\setminus\{i\}}\frac{0-x_j}{x_i-x_j}\right)\bmod q \tag{6-2}$$

并利用 C_0 来验证重构出的秘密 s 的正确性，即

$$C_0=e(eP,P+Q)=e(P,P)^s e(P,Q)^s \tag{6-3}$$

6.3.2 秘密重构阶段

（1）分组广播阶段

第一轮

Step 1 A_i 随机选择一次多项式将自己的秘密份额拆分为一组影子秘密 $\left(s_{i1}^A,s_{i2}^A\right)$ $(i=1,2,\cdots,a)$，并公开对秘密份额和影子秘密的承诺，同理，B_i,C_i 将自己的秘密份额分别拆分为 $\left(s_{i1}^B,s_{i2}^B\right)$ $(i=1,2,\cdots,b)$ ，$\left(s_{i1}^C,s_{i2}^C\right)$ $(i=1,2,\cdots,c)$，并公开对秘密份额和影子秘密的承诺。

Step 2 A 组所有参与者向 B 组参与者公开广播其影子秘密 s_{i1}^A 。

Step 3 B 组所有参与者利用 A 组参与者公开的承诺，验证得到的 s_{i1}^A 是否正确，如果正确，则进入下一步；否则，向其他参与者广播 A_i 是欺骗者，将 A_i 剔除出局，重新运行剩余 $n-1$ 人分组转发阶段。

Step 4 B 组所有参与者向 C 组参与者公开广播其影子秘密 s_{i1}^B 。

Step 5 C 组所有参与者利用 B 组参与者公开的承诺，验证得到的 s_{i1}^B 是否正确，如果正确，则进入下一步；否则，向其他参与者广播 B_i 是欺骗者，将 B_i 剔除出局，重新运行剩余 $n-1$ 人分组转发阶段。

Step 6 C 组所有参与者向 A 组参与者公开广播其影子秘密 s_{i1}^C 。

Step 7 A 组所有参与者利用 C 组参与者公开的承诺，验证得到的 s_{i1}^C 的正确性，如果正确，则进入第二轮；否则，向其他参与者广播 C_i 是欺骗者，将 C_i 剔除出局，重新运行剩余 $n-1$ 人分组转发阶段。

第二轮

第二轮的分组广播阶段与第一轮类似，不过影子秘密的广播变为第二个影子秘密。由 A 组参与者先向 C 组参与者广播其第二个影子秘密 s_{i2}^A，然后，C 组参与者向 B 组参与者广播其第二个影子秘密 s_{i2}^C，B 组参与者向 A 组参与者广播其第二个影子秘密 s_{i2}^B。同样，欺骗者将被剔除出局，重新运行剩余 $n-1$ 人分组转发阶段。

（2）公开阶段

Step 1　A 组参与者计算 $\alpha_h(C)=\Pr_B\left(C\mid\theta_B^h\right)$、$\alpha_h(D)=\Pr_B\left(D\mid\theta_B^h\right)$、$\alpha_h(\text{quit}_B)=\Pr_B\left(\text{quit}_B\mid\theta_B^h\right)$ 和 $\alpha_d(C)=\Pr_B\left(C\mid\theta_B^h\right)$、$\alpha_d(D)=\Pr_B\left(D\mid\theta_B^h\right)$、$\alpha_d(\text{quit}_B)=\Pr_B\left(\text{quit}_B\mid\theta_B^h\right)$，且计算其期望效用，得出最优策略。若 $s_A^*=C$，则公开第二轮得到的影子秘密 s_{i2}^B；若 $s_A^*=D$，则公开假的影子秘密；否则，退出方案。

Step 2　C 组参与者得到 A 组参与者公开的影子秘密 s_{i2}^B 后，验证其正确性，如果正确，则更新其信誉值 $\theta_B=\Pr_B\left(\theta_B^0\mid C\right)$；如果验证未通过，即 A 发送假的影子秘密，则 $\theta_B=\Pr_B\left(\theta_B^0\mid D\right)$；如果 A 组参与者未发送影子秘密，则更新其信誉值 $\theta_B=\Pr_B\left(\theta_B^0\mid D\right)$，其中，$\theta_B^0>\dfrac{1}{2}$。

Step 3　同理，接下来分别由 B、C 两组参与者据贝叶斯法则公开其在第二轮得到的影子秘密。

最终，当秘密重构的参与者得到至少 t 个秘密份额后，根据 Lagrange 插值多项式重构出秘密。

下面描述本章方案重构过程。如图 6-1 所示，经分组广播和公开阶段后，理性参与者 A_1 得到 $\left(s_{11}^C,s_{12}^C\right)$，可根据 Lagrange 插值多项式得到 C_1 的秘密份额 s_C，再结合本身已有的秘密份额 s_A，可得到秘密 s。同理，理性参与者 B_1、C_1 也可得到秘密 s。

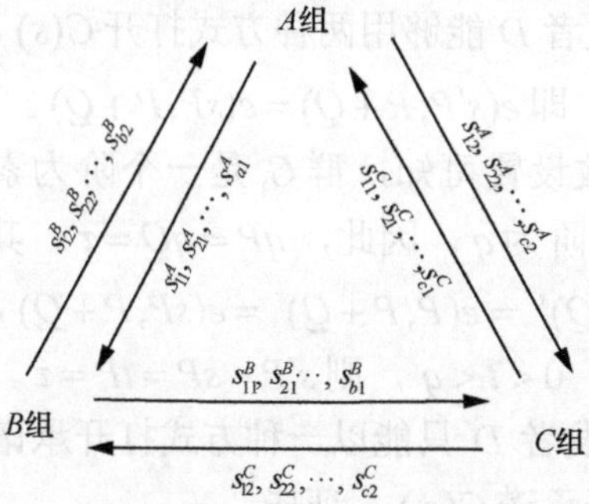

图 6-1　3 组理性参与者的秘密重构过程

6.4 方案分析

6.4.1　正确性分析

式（6-1）的正确性证明如下。

证明　因为 $s_i=f(i)$，所以

$$
\begin{aligned}
C(s_i) &= e(s_iP, P+Q) \\
&= e(f(i)P, P+Q) \\
&= e\left(\sum_{j=0}^{t-1} a_j i^j P, P+Q\right) \\
&= e(a_0P, P+Q)e(a_1P, P+Q)^i e(a_2P, P+Q)^{i^2} \cdots e(a_{t-1}P, P+Q)^{i^{t-1}} \\
&= e(P,P)^{a_0} e(P,Q)^{a_0} e(P,P)^{a_1 i} e(P,Q)^{a_1 i} \cdots e(P,P)^{a_{t-1}i^{t-1}} e(P,Q)^{a_{t-1}i^{t-1}} \\
&= \prod_{j=0}^{t-1} C_j^{i^j}
\end{aligned}
$$

本章方案是基于双线性对知识加密秘密份额的，因此，一定存在有效的算法能够计算它。理性参与者在得到同一个参与者的两个影子秘密后，同样可以利用类似式（6-1）的方法验证得到的影子秘密的正确性，然后可基于 Lagrange 插值多项式恢复出该参与者的秘密份额，当共得到 t 个来自不同参与者的秘密份额后，利用式（6-2）重构出秘密 s。因此，本章提出的两轮 (t,n) 理性秘密共享方案是正确的。证毕。

6.4.2 安全性分析

定理 6-1 对于任意的 $s \in Z_q^*$，秘密分发者和拥有秘密份额的参与者无法用两种方式分别打开承诺 $C(s)$ 和 $C(s_i)$。

证明 假设秘密分发者 D 能够用两种方式打开 $C(s)$，即存在 $s' \in Z_q^*$ 且 $s' \neq s$，使等式 $C(s') = C(s)$ 成立，即 $e(s'P, P+Q) = e(sP, P+Q)$。

通过本章方案的参数设置可知，群 G_1 是一个阶为素数 q 的加法循环群，则 $P, Q \in G_1$ 都是其生成元，阶为 q。因此，$qP = qQ = \tau$，其中 τ 为群 G_1 的零元。因为 $e(s'P, P+Q) = e(P, P+Q)^{s'} = e(P, P+Q)^s = e(sP, P+Q)$，所以 $s'P = sP$。又因为 $s' \neq s$，不妨设 $s' = s + t$，$0 < t < q$，则 $s'P - sP = tP = \tau$，这与 P 的阶为 q 矛盾，因此 $s' = s$，证得秘密分发者 D 只能以一种方式打开承诺 $C(s)$。同理，理性参与者也只能用一种方式打开承诺 $C(s_i)$。证毕。

因为参与者无法计算出 P 和 Q 的离散对数，也不知道 e 的双线性性质，因此 $e(P,P) \neq e(P,Q)$。又因为群 G_2 上的离散对数问题是很难解决的，即使验证者得到承诺 $C(s)$，并通过计算得到 $e(P,P)$，$e(P,Q) \in G_2$，但是，因为离散对数问题是难解决的，所以验证者无法确定 s 的值，并且，验证者想要通过 $C(s) = e(sP, P+Q) = e(P, sP+sQ)$ 得到承诺的内容也是不可能的。因此本章方案满足知识承诺的绑定性要求和隐藏性要求。证毕。

引理 6-1 本章方案具有可公开验证性，能够有效防止参与者间互相欺骗。

保证至少得到 t 个秘密份额才能重构出共享秘密，任何少于 t 个秘密份额都无法重构秘密，防止秘密分发者与部分参与者采取共谋策略得到一个 $(t'<t,n)$ 秘密共享方案。

证明　一方面，本章方案可以防止秘密分发者给理性参与者分发假的秘密份额。理性参与者可以通过式（6-1）验证得到的秘密份额 s_i 的正确性。由定理 6-1 可知，分发者伪造的假秘密份额不可能通过式（6-1）的验证，因此，秘密分发者不能欺骗成功。另一方面，本章方案可以有效防止理性参与者 P_i 之间的欺骗行为。如果理性参与者提供假的影子秘密，同理，理性参与者之间也不可能欺骗成功。

因为秘密分发者选择的是 $t-1$ 次多项式，所以要想恢复出多项式 $f(x)$，一定得到 t 个数对 (i,s_i)，否则，将得不到 s 的任何信息，当拥有至少 t 个数对时，就可以根据式（6-2）计算得到 $s=f(0)$。因此，本章方案是安全的。证毕。

6.4.3　贝叶斯均衡分析

定理 6-2　策略信念系统 $(s^*,\beta^*)=\left(\left\{(s_1)_h,(s_1)_d\right\},\left\{s_1\right\};\left(\theta_A^*,\theta_B^*,\theta_C^*,\alpha_h^*,\alpha_d^*,\beta^*,\gamma^*\right)\right)$ 满足完美贝叶斯均衡，当且仅当 $\theta_C^{h^*}\geqslant\dfrac{U^-}{L_1^*},\theta_B^{h^*}\geqslant\dfrac{U^-}{L_2^*},\theta_A^{h^*}\geqslant\dfrac{U^-}{\left(U^--L_3^*\right)L_4^*}$。

证明　B 组理性参与者选择纯策略 s_1 和 s_3 时的期望效用分别为

$$\mathrm{EU}(B^h,s_1)=\theta_C^h(\gamma_h(s_1)U+\gamma_h(s_3)U^-)=\theta_C^hL_1$$

$$\mathrm{EU}(B^h,s_3)=U^-$$

因此，当 $\mathrm{EU}(B^h,s_1)\geqslant\mathrm{EU}(B^h,s_3)$，即 $\theta_C^h\geqslant\dfrac{U^-}{L_1}$ 时，B 组理性参与者会选择纯策略 s_1。

自然（Nature）规定了 C 组参与者的类型和概率，则 $\theta_C^h=1$。B 组参与者定义了 γ_h^* 概率分布满足 $\gamma_h^*(s_1)+\gamma_h^*(s_3)=1$，$\theta_C^*\gamma_h^*(s_1)+\theta_C^*\alpha_h^*(s_3)=1$，因此，理性参与者在每个信息集上都有信念。

一旦博弈停止，B 组所有参与者达到信息集 I_B，假设 G 是同一个信息集上博弈的开始，那么，根据 $\theta_A^{h^*}\geqslant\dfrac{U^-}{L^*}$，$B$ 组参与者的期望效用 $\mathrm{EU}(B,s_3,G)\leqslant\mathrm{EU}(B,s_1,G)$，因此，$B$ 组参与者将不会偏离方案。

在均衡路径的信息集 I_B 上，B 组参与者能够根据 C 组参与者在博弈中采取的行为策略得到概率分布 γ_h^*，根据 B 组参与者的信念，如果 B 组参与者认为一个“好”的参与者集合 C 采取行动 s_1 的概率为 μ_h，采取行动 s_2 的概率为 φ_h，则其采取行动 s_3 的概率为 $1-\mu_h-\varphi_h$，则有

$$\alpha_h^*(s_1)=\frac{\mu_h}{\mu_h+\varphi_h}, \quad \alpha_h^*(s_3)=\frac{\varphi_h}{\mu_h+\varphi_h}$$

同理可得，$\theta_B^{h^*} \geqslant \frac{U^-}{L_2^*}, \theta_A^* \geqslant \frac{U^-}{\left(U^- - L_3^*\right)L_4^*}$，其中，$L_2^*=\beta_h(s_1)U+\beta_h(s_3)U^-$，$L_3^*=\alpha_h(s_1)U-\alpha_d(s_2)U^{--}+(\alpha_h(s_3)-\alpha_d(s_3))U^-$，$L_4^*=\alpha_d(s_2)U^{--}+\alpha_d(s_3)U^-$。

因此，策略信念系统(s^*,ρ^*)是理性秘密共享重构博弈的完美贝叶斯均衡。证毕。

6.5 性能对比

本节对所提方案与其他典型的理性秘密共享方案进行性能对比，主要从影响方案实用性的轮复杂度、通信类型、重构阶段前提假设 3 个方面进行对比，如表 6-1 所示。

表 6-1　本章方案与其他理性秘密共享方案对比

方案	轮复杂度	通信类型	重构阶段前提假设
文献[11]方案	$(n-1)(n-2)$	点对点广播信道	不需要分发者在线
文献[12]方案	$o(5\alpha^{-3})$	同时广播信道	需要分发者在线
文献[13]方案	$o\left(\frac{1}{\beta^2}\right)$	同时广播信道	不需要分发者在线
文献[15]方案	n	非同时广播信道	不需要分发者在线
本章方案	2	同时、非同时广播信道	不需要分发者在线

根据表 6-1 可知，在轮复杂度方面，文献[12]方案、文献[13]方案的轮复杂度都与选择的参数有关，文献[15]方案的轮复杂度与参与者的数量有关；文献[11]方案通信复杂度为$(n-1)(n-2)$。本章方案的轮复杂度仅为 2，大大降低了通信开销。在通信类型方面，与其他方案相比，本章方案需要两个通信信道，因此维护信道的开销比其他方案稍高。在重构阶段前提假设方面，文献[12]方案要求秘密分发者始终在线，本章方案在秘密重构阶段不需要分发者在线，仍能满足实用性需求。

参考文献

[1] BLAKLEY G R. Safeguarding cryptographic keys[C]//Proceedings of 1979 International Workshop on Managing Requirements Knowledge (MARK). Piscataway: IEEE Press, 1979: 313-318.

[2] SHAMIR A. How to share a secret[J]. Communications of the ACM, 1979, 22(11): 612-613.
[3] ASMUTH C, BLOOM J. A modular approach to key safeguarding[J]. IEEE Transactions on Information Theory, 1983, 29(2): 208-210.
[4] KARNIN E, GREENE J, HELLMAN M. On secret sharing systems[C]//Proceedings of IEEE Transactions on Information Theory. Piscataway: IEEE Press, 1983: 35-41.
[5] ITO M, SAITO A, NISHIZEKI T. Secret sharing scheme realizing general access structure[J]. Electronics and Communications in Japan, 1989, 72(9): 56-64.
[6] CHOR B, GOLDWASSER S, MICALI S, et al. Verifiable secret sharing and achieving simultaneity in the presence of faults[C]//Proceedings of the 26th Annual Symposium on Foundations of Computer Science (SFCS 1985). Piscataway: IEEE Press, 1985: 383-395.
[7] FELDMAN P. A practical scheme for non-interactive verifiable secret sharing[C]//Proceedings of the 28th Annual Symposium on Foundations of Computer Science. Piscataway: IEEE Press, 1987: 427-438.
[8] PEDERSEN T P. Distributed provers with applications to undeniable signatures[C]//Advances in Cryptology - EUROCRYPT'91. Berlin: Springer, 1991: 221-242.
[9] STADLER M. Publicly verifiable secret sharing[C]//Advances in Cryptology - EUROCRYPT'96. Berlin: Springer, 1996: 190-199.
[10] 田有亮，彭长根．基于双线性对的可验证秘密共享方案[J]．计算机应用，2007，27(S2): 125-127.
[11] 田有亮，马建峰，彭长根，等．秘密共享体制的博弈论分析[J]．电子学报，2011，39(12): 2790-2795.
[12] HALPERN J, TEAGUE V. Rational secret sharing and multiparty computation: extended abstract[C]//Proceedings of the 36th Annual ACM Symposium on Theory of Computing. New York: ACM Press, 2004: 623-632.
[13] KOL G, NAOR M. Games for exchanging information[C]//Proceedings of the 40th Annual ACM Symposium on Theory of Computing. New York: ACM Press, 2008: 423-432.
[14] ONG S J, PARKES D C, ROSEN A, et al. Fairness with an honest minority and a rational majority[C]//Theory of Cryptography. Berlin: Springer, 2009: 36-53.
[15] PENG C G, LIU H, TIAN Y L, et al. A distributed rational secret sharing scheme with hybrid preference model[J]. Journal of Computer Research & Development, 2014, 51(7): 1476-1485.

第7章 常数轮公平理性秘密共享方案

本章基于“均匀分组”原理研究了常数轮公平理性秘密共享方案，利用双线性对相关知识设计了一个新的知识承诺方案，双变量单向函数作为加密真共享秘密的一个加密算法是可公开验证的。各组参与者最终得到的秘密份额的数量至多相差 1，参与者最终只能通过组间重构阶段得到真秘密，有效防止了分发者与参与者之间产生采取欺骗行为的动机。参与者按照方案仅需执行 4 轮就能够实现公平的秘密重构，通信轮数在一定程度上有所降低，极大地提高了公平理性秘密共享方案的通信效率，具有一定实用价值。

7.1 参数假设

本章方案假设秘密分发者 D 要在 n 个理性参与者 $P_i, i \in \{1,2,\cdots,n\}$ 间共享秘密 $S \in Z_q^*$，一个公开可见的公告板 B 用于记录公开信息，U_i 表示在秘密重构结束后，理性参与者 P_i 除惩罚值外获得的收益。

7.2 惩罚机制

在理性参与者重构秘密的过程中，若发生偏离方案的行为，则该参与者将会得到一个公开的惩罚值 $U_p < 0$，被记录在公告板 B 上，方案终止。

定义 7-1（惩罚机制） 如果 P_i 公开的是假的份额，则 $P_j (j \neq i)$ 向其他所有理性参与者广播 P_i 是欺骗者，并在公告板 B 上记录对 P_i 的惩罚值 U_p^i（$U_p^i < 0$ 且 $U_i + U_p^i < U$）。

注：方案开始前每个参与者均没有获得惩罚值。

定理 7-1　上述惩罚机制为激励相容机制。

证明　若理性参与者 P_i 偏离方案，根据惩罚机制，$P_j(j \neq i)$ 会在公告板 B 上记录对 P_i 的惩罚值，方案终止，即使 P_i 能获得秘密，其也只能得到一个最不想要的结果，即分发者给予 P_i 一个公开的惩罚值，最后获得的收益远小于 U，这和其追求自身利益最大化的初衷相矛盾。因此，理性参与者按照方案执行才是其最优策略。所以，本章方案利用的惩罚机制是激励相容机制。证毕。

7.3　方案介绍

7.3.1　秘密共享阶段

Step 1　秘密分发者 D 计算 $\frac{n}{3}=k$，将理性参与者每 3 个人分为一组，共 k 组（这里只考虑 n 为 3 的整数倍的情况），随机选取 $r^* \in (1,k)$，记 $S_{r^*}=S$ 在集合 Z_q^* 中随机选取 $k-1$ 个整数，分别记为 $S_1,S_2,\cdots,S_{r^*-1},S_{r^*+1},\cdots,S_k$ 且满足 $S_1<S_2<\cdots<S_{r^*-1}<S_{r^*}>S_{r^*+1}>\cdots>S_k$ 和 $S_1+S_2+\cdots+S_{r^*-1}+S_{r^*+1}+\cdots+S_k=S_{r^*}$。

Step 2　秘密分发者 D 计算并公开对所有 S_i 的承诺 $C_{i0}=C(S_i)=e(S_iP,P+Q)$，$i=1,2,\cdots,k$。

Step 3　秘密分发者 D 构造一个双变量单向函数 $E=F(x,y)$，然后计算 $E_i=F(S_i,y)$，并公开 E_i,y，$i=1,2,\cdots,k$。

Step 4　秘密分发者 D 首先随机选取 $a_{i0},a_{i1},a_{i2}\in Z_q^*,i=1,2,\cdots,k$，构造 2 阶多项式 $f_i(x)=a_{i0}+a_{i1}x+a_{i2}x^2$，其中 $a_{i0}=S_i$；然后计算并公开承诺 $C_{ij}=C(a_{ij})$，$j=1,2$。

Step 5　秘密分发者 D 随机选取 $g_{il}(x)=b_{il0}+b_{il1}x+b_{il2}x^2$，$l=1,2,3$，计算 $C_{il0}=C(r_{il0})=e(r_{il0}P,P+Q)$，其中 $r_{il0}=b_{il0}$，计算并公开对系数的承诺 $C_{ilj}=C(b_{ilj})$，$j=1,2$。

Step 6　秘密分发者 D 计算每个多项式的值，分别标记为 $(r_{i11},r_{i12},r_{i13})=(g_{i1}(1),g_{i1}(2),g_{i1}(3))$，$(r_{i21},r_{i22},r_{i23})=(g_{i2}(1),g_{i2}(2),g_{i2}(3))$，$(s_{i1},s_{i2},s_{i3})=(f_i(1),f_i(2),f_i(3))$，$(r_{i31},r_{i32},r_{i33})=(g_{i3}(1),g_{i3}(2),g_{i3}(3))$。

Step 7　秘密分发者 D 将计算得到的秘密份额 (r_{i11},r_{i21},s_{i1})，(r_{i12},r_{i22},s_{i2})，$(r_{i13},r_{i23},s_{i3},r_{i33})$ 通过信道分别传递到第 i 组中的 3 个理性参与者，并且组内的参与者都有一个共同知识，即知道自己与组内其他参与者拥有的份额数量只相差 1，

但不知道是多 1 还是少 1，理性参与者得到份额后可根据

$$C(r_{ilm})=\prod_{j=0}^{2}C_{ilj}^{m^j} \tag{7-1}$$

$$C(s_{im})=\prod_{j=0}^{2}C_{ij}^{m^j} \tag{7-2}$$

验证份额的正确性，其中 $m=1,2,3$。

7.3.2 秘密重构阶段

在得到秘密分发者分发的秘密份额后，参与者只知道自己的份额与其他参与者相比至多相差 1，并不知道在第几轮能重构出真正有用的份额。

（1）组内重构阶段（第 i 组，$i=1,2,\cdots,k$）

第一轮 3 个理性参与者分别公开第一个份额 r_{i11},r_{i12},r_{i13}，利用式（7-1）验证秘密份额的正确性，若理性参与者 P_i 公开的秘密份额不正确，则在公告板 B 上记录 P_i 是欺骗者，且给予其惩罚值 U_p^i，将其剔除出局，方案停止。否则，利用 Lagrange 插值多项式进行计算，得到秘密份额 b_{i10}，即

$$b_{i10}=\sum_{m\in B}\left(r_{i1m}\prod_{\alpha\in B\setminus\{m\}}\frac{x-x_\alpha}{x_m-x_\alpha}\right)\bmod q \tag{7-3}$$

若验证 $E_i\neq F\left(b_{i10},y\right)$，则转入第二轮。

第二轮 3 个理性参与者分别公开第二个份额 r_{i21},r_{i22},r_{i23}，利用式（7-1）验证秘密份额的正确性，若理性参与者 P_i 公开的秘密份额不正确，则在公告板 B 上记录 P_i 是欺骗者，且给予其惩罚值 U_p^i，将其剔除出局，方案终止。否则，利用 Lagrange 插值多项式进行计算，得到秘密份额 b_{i20}，即

$$b_{i20}=\sum_{m\in B}\left(r_{i2m}\prod_{\alpha\in B\setminus\{m\}}\frac{x-x_\alpha}{x_m-x_\alpha}\right)\bmod q \tag{7-4}$$

若验证 $E_i\neq F\left(b_{i20},y\right)$，则转入第三轮。

第三轮 3 个理性参与者分别公开第三个份额 s_{i1},s_{i2},s_{i3}，利用式（7-2）验证秘密份额的正确性，若理性参与者 P_i 公开的秘密份额不正确，则在公告板 B 上记录 P_i 是欺骗者，且给予其惩罚值 U_p^i，将其剔除出局，方案终止。否则，利用 Lagrange 插值多项式进行计算，得到秘密份额 a_{i0}，即

$$a_{i0}=\sum_{m\in B}\left(s_{im}\prod_{\alpha\in B\setminus\{m\}}\frac{x-x_\alpha}{x_m-x_\alpha}\right)\bmod q \tag{7-5}$$

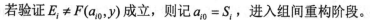

若验证 $E_i \neq F(a_{i0}, y)$ 成立，则记 $a_{i0} = S_i$，进入组间重构阶段。

（2）组间重构阶段

k 个组各选出一名代表依次在公告板上写下本组在组间重构得到的 S_i，$i=1,2,\cdots,k$，并可以利用公开的双变量单向函数值及其公开参数，验证该 S_i 是否正确，若第 i 组公开的是正确的 S_i，则第 $i+1$ 组将本组得到的 S_{i+1} 公开，当某个 S_i 满足 $S_1 < S_2 < \cdots < S_{i-1} < S_i > S_{i+1} > \cdots > S_k$ 时，理性参与者将得到共享秘密 $S_i = S_{r^*} = S$。

7.4 方案分析

7.4.1 正确性分析

下面证明式（7-1）的正确性。

证明　因为 $r_{ilm} = g_{il}(m)$，所以

$$
\begin{aligned}
C(r_{ilm}) &= e\left(g_{il}(m)P, P+Q\right) \\
&= e\left((b_{il0} + b_{il1}m + b_{il2}m^2)P, P+Q\right) \\
&= e(P,P)^{b_{il0}} e(P,Q)^{b_{il0}} e(P,P)^{b_{il1}m} e(P,Q)^{b_{il1}m} e(P,P)^{b_{il2}m^2} e(P,Q)^{b_{il2}m^2} \\
&= C_{il0} {C_{il1}}^{m} {C_{il2}}^{m^2} \\
&= \prod_{j=0}^{2} {C_{ilj}}^{m^j}
\end{aligned}
$$

同理，可证式（7-2）的正确性。证毕。

在秘密共享阶段，当参与者 P_i 收到来自秘密分发者 D 传递的秘密份额时，可以利用式（7-1）和式（7-2）验证收到的秘密份额是否正确，从而防止分发者产生欺骗行为；在秘密重构阶段，当 P_i 得到其他两个参与者的秘密份额时，首先利用式（7-1）和式（7-2）验证其份额的正确性，可以防止理性参与者产生欺骗行为，当 3 个参与者都公开正确份额时，可利用 Lagrange 插值多项式，即式（7-3）~式（7-5）计算出秘密 S_i，然后进行最后一轮组间比较，最大的即分发者要共享的真正秘密 S，并且可以利用公告板 B 上公开的双变量单向函数的公开值，验证秘密 S 的正确性。

7.4.2 安全性分析

引理 7-1　本章方案对于多项式 $f_i(x)$ 的系数 a_{i0}, a_{i1}, a_{i2} 的承诺 C_{i0}, C_{i1}, C_{i2} 是安全的，当且仅当 BDH 假设成立。

证明 ①必要性（反证法）。假设本章方案设计的承诺方案是安全的，但是BDH困难假设不成立。因为BDH假设不成立，所以存在一个有效算法A：对于群G_1中给定的$P,aP,bP,cP(a,b,c \in Z_q^*)$，算法A成功计算出$e(P,P)^{abc}$的概率为$\varepsilon$。下面证明算法A能够攻破上述承诺函数，即承诺函数不安全。随机选择$\alpha,\beta,\gamma,\alpha',\beta',\gamma' \in Z_q^*$，并将$(P,\alpha P,\beta P,\gamma P)$与$(P,\alpha' P,\beta' P,\gamma' P)$输入算法A中，由于BDH假设不成立，则算法A能够成功输出$e(P,P)^{\alpha\beta\gamma}$与$e(P,P)^{\alpha'\beta'\gamma'}$值的概率为$\varepsilon$，又由于$C_{im} = e(P,P)^{\alpha\beta\gamma} e(P,P)^{\alpha'\beta'\gamma'}$，可得$e\left((\alpha\beta\gamma)P,P\right) = \dfrac{C(f_{im})}{e(P,P)^{\alpha'\beta'\gamma'}}$，因此，$f_{im}$就能够被计算出来，这和所假设的承诺方案是安全的矛盾。所以，如果上述承诺函数是安全的，则BDH假设成立。

② 充分性（反证法）。假设BDH假设成立，但本章方案中的承诺函数是不安全的。因此，存在有效算法B：将群G_1中的任意元素Q_1,Q_2,Q_3作为算法B的输入，算法B成功计算出f_{im}的概率为ε，满足$C_{im} = e(f_{im}P,P+P) = e(Q_1,Q_2+Q_3)$。设$f_{im} = \alpha P$、$Q_1 = \alpha_1 P$、$Q_2 = \alpha_2 P$、$Q_3 = \alpha_3 P$ $(\alpha,\alpha_1,\alpha_2,\alpha_3 \in Z_q^*)$，那么算法B能够成功计算出$f_{im}$的概率为$\varepsilon$且满足$e(\alpha_1 P,\alpha_2 P+\alpha_3 P) = e(\alpha P,P+P)$即$e(P,P)^{\alpha_1(\alpha_2+\alpha_3)} = e(P,P)^{2^{-1}\alpha^{-1}\alpha_1(\alpha_2+\alpha_3)}$，令$a = 2^{-1}\alpha^{-1}$，$b = \alpha_1$，$c = \alpha_2+\alpha_3$，因此，算法B可以成功计算出$e(P,P)^{abc}$，这与BDH假设成立相矛盾。因此，如果BDH假设成立，则本章方案中的承诺函数是安全的。证毕。

同理，可证明对于多项式系数$g_{il}(x)$的承诺也是安全的，当且仅当BDH假设成立。

引理 7-2 任何理性参与者都不可能伪造一个秘密S^*满足双变量单向函数$E = F(S^*, y)$。

证明 根据双变量单向函数的性质可知，任何理性参与者都不可能伪造一个S_i'使$F(S_i',y) = F(S_i,y) = E_i$。

7.4.3 公平性分析

对于所有理性参与者P_i，分别考虑以下几种情况。

（1）若参与者P_i均按照方案执行，则所有参与者都能得到共享秘密S。

（2）在组内重构阶段，每个参与者不知道自己的份额比其他两个参与者的份额数量是多一个还是少一个，最好的策略就是按照方案执行，得到本组的共享秘密份额才会有进入组间重构阶段的机会，若有一个参与者P_j在此阶段最终重构轮前偏离方案，公开假的秘密份额，则不能通过承诺验证，其被剔除出局，并在公告板B上记录P_j是欺骗者，并给予P_j一个惩罚值U_p^j，方案终止，所有参与者均没有得到共享秘密。若 P_j 在最终重构轮偏离方案中被检测出来，P_j 猜中该轮是秘密份额重构轮的概率最多为 $\frac{1}{3}$，而其得到的秘密份额正好是真正秘密份额 S_{r^*} 的概率为 $\frac{1}{Z_q^*}$，其他组可以通过求和组内重构得出的秘密份额从而得到真正共享秘密 S。此时，所有参与者均得到真正共享秘密。

（3）在组间重构阶段，如果参与者 P_j 偏离方案，则其伪造的秘密份额不能通过验证，将被剔除出局，验证者将在公告板 B 上面记录“P_j 是欺骗者”的信息，并给予 P_j 一个惩罚值 U_p^j，其猜中自己重构出的秘密份额是真正秘密份额的概率为 $\frac{1}{Z_q^*}$，其他参与者通过求和可得到真正共享秘密 S。此时，所有参与者均得到真正共享秘密。

7.4.4　纳什均衡分析

定理 7-2　如果方案的参与者均是理性的，则在 BDH 假设下，本章方案可以实现纳什均衡。

证明　在组内重构阶段，每组内的任意两个理性参与者的秘密份额的数量都不超过 1。在本章方案中第三轮之前，第 i 组内的理性参与者 P_{i1} 没有得到组内其他参与者的所有秘密份额，因此，所有参与者均会按照方案执行。在最后一轮可能会出现以下两种情况。

（1）若组内所有参与者的秘密份额数量都相等，在最后一轮，第 i 组内的理性参与者 P_{i1} 不确定另两个参与者 P_{i2},P_{i3} 是否拥有多一个的秘密份额，为了得到真正的秘密，理性参与者均会在最后一轮广播真实的秘密份额。

（2）若组内参与者的秘密份额数量相差 1，记第 i 组内的 3 个参与者分别为 P_{i1},P_{i2},P_{i3}，其分别拥有的秘密份额数量分别为 d_{i1},d_{i2},d_{i3}，设 $d_{i1}=d_{i2}=d_{i3}-1$，在最后一轮，各参与者广播自己的秘密份额，并且期待在下一轮得到组内其他参与者的秘密份额，在下一轮 P_{i1},P_{i2} 已经广播完自己所有的秘密份额，但此时 P_{i3} 并不知道其他两个参与者的秘密份额已经广播完毕，并且希望得到下一轮 P_{i1} 和 P_{i2} 的秘密份额。所以，对于想要得到共享秘密的理性参与者来说，在此阶段一定会遵照方案执行。

（3）在组间重构阶段，理性参与者依次在公告板 B 上公开自己重构的秘密份额，若第 i 组理性参与者在此阶段偏离方案，即使其得到真正的秘密份额，其他参与者可以通过求和得到真正的共享秘密 S，并且在公告板上记录第 i 组欺骗，给予欺骗者一个惩罚值 U_p^i，此时，欺骗组中的每个参与者获得的最终收益为 $U_i+U_p^i<U$。因此，对于理性参与者来说，最好的策略就是按照方案执行，最终得到的收益为 U。

7.5 性能对比

本节在通信复杂度、信道类型、重构阶段前提假设 3 个方面，将本章方案与文献[20-23]方案进行对比分析，如表 7-1 所示，其中，b 为秘密分发者随机选取的整数，β 为概率参数，K 为秘密分发者随机选取的整数。

表 7-1 本章方案与其他公平理性秘密共享方案的对比

方案	通信复杂度	信道类型	重构阶段前提假设
文献[20]方案	与 b、β 的选取有关	同时通信信道	不需要分发者在线
文献[21]方案	5	点对点通信信道	不需要分发者在线
文献[22]方案	与 β 的选取有关	同时通信信道	需要分发者在线
文献[23]方案	与 K 的选取有关	非同时通信信道	不需要分发者在线
本章方案	4	同时、非同时通信信道	不需要分发者在线

根据表 7-1 可知，在通信复杂度方面，文献[20,22-23]方案的通信轮数都与所选参数有关，文献[21]方案至少为 5 轮，本章方案仅需 4 轮就可重构秘密。在信道类型方面，文献[20,22-23]方案需要单一信道，本章方案需要两种信道，因此开销要比文献[20,22-23]方案稍高，但比文献[21]方案中要求维护点对点通信信道安全所需开销要低得多，并且本章方案不需要秘密分发者在线。因此，本章方案更能满足实用性需求。

参考文献

[1] SCHOENMAKERS B. A simple publicly verifiable secret sharing scheme and its application to electronic voting[C]//Advances in Cryptology -CRYPTO'99. Berlin: Springer, 1999: 148-164.

[2] INGEMARSSON I, SIMMONS G J. A protocol to set up shared secret schemes without the assistance of mutually trusted party[C]//Advances in Cryptology - EUROCRYPT'90. Berlin: Springer, 1990: 266-282.

[3] NAOR M, SHAMIR A. Visual cryptography[C]//Proceedings of the Workshop on the Theory and Application of Cryptographic Techniques. Berlin: Springer, 1994: 1-12.

[4] CLEVE R, GOTTESMAN D, LO H K. How to share a quantum secret[J]. Physical Review Letters, 1999, 83(3): 648-651.

[5] ABRAHAM I, DOLEV D, GONEN R, et al. Distributed computing meets game theory: robust mechanisms for rational secret sharing and multiparty computation[C]//Proceedings of the 25th Annual ACM Symposium on Principles of Distributed Computing. New York: ACM Press, 2006: 53-62.

[6] LYSYANSKAYA A, TRIANDOPOULOS N. Rationality and adversarial behavior in multi-party computation[C]//Advances in Cryptology -CRYPTO 2006. Berlin: Springer, 2006: 180-197.

[7] ASMUTH C, BLOOM J. A modular approach to key safeguarding[J]. IEEE Transactions on Information Theory, 1983, 29(2): 208-210.

[8] FUCHSBAUER G, KATZ J, NACCACHE D. Efficient rational secret sharing in standard communication networks[C]//Theory of Cryptography. Berlin: Springer, 2010: 419-436.

[9] 彭长根, 刘海, 田有亮, 等. 混合偏好模型下的分布式理性秘密共享方案[J]. 计算机研究与发展, 2014, 51(7): 1476-1485.

[10] KAWACHI A, OKAMOTO Y, TANAKA K, et al. General constructions of rational secret sharing with expected constant-round reconstruction[J]. The Computer Journal, 2016, 60(5): 711-728.

[11] 李大伟, 杨庚, 俞昌国. 理性参与者秘密共享方案研究综述[J]. 南京邮电大学学报（自然科学版）, 2010, 30(2): 89-94.

[12] 高先锋, 王伊蕾. 常数轮理性秘密分享机制[J]. 计算机工程与应用, 2013, 49(18): 65-68, 98.

[13] TOMPA M, WOLL H. How to share a secret with cheaters[C]//Advances in Cryptology - CRYPTO'86. Berlin: Springer, 1986: 261-265.

[14] ASHAROV G, LINDELL Y. Utility dependence in correct and fair rational secret sharing[C]// Advances in Cryptology -CRYPTO 2009. Berlin: Springer, 2009: 559-576.

[15] GORDON S D, ISHAI Y, MORAN T, et al. On complete primitives for fairness[C]//Proceedings of the 7th Theory of Cryptography. Berlin: Springer, 2010: 91-108.

[16] AGRAWAL S, PRABHAKARAN M. On fair exchange, fair coins and fair sampling[C]// Advances in Cryptology - CRYPTO 2013. Berlin: Springer, 2013: 259-276.

[17] TIAN Y L, MA J F, PENG C G, et al. Secret sharing scheme with fairness[C]//Proceedings of 2011 IEEE 10th International Conference on Trust, Security and Privacy in Computing and Communications. Piscataway: IEEE Press, 2011: 494-500.

[18] 庞辽军, 裴庆祺, 焦李成, 等. 基于 ID 的门限多重秘密共享方案[J]. 软件学报, 2008, 19(10): 2739-2745.

[19] 裴庆祺, 马建峰, 庞辽军, 等. 基于身份自证实的秘密共享方案[J]. 计算机学报, 2010, 33(1): 152-156.

[20] CAI Y Q, PENG X Y. Rational secret sharing protocol with fairness[J]. Chinese Journal of Electronics, 2012, 21(1): 149-152.

[21] ASHAROV G, JAIN A, LóPEZ-ALT A, et al. Multiparty computation with low communication computation and interaction via threshold FHE[C]//Advances in Cryptology-EUROCRYPT2012. Berlin: Springer, 2012: 483-501.

[22] DE S J, RUJ S, PAL A K. Should silence be heard? fair rational secret sharing with silent and non-silent players[C]//Cryptology and Network Security. Berlin: Springer, 2014: 240-255.

[23] 刘海, 李兴华, 马建峰. 基于重构顺序调整机制的理性秘密共享方案[J]. 计算机研究与发展, 2015, 52(10): 2332-2340.

第 8 章

基于全同态加密的可公开验证理性秘密共享方案

本章将博弈论中的博弈模型和传统的秘密共享相结合，引入全同态加密（Fully Homomorphic Encryption，FHE）技术，提出一个基于全同态加密的可公开验证理性秘密共享（FHE-Publicly Verifiable Rational Secret Sharing，F-PVRSS）方案，在此基础上，将秘密分发者共享真秘密的位置设为未知，参与者不知道当前轮是真秘密所在的轮还是假秘密所在的测试轮，从而约束理性参与者的偏离行为，本章方案可以防止至多 $t-1$ 个参与者的共谋。

8.1 方案描述

本章方案分为初始化阶段、秘密分发阶段、秘密重构阶段 3 个阶段。

（1）初始化阶段。秘密分发者 D 调用算法 Key，生成公私钥对 $(\mathrm{pk},\mathrm{sk})$，公开公钥 pk。理性参与者 P_i 调用密钥生成算法 Key，得到公私钥对 $(\mathrm{pk}_i,\mathrm{sk}_i)$，公开公钥 pk_i，秘密分发者 D 随机选取一个大的素数 p 并公开。

（2）秘密分发阶段。假定共享秘密为 $s\in\{0,1\}^l$，秘密分发者执行如下步骤。

Step 1　秘密分发者 D 随机选择 $s'\in\{0,1\}^l$，选择 $n-1$ 次多项式

$$f_1(x)=a_{1,0}+a_{1,1}x+\cdots+a_{1,n-1}x^{n-1}$$

在此步骤中，令 $a_{1,0}=s_1$，$a_{1,i}\in Z_p^*$，$i=1,2,\cdots,n-1$。计算并公布

$$C_{1,i}=\mathrm{Enc}(\mathrm{pk},a_{1,i})\text{，}\quad i=0,1,\cdots,n-1$$

Step 2　参与者 P_i 选择随机数 $r_{1,i}\in Z_p^*$，其中 $i=1,2,\cdots,n$。计算 $y_{1,i}$ 并向秘密

分发者发送

$$y_{1,i} = \mathrm{Enc}(\mathrm{pk}, r_{1,i})$$

然后分发者可以用sk解密 $y_{1,i} = \mathrm{Enc}(\mathrm{pk}, r_{1,i})$ 得到每个参与者的随机数，当 $i \neq j, i < j, r_{1,i} = r_{1,j}$ 时，分发者有权要求参与者 P_j 重新选取一个随机数，直到满足参与者选取的随机数都不相同为止。

Step 3　秘密分发者 D 收到所有参与者的随机数加密值 $(y_{1,1}, y_{1,2}, \cdots, y_{1,n})$ 后，解密得到所有参与者的随机数 $(r_{1,1}, r_{1,2}, \cdots, r_{1,n})$，并计算 $Y_{1,i} = \mathrm{Enc}(\mathrm{pk}, y_{1,i})$，$i = 1,2,\cdots,n$。秘密分发者 D 计算

$$s_{1,i} = f_1(r_{1,i}),\quad S_{1,i} = \mathrm{Enc}(\mathrm{pk}, s_{1,i}),\quad R_{1,i} = \mathrm{Enc}(\mathrm{pk}_{1,i}, S_{1,i}),\quad i = 1,2,\cdots,n$$

将 $R_{1,i}$ 分发给参与者 P_i，作为 P_i 的第一个秘密份额。

Step 4　秘密分发者随机选取 $\mathrm{fake} \in \{0,1\}^l$，设置 $s_2 = \begin{cases} \mathrm{fake} \\ s_1 \oplus s \end{cases}$，其中 $\Pr(s_2 = \mathrm{fake}) = \alpha$，$\Pr(s_2 = s_1 \oplus s) = 1 - \alpha$，选择 t 次多项式

$$f_2(x) = a_{2,0} + a_{2,1}x + \cdots + a_{2,t}x^t$$

其中，$a_{2,0} = s_2$，$a_{2,i} \in Z_p^*$，$i = 1,2,\cdots,t$。参与者 P_i 随机选取 $r_{2,i} \in Z_p^*$，$i = 1,2,\cdots,n$，计算 $y_{2,i} = \mathrm{Enc}(\mathrm{pk}, r_{2,i})$。秘密分发者 D 计算 $C_{2,i} = \mathrm{Enc}(\mathrm{pk}, a_{2,i})$，$s_{2,i} = f(r_{2,i})$ $Y_{2,i} = \mathrm{Enc}(\mathrm{pk}, y_{2,i})$，$S_{2,i} = \mathrm{Enc}(\mathrm{pk}, s_{2,i})$，$R_{2,i} = \mathrm{Enc}(\mathrm{pk}_{2,i}, S_{2,i})$，$i = 1,2,\cdots,n$。公开 $C_{2,i}$，将 $R_{2,i}$ 分发给参与者 P_i，作为 P_i 的第二个秘密份额。

Step 5　若在Step4中 $s_2 = \mathrm{fake}$，则令 $s_3 = 0$；若 $s_2 = s_1 \oplus s$，则令 $s_3 = 1$，然后按照 Step1~Step3 的方法选择 $t-1$ 次多项式，参与者 P_i 随机选取 $r_{3,i} \in Z_p^*$，$i = 1,2,\cdots,n$，产生 s_3 的秘密份额 $R_{3,i}$，并将其发给参与者 P_i，作为 P_i 的第三个秘密份额。

Step 6　秘密分发者 D 随机选择一个正整数 N，并随机选择整数 $N' \in (4, N)$ 和 $N-1$ 个假秘密 $s_4, s_5, \cdots, s_{N'-1}, s_{N'+1}, \cdots, s_N$，将真秘密混入假秘密序列中构成秘密集合 $\{s_4, s_5, \cdots, s_{N'-1}, s_{N'}, s_{N'+1}, \cdots, s_N\}$，构造 $N-4$ 个阶为 $n-1$ 的互不相同的多项式，按照 Step1~Step3 中的方法拆分秘密，参与者 P_i 最终能够得到 $N-4$ 个秘密份额 $R_{b,i}$，$b = 4,5,\cdots,N$，分发者随机选择 e，计算 $E(e, s_{N'}) = \lambda$，公开 e 和 λ。

秘密分发阶段完成后，每个理性参与者 P_i 能够得到 N 个秘密份额，记为 $(R_{1,i}, R_{2,i}, R_{3,i}, R_{4,i}, \cdots, R_{N,i})$，$i = 1,2,\cdots,n$。

（3）秘密重构阶段。参与者执行如下步骤。

Step 1　当所有参与者收到秘密份额后，若满足

$$R_{m,i}=\sum_{j=0}^{V}\mathrm{Enc}(\mathrm{pk}_i,C_{m,i})Y_{m,i}^{j},\ \ m=1,2,\cdots,N,\ \ i=1,2,\cdots,n \tag{8-1}$$

则自己收到的是有效秘密份额，否则是无效秘密份额。根据秘密份额来自不同多项式，V 的取值有 3 种，分别为 $n-1,t,t-1$。

Step 2　参与者 P_i 广播自己的第一个秘密份额 $R_{1,i}$，其他参与者可利用公开信息验证 $R_{1,i}$ 是否满足式（8-1），若所有参与者广播的秘密份额都满足式（8-1），则可以利用 Lagrange 插值多项式重构 s_1；否则，输出随机字符串 $\mu_1\in\{0,1\}^l$。

Step 3　参与者 P_i 广播自己的第二个秘密份额 $R_{2,i}$，若广播有效秘密份额的参与者人数 $N^*\geqslant t+1$，则可重构 s_2，否则，输出随机字符串 $\mu_2\in\{0,1\}^l$。

Step 4　参与者 P_i 广播自己的第三个秘密份额 $R_{3,i}$，若广播有效秘密份额的参与者人数 $N^*\geqslant t$，则可重构 s_3；若 $s_3=1$，则得到共享秘密 s；否则，进入未知轮数的秘密重构过程 Step5。

Step 5　参与者 P_i 进入未知重构轮数过程，在随后的每一轮参与者依次广播自己的余下秘密份额，若进行到 $r=k$ 轮，重构值 s_k 满足 $E(e,s_k)=\lambda$，则得到了真正的共享秘密 s。

8.2 方案分析

8.2.1 正确性分析

下面证明式（8-1）的正确性。

证明

$$R_{m,i}=\mathrm{Enc}(\mathrm{pk}_i,S_{m,i})=\mathrm{Enc}\left(\mathrm{pk}_i,\mathrm{Enc}(\mathrm{pk},s_{m,i})\right)=\mathrm{Enc}\left(\mathrm{pk}_i,\mathrm{Enc}\left(\mathrm{pk},f_m(r_{m,i})\right)\right)=$$

$$\mathrm{Enc}\left(\mathrm{pk}_i,\mathrm{Enc}\left(\mathrm{pk},\sum_{j=0}^{V}a_{m,j}{r_{m,i}}^{j}\right)\right)=\sum_{j=0}^{V}\left(\mathrm{pk}_i,\mathrm{Enc}(\mathrm{pk},a_{m,j})\mathrm{Enc}(\mathrm{pk},{r_{m,i}}^{j})\right)=$$

$$\mathrm{Enc}\left(\mathrm{pk}_i,\sum_{j=0}^{V}C_{m,i}{y_{m,i}}^{j}\right)=\sum_{j=0}^{V}\mathrm{Enc}(\mathrm{pk}_i,C_{m,i}){Y_{m,i}}^{j}$$

证毕。

8.2.2 安全性分析

本章方案采用 FHE 方案对秘密份额进行加密广播，因此 F-PVRSS 方案的安全性与 FHE 方案的安全性紧密相连，有如下结论。

定理 8-1 上述 F-PVRSS 方案是安全的 $\Leftrightarrow$ FHE 方案是安全的。

证明 下面以可公开验证秘密共享（Publicly Verifiable Secret Sharing，PVSS）第一阶段 PVSS_1 为例，采用反证法证明。

假设 F-PVRSS 方案是安全的，但是 FHE 方案是不安全的。由 FHE 方案是不安全的可知存在一个概率多项式时间（Probabilistic Polynomial Time，PPT）算法 A：$\Pr\left[C \leftarrow E(0), A(C)=0\right] > \varepsilon^*$，A 能够以不可忽略的优势 ε^* 计算得到 $S_{1,i} = \text{Enc}(\text{pk}, s_{1,i})$ 和 $(y_{1,1}, y_{1,2}, \cdots, y_{1,n})$，A 就可以重构出 $s_1 = \sum_{i=1}^{t} \lambda_i S_{1,i}$，则 F-PVRSS 方案是不安全的，与假设矛盾，因此 F-PVRSS 方案是安全的 $\Rightarrow$ FHE 方案是安全的。

假设 FHE 方案是安全的，但是 F-PVRSS 方案是不安全的。由 F-PVRSS 方案是不安全的可知存在一个 PPT 算法 A：随机选择一个 $\chi_{1,i} \neq r_{1,i}$，满足 $\Pr\left[R_{1,i} \leftarrow A(\chi_i), R_{1,i} = \sum_{j=0}^{t-1} \text{Enc}(\text{pk}_i, C_{1,i}) Y_{1,i}^j\right] > \varepsilon$，$\varepsilon$ 是不可忽略的优势。则 A 可以伪造出 $(R_{1,1}, R_{1,2}, \cdots, R_{1,n})$，但是由 FHE 方案的安全性知 $R_{1,i} = \sum_{j=0}^{t-1} \text{Enc}(\text{pk}_i, C_{1,i}) Y_{1,i}^j$，当且仅当 $R_{1,i} = \text{Enc}(\text{pk}_{1,i}, S_{1,i})$ 且 $\chi_{1,i} = r_{1,i}$，这与假设 $\chi_{1,i} \neq r_{1,i}$ 矛盾，因此 FHE 方案是安全的 $\Rightarrow$ F-PVRSS 方案是安全的。

综上所述，所提的 F-PVRSS 是安全的，当且仅当 FHE 是安全的。证毕。

定理 8-2 若 FHE 方案是安全的，则任意 $t-1$ 个参与者不能重构该轮的秘密。

证明 由 Lagrange 插值法的性质及 FHE 方案的安全性可知，至少有 t 个参与者广播秘密份额才能求出该轮多项式，任意少于 t 个参与者都将无法恢复多项式。证毕。

8.2.3 轮复杂度分析

定理 8-3 F-PVRSS 方案在第三轮重构的概率是 $1-k^{-c}$，预期的重构轮数是 $3+k^{-c}(N'-3)$，其中，k 为安全参数，c 为任意常数。

证明 假定在秘密共享阶段 Step4 中，$\Pr(s_2 = \text{fake}) = \alpha = k^{-c}$。在秘密重构阶段的 Step2 中至多 $n-1$ 个份额 $R_{1,i}$ 不会揭露关于秘密 s_1 的任何信息，因为 s_1 是通过 (t,n) 可公开验证秘密共享方案 PVSS_1 利用 Lagrange 插值多项式进行共享的。同理，至多 $n-1$ 个份额 $R_{m,i}$，$m=4,5,\cdots,n$ 也不会揭露关于秘密 s 的任何信息，因为从第三轮之后采用未知重构轮数的 $(t,n)-\text{PVSS}_4$ 方案。如果所有参与者都按照方案执行，则在第三轮重构出真正秘密 s 的概率为 $1-\alpha$，以概率 α 经过 N' 轮得到共享秘密 s。因此，F-PVRSS 方案的预期重构轮数为

$$3(1-\alpha) + N'\alpha = 3 + k^{-c}(N'-3)$$

证毕。

8.2.4 抗共谋性分析

定理 8-4 当满足$\beta < U_i - \frac{E(U_i^{C^{\text{guess}}})}{U_i^+} - E(U_i^{C^{\text{guess}}})$时，$PVSS_4$是抗$t-1$共谋的理性秘密共享方案。

证明 当参与者处于秘密中的$PVSS_4$秘密时，因为真秘密所在的轮是分发者根据几何分布随机选取的，所以对于该重构阶段的参与者来说，其并不知道在当前轮是否能够得到真正的共享秘密，只能通过猜测来决定是否采取共谋策略。令该阶段中采取共谋行为的参与者的集合为$C \subset N$且$|C| \leqslant t-1$，假设共谋者集合猜对当前轮是真秘密的重构轮的概率为λ^C，猜错的概率为$1-\lambda^C$，共谋者集合中参与者P_i获得的效用为U_i^+，若P_i猜错，则方案终止，所有参与者均没有得到共享秘密，共谋者P_i获得的效用为U_i^-，因此共谋者集合中参与者P_i的期望效用是

$$E(U_i^{C^{\text{guess}}}) = \lambda^C U_i^+ + (1-\lambda^C)U_i^-$$

如果当前轮恰好是真秘密的重构轮，且共谋者集合恰好以概率β进行共谋攻击，则共谋集合中参与者P_i效用为U_i^+，否则为$E(U_i^{C^{\text{guess}}})$，因此共谋参与者$P_i$的期望效用至多是

$$\beta U_i^+ + (1-\beta)E(U_i^{C^{\text{guess}}})$$

如果参与秘密重构阶段的所有理性参与者都按照方案执行，那么理性参与者P_i获得的效用是U_i，当且仅当满足$\beta < U_i - \frac{E(U_i^{C^{\text{guess}}})}{U_i^+} - E(U_i^{C^{\text{guess}}})$时，即$U_i > \beta U_i^+ + (1-\beta)E(U_i^{C^{\text{guess}}})$，采取共谋行为的参与者获得的效用没有遵守者案获得的效用多，因此，在该阶段参与者没有共谋的动机，综上，$PVSS_4$是一个抗$t-1$共谋的理性秘密共享方案。证毕。

定理 8-5 F-PVRSS 方案是抗$t-1$参与者共谋的理性秘密共享方案。

证明 令共谋者集合$C \subset N$且$|C| \leqslant t-1$，$N \setminus C$（除共谋者以外的参与者）中的参与者按照方案执行，若σ是按照方案执行的策略组合，则$u_C(\sigma) = U$。

在第一轮，即可公开验证秘密共享方案第一阶段$PVSS_1$中，若C中的参与者保持沉默，则$N \setminus C$中的参与者不会进入下一轮$PVSS_2$，秘密份额$R_{1,i}$仅仅是关于秘密s_1的信息。也就是说，$\{R_{2,i}, R_{3,i}, \cdots, R_{N,i}\}_{i \in C}$不会揭露关于秘密$s$或者$s_1$的任何信息，因为$PVSS_2$，$PVSS_3$，$PVSS_4$的门限值都大于$|C|$，因此，共谋者集合$C$中的参与者不可能得到真正的秘密$s$。那么共谋者集合$C$的收益为

$$u_C = \max\{U_{\text{random}}, U^-\} < U$$

在第二轮，即可公开验证秘密共享方案第二阶段 $PVSS_2$ 中，无论 C 中的参与者采取何种行动，N 中的每个参与者都能重构 s_2，因为 $|N\setminus C|\geqslant t+1$，$N\setminus C$ 中的参与者广播了有效秘密份额。若 C 中的参与者采取偏离行为，就不会了解到 s_2 是真正的共享秘密还是伪造的秘密，因为能够判断 s_2 真假的是第三轮，即门限值为 t 的 $PVSS_3$。如果 C 中的参与者在第二轮采取偏离行为，则 $N\setminus C$ 中参与者不会进入第三轮，因此 C 中的参与者不会在随后的轮得到真正的秘密 s，又因为 $\Pr(s_1=\text{fake})=\alpha$，因此共谋者集合 C 的收益为

$$u_C(\sigma'_C,\sigma_{-C})\leqslant(1-\alpha)U+\alpha\max\{U^-,U_{\text{random}}\}$$

在第三轮，即可公开验证秘密共享方案第三阶段 $PVSS_3$ 中，如果 C 中参与者偏离方案，意味着 $s_3=0$，即 $s_2=\text{fake}$，$N\setminus C$ 中的参与者不会进入下一轮。C 中的参与者不会了解到真正的秘密 s，因此共谋者集合 C 的收益为

$$u_C(\sigma'_C,\sigma_{-C})\leqslant\max\{U^-,U_{\text{random}}\}<U$$

如果共谋者集合 C 在前三轮没有偏离且 $s_2=\text{fake}$，参与者将进入 $PVSS_4$，因为 $PVSS_4$ 是抗 $t-1$ 参与者共谋的方案，如果 C 偏离方案，则 $u_C(\sigma)\leqslant U+\varepsilon(k)$。

综上所述，共谋者集合 C 中的参与者不管采取何种策略 σ'_C，其得到的期望收益为 $u_C(\sigma'_C,\sigma_{-C})\leqslant U+\varepsilon(k)$，对于理性参与者来说，共谋获得的收益小于遵守者案获得的收益，则集合 C 没有动机采取共谋策略，因此，F-PVRSS 方案是抗 $t-1$ 参与者共谋的理性秘密共享方案。证毕。

8.3　性能对比

本节在重构阶段前提假设、通信复杂度和信道类型 3 个方面，将本章方案与其他理论秘密共享方案进行对比分析，如表 8-1 所示。

表 8-1　本章方案与其他理性秘密共享方案对比

方案	重构阶段前提假设	通信复杂度	信道类型
文献[1]方案	不需要秘密分发者在线	n^2	异步信道
文献[5]方案	不需要秘密分发者在线	$\frac{1}{\lambda}$	同步信道
文献[7]方案	不需要秘密分发者在线	n	异步信道
文献[15]方案	不需要秘密分发者在线	$\frac{5}{a^3}$	异步信道
本章方案	不需要秘密分发者在线	$3+k^{-c}(N'-3)$	同步信道

根据表 8-1 可知，在信道类型方面，本章方案采取同步信道，维护信道开销方面比文献[1,7]低；在通信复杂度方面，文献[1,7]方案的通信轮数均与参与者人数有关，当参与者数量很大时，这两个方案的执行效率非常低。文献[15]方案的通信复杂度和概率参数的倒数有关，又因为概率参数都小于1，显然其通信轮数很高。在本章方案中，当c的值足够大时，通信轮数为 3。

参考文献

[1] MALEKA S, SHAREEF A, RANGAN C P. Rational secret sharing with repeated games[C]//Information Security Practice and Experience. Berlin: Springer, 2008: 334-346.

[2] MICALI S, SHELAT A. Purely rational secret sharing (extended abstract)[C]//Theory of Cryptography. Berlin: Springer, 2009: 54-71.

[3] ZHANG Y, TARTARY C, WANG H X. An efficient rational secret sharing scheme based on the Chinese remainder theorem[C]//Information Security and Privacy. Berlin: Springer, 2011: 259-275.

[4] ZHANG Z F, LIU M L. Unconditionally secure rational secret sharing in standard communication networks[C]//Information Security and Cryptology-ICISC 2010. Berlin: Springer, 2011: 355-369.

[5] 张恩，蔡永泉. 基于双线性对的可验证的理性秘密共享方案[J]. 电子学报，2012, 40(5): 1050-1054.

[6] 张恩，孙权党，刘亚鹏. 抗共谋理性多秘密共享方案[J]. 计算机科学, 2015, 42(10): 164-169.

[7] 孔翠娟. 防共谋的理性秘密共享方案[J]. 经济期刊, 2015, 5: 41-41.

[8] PEDERSEN T P. Non-interactive and information-theoretic secure verifiable secret sharing[C]//Advances in Cryptology- CRYPTO’91. Berlin: Springer, 1991: 129-140.

[9] PEDERSEN T P. Distributed provers and verifiable secret sharing based on the discrete logarithm problem[R]. 1992.

[10] BEIMEL A, OMRI E, ORLOV I. Protocols for multiparty coin toss with dishonest majority[C]//Advances in Cryptology- CRYPTO 2010. Berlin: Springer, 2010: 538-557.

[11] MORAN T, NAOR M, SEGEV G. An optimally fair coin toss[C]//Proceedings of the 6th Theory of Cryptography Conference on Theory of Cryptography. Berlin: Springer, 2009: 1-18.

[12] ISHAI Y, KATZ J, KUSHILEVITZ E, et al. On achieving the “best of both worlds” in secure multiparty computation[J]. SIAM Journal on Computing, 2011, 40(1): 122-141.

[13] GARAY J, MACKENZIE P, PRABHAKARAN M, et al. Resource fairness and composability of cryptographic protocols[C]//Theory of Cryptography. Berlin: Springer, 2006: 404-428.

[14] CAI Y Q, PENG X Y. Rational secret sharing protocol with fairness[J]. Chinese Journal of Electronics, 2012, 21(1): 149-152.

[15] HALPEN J, TEAGUE V. Rational secret sharing and multiparty computation[C]//Proceedings of

Annual ACM Symposium on Theory of Computing. New York: ACM Press, 2004: 623-632.
[16] ASHAROV G, JAIN A, LÓPEZ-ALT A, et al. Multiparty computation with low communication, computation and interaction via threshold FHE[C]//Advances in Cryptology-EUROCRYPT 2012. Berlin: Springer, 2012: 483-501.
[17] DE S J, RUJ S, PAL A K. Should silence be heard? fair rational secret sharing with silent and non-silent players[C]//Cryptology and Network Security. Berlin: Springer, 2014: 240-255.

第 9 章
基于全同态加密的理性委托计算协议

传统委托计算需要验证方验证其计算结果，从而导致协议效率低下。本章结合博弈论的思想，在委托代理理论框架下研究委托计算协议。根据博弈委托代理理论，建立委托计算博弈模型。通过构造合理的效用函数，保证参与者双方的效益，并且探究各参与者的最优策略，使全局达到帕累托最优。实验分析表明，该协议满足安全性与正确性，提高了计算效率。

9.1 问题引入

委托计算是在大数据和云计算环境下解决任务授权过程中产生结果可靠性问题的重要手段。客户端（委托方）由于自身计算能力不足或资源受限而无法计算复杂函数的值，将计算复杂函数的任务委托给一个计算能力强的服务器（计算方），服务器返回一个计算结果及其结果正确性的证明。客户端通过自身执行的一个验证协议来保证服务器返回结果的正确性，在此过程中，验证开销必须比计算问题本身的效率高得多，否则就失去了委托计算的意义。

当前，大数据技术在各个领域迅速发展，在大数据环境下研究委托计算的安全理论和方法的需求日益迫切。在传统委托计算协议中，验证方需要计算方发送验证证据来保证结果的正确性，此验证过程的通信开销较高；或者存在一些恶意参与者为了自身的利益而偏离协议，发送错误计算结果或者拒绝接受计算方返回的证据，导致浪费参与者的资源及利益。因此在委托计算中引入理性参与者，计算方对计算结果进行 Pedersen 承诺后进行公开，不需要计算方发送证据给委托方花费额外开销进行验证，而是通过效用函数激励计算方来确保计算结果的正确性和自身的利益。然而在博弈模型中，当参与者的利益都达到最大化时，即纳什均衡，参与者都不再希望改变自己的策略。

虽然参与者的利益都达到最大化时存在纳什均衡，但在纳什均衡时的状态不一定是全局最优的，因为其中的参与者可能选择了一个较差策略的均衡点。针对上述问题，本章结合博弈论和委托计算，在全同态加密的基础上提出了基于帕累托最优的委托计算博弈模型，参与者选择最优策略的均衡点，委托方和计算方在帕累托最优状态下实现双赢，全局效用也达到最优。

9.2　委托计算博弈模型

理性委托（Rational Delegation，RD）计算是结合博弈论和委托计算的思想，从参与者自身利益角度出发，通过效用函数来保障计算结果的可靠性。参与者根据激励合约采取策略，追求各方自身利益的最大化的同时保证全局利益的最优化，从而达到帕累托最优状态。本节结合博弈论委托代理和委托计算理论，建立委托计算博弈模型，为后文理性委托计算协议的构造和分析提供模型依据。

本节设计的委托计算博弈模型是一个七元组 $(P,\varphi,S,P(\cdot),\rho,U,E)$。

（1）参与者集合 P：参与执行委托计算的参与者集合。

（2）外生随机变量 φ：不受参与者控制的外生随机变量，称为自然（Nature）。

（3）可选策略集合 S：委托计算中各参与者可能采取的所有策略的集合。

（4）支付函数 $P(\cdot)$：委托方给予计算方委托计算的支付报酬。

（5）风险规避 ρ：参与者在理性委托计算中所能承担的风险规避程度。

（6）期望效用函数 U：$U_n:S\to R$（R 代表实数空间），表示第 n 个参与者在不同策略组合下所得的期望效用。

（7）总期望效用 E：理性委托计算中双方达到最大化期望效用函数。

9.2.1　参与者集合

首先来建模理性委托计算博弈模型的各参与者。在该模型中主要有两类参与者：委托方 P_1 和计算方 P_2，且参与者都是理性的。委托方在保证全局利益最优的前提下，实现其利益最大化。而计算方在满足委托方委托任务的要求下，追求自身利益的最大化。因此，该委托计算博弈模型的参与者集合定义为 $P=\{P_1,P_2\}$。

9.2.2　外生随机变量

在理性委托计算中，存在不受参与者控制的外生随机变量，称为自然（Nature）。令 φ 表示外生随机变量，φ 由委托过程中一系列不确定因素决定，且服从均值为 0、方差为 σ^2 的正态分布。一般地，存在外生随机变量的委托方与计算方之间的博弈如图 9-1 所示，其中，s 和 d 分别代表委托方和计算方的收益。

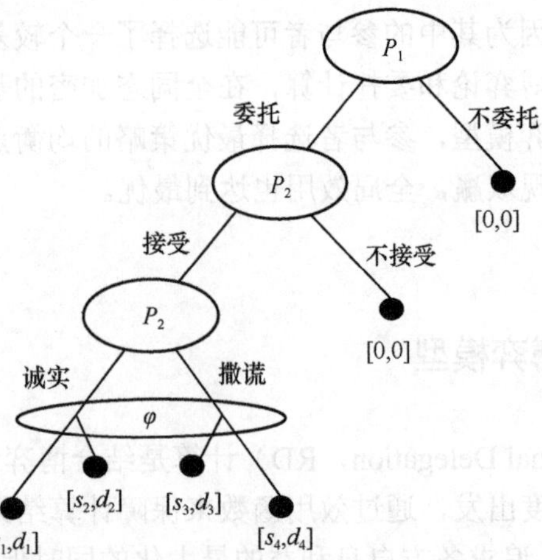

图 9-1 存在外生随机变量的委托方与计算方之间的博弈

9.2.3 策略集合

假设委托计算博弈模型中委托方的策略集合为 $s_1=\{s_{11},s_{12}\}$，其中，s_{11} 表示委托方选择“奖励”的策略，取值为1；s_{12} 表示委托方选择“惩罚”的策略，取值为 0，即委托方的策略集合为{奖励，惩罚}。计算方的策略集合为 $s_2=\{s_{21},s_{22}\}$，其中，s_{21} 表示计算方选择“诚实”的策略，取值为1；s_{22} 表示计算方选择“撒谎”的策略，取值为 0，即计算方的策略集合为{诚实，撒谎}。双方达到的最大化效用函数表示为 $\pi=ks_2+\varphi$，其中，k 为计算方采取不同策略对双方总效用的影响系数，且 $k\geqslant 0$；由于外生随机变量 φ 服从正态分布，因此双方总期望效用为 $E(\pi)=E(ks_2+\varphi)=ks_2$，方差为 $\mathrm{Var}(\pi)=\sigma^2$，即计算方采取的策略决定双方总期望效用的均值，但不会对双方总期望效用的方差产生影响。

9.2.4 支付函数

在委托计算博弈模型中，为了更好地刻画在激励合约的存在下，委托方通过激励计算方的效用函数来保证计算结果的正确性。因此，将委托方给予计算方的支付金额设为线性函数，即

$$P_2(\pi)=\alpha+\beta\pi \tag{9-1}$$

其中，α 为计算方计算任务的固定收入，β 为委托方给予计算方的激励系数。

在委托计算过程中，双方将对自己采取的策略付出一定的努力来最大化自身效用，此时会付出相应的努力成本。其努力成本用货币成本来衡量，委托方 P_1 和计算方 P_2 采取不同策略的成本可分别表示为

$$C(s_1)=\frac{1}{2}x_1(\pi-\eta\pi)^2 \tag{9-2}$$

$$C(s_2)=\frac{1}{2}x_2{s_2}^2 \tag{9-3}$$

其中，x_1 表示委托方选择不同策略的成本系数，$x_1>0$；x_2 表示计算方选择不同策略的成本系数，$x_2>0$；η 表示计算方选择不同策略后的成效系数，$0<\eta<1$，即计算方越努力计算正确结果，其委托方实际效用与期望效用之间的差距也就越小。

9.2.5　风险规避

在理性委托计算中，因为参与者都是理性的，个体间存在差异性和特殊性，各参与者对风险规避的程度也会存在较大的差异。在基于帕累托最优的委托计算博弈模型中考虑引入参与者风险规避就是因为个体间存在差异。参与者的风险规避效用函数为$u=-e^{\rho\omega}$，其中，ρ 为绝对风险规避程度，ω 为实际货币收入。由于委托方和计算方具有风险规避特性，都存在风险成本，其风险成本分别为

$$P_{1风险}=\frac{1}{2}\rho_1\mathrm{Var}\left(\pi-P_2(\pi)\right)=\frac{1}{2}\rho_1(1-\beta)^2\sigma^2 \tag{9-4}$$

$$P_{2风险}=\frac{1}{2}\rho_2\mathrm{Var}\left(P_2(\pi)\right)=\frac{1}{2}\rho_2\beta^2\sigma^2 \tag{9-5}$$

其中，ρ_1 和 ρ_2 分别表示委托方和计算方的风险规避程度（$\rho_1>0,\rho_2>0$）。其中，$P_{1风险}$ 表示委托方 P_1 在协议中的风险成本，即在信息不对称博弈模型中，由于委托方不能观测计算方在执行协议时选择的策略，因此委托方 P_1 需要承担由计算方 P_2 选择的策略而带来的风险。同理，$P_{2风险}$ 表示计算方 P_2 在协议中的风险成本，即在信息不对称博弈模型中，由于计算方不能观测委托方在执行协议时选择的行为策略而承担的风险成本。

9.2.6　期望效用函数

用博弈论方法来研究委托计算协议，如何定义其效用函数是本章模型最关键的地方。在理性委托计算博弈模型中，通过参与者得到的实际收入来衡量存在的风险规避。因为存在风险成本，所以委托方和计算方的实际收入分别为

$$w_1=\pi-P_2(\pi)-C(s_1) \tag{9-6}$$

$$w_2=P_2(\pi)-C(s_2) \tag{9-7}$$

进一步，可以得到委托方和计算方的期望效用函数分别为

$$U_1=E\left(\pi-P_2(\pi)-C(s_1)-P_{1风险}\right)=$$

$$(1-\beta)ks_2-\alpha-\frac{1}{2}x_2(1-\eta)^2k^2s_2^2-\frac{1}{2}\rho_1(1-\beta)^2\sigma^2 \tag{9-8}$$

$$U_2=E\left(P_2(\pi)-P_2(s_2)-P_{2风险}\right)=\alpha+\beta ks_2-\frac{1}{2}x_2s_2^2-\frac{1}{2}\rho_2\beta^2\sigma^2 \tag{9-9}$$

9.2.7 总期望效用

由于计算方选择接受和委托方之间的激励合约时得到的最大效用需要大于计算方不接受此激励合约的效用，即计算方的期望效用不得小于不接受时得到的最低保留效用$\bar{u}$，所以计算方必须考虑与其相关的参与约束IR，即

$$\text{IR}:\alpha+\beta k s_2-\frac{1}{2}x_2 {s_2}^2-\frac{1}{2}\rho_2\beta^2\sigma^2\geqslant\bar{u} \tag{9-10}$$

又因为委托方不知道计算的结果，而计算方知道计算的结果，双方所知道的信息不对称，即委托方不知道计算方会选择哪种策略。而计算方总会选择使自己期望效用最大的策略，因此委托方所希望得到的最大效用只能通过计算方的期望效用最大来实现。如果策略s_2是委托方期望的计算方选择的策略，计算方可随意选择自己的策略，但是只有当计算方选择策略s_2时的效用才比选择策略s_2'时的效用更大，所以计算方因其理性会选择策略s_2。

因此，计算方为了自身效用最大化而选择相应的策略，即$\text{Max}_{s_2}(W)$，令$\frac{\partial W}{\partial s_2}=0$，则$s_2=\beta\frac{k}{x_2}$，则存在一个激励相容约束IC，即

$$\text{IC}:\ s_2=\beta\frac{k}{x_2} \tag{9-11}$$

将IR和IC代入委托方期望效用的目标函数中，构造Lagrange函数为

$$L(\alpha,\beta)=(1-\beta)k\frac{\beta k}{x_2}-\alpha-\frac{1}{2}x_1(1-\eta)^2k^2\left(\frac{\beta k}{x_2}\right)^2-\frac{1}{2}\rho_1(1-\beta)^2\sigma^2+\phi\left(\alpha+\beta k s_2-\frac{1}{2}x_2 {s_2}^2-\frac{1}{2}\rho_2\beta^2\sigma^2-\bar{u}\right) \tag{9-12}$$

将构造的 Lagrange 函数$L(\alpha,\beta)$求关于α和β的一阶导数，即令$\frac{\partial L}{\partial\alpha}=0$，$\frac{\partial L}{\partial\beta}=0$，此时，$\lambda=1$。

$$\beta^*=\frac{k^2x_2+{x_2}^2\rho_1\sigma^2}{k^2x_2+x_1(1-\eta)^2k^4+x_1(\rho_1+\rho_2)\sigma^2}>0 \tag{9-13}$$

即

$$\frac{\partial\beta}{\partial\rho_1}=\frac{{x_2}^2\sigma^2\left({x_2}^2\sigma^2\rho_2+x_1(1-\eta)^2k^4\right)}{\left(k^2x_2+x_1(1-\eta)^2k^4+{x_2}^2\rho_2\sigma^2\right)^2}>0 \tag{9-14}$$

从式（9-14）可知，委托方的风险规避程度 ρ_1 和委托方给予计算方的激励系数 β 是正相关的。进一步可求得当效用达到最大化时，计算方应该选择的策略及努力成本，即

$$s_2 = \frac{\beta k}{x_2} = \frac{k^3 + x_2\rho_1\sigma^2 k}{k^2 x_2 + x_2(1-\eta)^2 k^4 + x_2{}^2(\rho_1+\rho_2)\sigma^2} \tag{9-15}$$

此时，委托方和计算方的总期望效用达到最大，即

$$E(\pi) = \frac{k^4 + x_2\rho_1\sigma^2 k^2}{k^2 x_2 + x_2(1-\eta)^2 k^4 + x_2{}^2(\rho_1+\rho_2)\sigma^2} \tag{9-16}$$

根据委托计算模型设计可知，当委托方不知道计算方选择的策略及其努力成本时，委托方根据和计算方达成的激励合约给予计算方激励，使计算方选择最优的策略 s_2^*，从而使委托方与计算方双方效用达到最优，委托计算整个过程的期望效用 $E(\pi)$ 也达到最优，并达到帕累托最优状态。

9.3　理性委托计算协议

本节基于上述理性委托计算博弈模型，在全同态加密的基础上构造理性委托计算协议。在构造协议的过程中，本节认为其安全性与各参与者的效用函数有关。各理性参与者为了获得最大的效用就必须遵守激励合约，任何偏离协议的参与者都将受到严重的惩罚，其惩罚货币金额远大于在委托计算中所获的收益。所构造的理性委托计算分为初始化阶段、委托计算和承诺阶段、验证和支付阶段。

9.3.1　初始化阶段

首先输入安全参数 1^λ 和委托函数 f，输出公钥 PK 和私钥 SK，将公钥 PK 传送至云端，私钥 SK 保存在本地，其中 $f:\{0,1\}^n \to \{0,1\}^m$。假设协议中委托方 P_1 具有数据 m，在该阶段委托方对数据进行加密，防止计算方篡改。委托方将自己的数据 m 按照需求分块加密 $c_i \leftarrow \text{Encrypt}_{\text{FHE}}(\text{PK}, m_i), i=1,\cdots,n$，得到密文组 $c_i=(c_1,c_2,\cdots,c_n)$，委托方把 (c_i, f) 发送至计算方。

9.3.2　委托计算和承诺阶段

计算方 P_2 根据自己的能力选择接受此计算任务 (c_i, f)。此时，委托方与计算方在约定时间 t 内完成此计算任务。计算方输入公钥、密文组和求值函数，计算得到函数值 $c_f \leftarrow \text{Eval}_{\text{FHE}}(\text{PK}, c_i, f)$，然后采用 Pedersen 承诺对计算结果 c_f 进行承

诺，其承诺为 $E_{c_f1}=E_{c_f1}(c_f,r)\equiv g^{c_f}h^r \bmod p$，$E_{c_f2}=E_{c_f2}(c_f,r)=\text{hash}(c_f\|r)$，并且在 t' 时间内将承诺结果 (E_{c_f1},E_{c_f2}) 返回给委托方。在这个阶段，要求任意概率多项式时间（Probabilistic Polynomial Time，PPT）的接收方都不能得到关于 c_f 的任何信息。

9.3.3 验证和支付阶段

当委托方收到计算方返回的承诺结果 (E_{c_f1},E_{c_f2}) 后，计算方 P_2 向委托方 P_1 提供随机数 r 和自己的承诺 c_f，委托方 P_1 验证承诺函数 $E_{c_f1}=E_{c_f1}(c_f,r)\equiv g^{c_f}h^r \bmod p$ 和 $E_{c_f2}=E_{c_f2}(c_f,r)=\text{hash}(c_f\|r)$ 是否成立，如果等式成立，则委托方接受此承诺 c_f；否则拒绝接受此承诺。

此时还需要考虑委托方与计算方交互的计算时间 t' 的范围，若计算方 P_2 返回承诺的时间 $t'\leqslant t$，则根据双方的激励合约，委托方 P_1 需在 t 时间内将给予计算方的支付金额 $P_2(\pi)$ 发送给计算方 P_1。若超过时间 t 还未支付，根据合约将支付远大于 $P_2(\pi)$ 的罚金额 $P_2'(\pi)$ 给计算方 P_2。若计算方 P_2 返回承诺的时间 $t'>t$，计算方 P_2 将接受远大于 $P_2(\pi)$ 的罚金 $P_2'(\pi)$ 并发送给委托方 P_1。

委托方 P_1 和计算方 P_2 进行交互式证明后，若验证承诺正确，委托方 P_1 将接受计算结果。委托方输入自己的私钥和密文，得到一个对应的明文 $m\leftarrow \text{Decrypt}_{\text{FHE}}(\text{SK},c)$，委托方不再对结果进行验证，而是根据各方的期望效用函数 $U_1=E\left(\pi-P_2(\pi)-C(s_1)-P_{1\text{风险}}\right)$ 和 $U_2=E\left(P_2(\pi)-C(s_2)-P_{2\text{风险}}\right)$ 对自己在此委托计算中的效用进行判断，看对方是否存在偏离协议的行为。若参与者任意一方期望效用未达到最大值，则需要支付给对方远大于 U_1 或 U_2 的赔偿金作为未遵守协议的补偿。若验证结果不正确，计算方 P_2 需要直接支付给对方远大于 U_1 或 U_2 的赔偿金作为未遵守协议的补偿。由于此方案中参与者都是理性的，都会为了自己的效用最大化选择对应的策略，大大降低了参与者偏离协议的风险，通过双方制定的激励合约以及双方的效用函数来激励参与者积极遵守协议，降低参与者之间的通信复杂度，使委托计算效率大大提高。理性委托计算协议如图 9-2 所示。

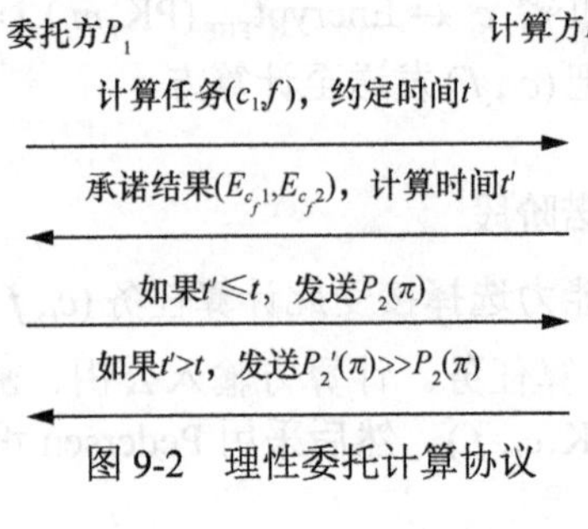

图 9-2 理性委托计算协议

9.4 协议分析

本节将对所提出的基于全同态加密的理性委托计算协议进行分析，包括协议的安全性和正确性分析，最后对本章协议的计算效率及部分参数对参与者效用的影响进行仿真模拟。

9.4.1 安全性分析

定理 9-1 在所提协议中，如果全同态加密满足其安全性，则所提基于全同态加密的理性委托计算协议也是安全的。

证明 首先，在委托计算和承诺阶段，假如该协议中存在恶意的计算方，该计算方会将委托方的数据 c_i 篡改为 c_i'；或者该计算方将委托方的数据 c_i 丢失，同时构造一个数据 c_i' 欺骗委托方，使 $c_f' \leftarrow \text{Eval}_{\text{FHE}}(\text{PK}, c_i', f)$ 成立。同时，计算方对计算结果 c_f' 进行承诺，此时必须选择一个随机数 m，并计算 $E_{c_f1}' = E_{c_f1}(c_f', r+m) \equiv g^{c_f'} h^{r+m} \bmod p$ 和 $E_{c_f2}' = E_{c_f2}(c_f', r+m) = \text{hash}(c_f' \| r+m)$。当恶意计算方出示 $(c_f', r+m)$ 揭示承诺时，根据单项函数的散列性质，攻击者无法从 $E_{c_f2} = E_{c_f2}(c_f, r) = \text{hash}(c_f \| r)$ 中得到 (c_f, r)。

又因为 g 和 h 是 Z_p^* 的生成元，所以存在一个 l 使 $h = g^l \bmod p$。即 $E_{c_f1} = g^{c_f} h^r \bmod p = g^{c_f + lr} \bmod p$，给定一个 $y = g^x \bmod p$，可以计算离散对数 $x = \log_p y$。作为对 x 的承诺，把 (E_{c_f1}, E_{c_f2}) 发送给恶意计算方，使恶意计算方得到 x 的值。但是根据离散对数的假设，这是不可能的。所以攻击者在任意概率多项式时间内找到 c_f' 和 r'，使 $E_{c_f}(c_f, r) = E_{c_f}'(c_f', r')$ 的概率是可以忽略的。因此，本章提出的基于全同态加密的理性委托计算协议是安全的。证毕。

9.4.2 正确性分析

定理 9-2 本章所提基于全同态加密的理性委托计算协议具有正确性，并且协议满足全局帕累托最优。

证明 首先，在协议的分析阶段，如果委托方 P_1 和计算方 P_2 都遵守协议规则，都将选择对全局最有利的策略。在协议的初始化阶段，委托方 P_1 把计算任务 (c_i, f) 发送给计算方 P_2，计算方 P_2 将在其能力范围内接受此任务。

其次，在委托计算和承诺阶段，计算方在时间 t 内对计算结果进行承诺，把承诺结果 (E_{c_f1}, E_{c_f2}) 返回给委托方 P_1，此时考虑计算方采取的策略，若计算方采

取策略 s_{22}，即撒谎策略，计算方的效用为 $U_2' = E\left(P_2(\pi) - C(s_{22}) - P_{2风险}\right) = \alpha + \beta k s_{22} - \frac{1}{2}x_1 {s_{22}}^2 - \frac{1}{2}\rho_2 \beta^2 \sigma^2$，委托方的效用为 $U_1' = E\left(\pi - P_2(\pi) - C(s_1) - P_{1风险}\right) = \frac{1}{2}\rho_1 \beta^2 \sigma^2$，双方达到的最大化效用函数表示为 $\pi' = ks_{22} + \varphi = \varphi$。由于外生随机变量 φ 服从正态分布，因此双方总期望效用为 $E(\pi) = E(ks_{22} + \varphi) = ks_{22} = 0$，违反了帕累托最优状态，计算方将会受到严重惩罚。所以，计算方不会选择策略 s_{22}，而将选择策略 s_{21} 最大化自身效用，且全局状态也达到最优。

最后，在验证和支付阶段，根据协议的安全性分析可知，计算方和委托方只有选择最优策略进行承诺，全局才可达到最优状态 $\pi_{\max} = ks_{21} + \varphi$，本次委托计算完成，且参与者也得到最大的效用，即该协议具有正确性，并且协议满足全局帕累托最优状态。证毕。

9.4.3　仿真模拟

本节借鉴文献[17]中用户将不同数量的模指数运算委托出去时的时间开销，将其数据引入所提协议中，使用理性委托计算协议，委托方不需要再对返回结果进行验证，其时间开销如图 9-3 所示。由图 9-3 可知，用户通过理性委托计算的时间开销少于直接计算和委托计算，并且当模指数个数增加时，时间开销的差距也在增大。因此，在本章协议中，委托计算数量越大，其计算效率越高。

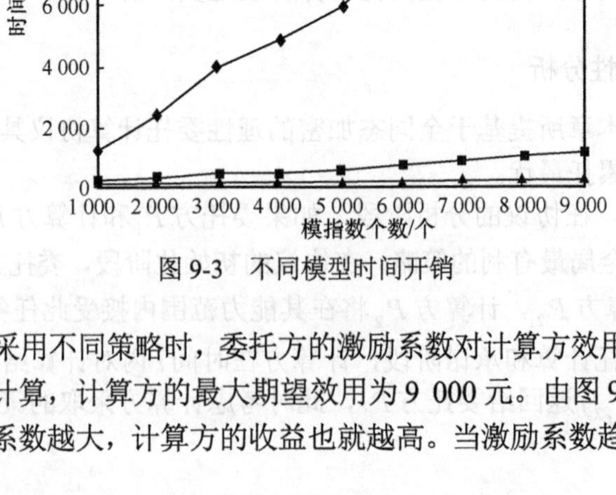

图 9-3　不同模型时间开销

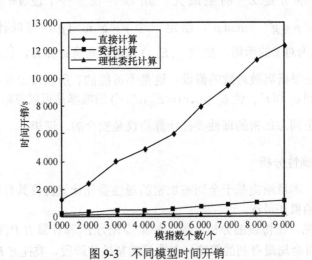

针对计算方采用不同策略时，委托方的激励系数对计算方效用的影响。本节假设存在理性委托计算，计算方的最大期望效用为 9 000 元。由图 9-4 可知，委托方对计算方的激励系数越大，计算方的收益也就越高。当激励系数趋于 1 时，计算方的收益将趋于最大，也就是所得的期望效用也最大。在理性委托计算博弈模型中，由于激励的存在，计算方会选择最优策略并返回正确的结果来获取最大效用。

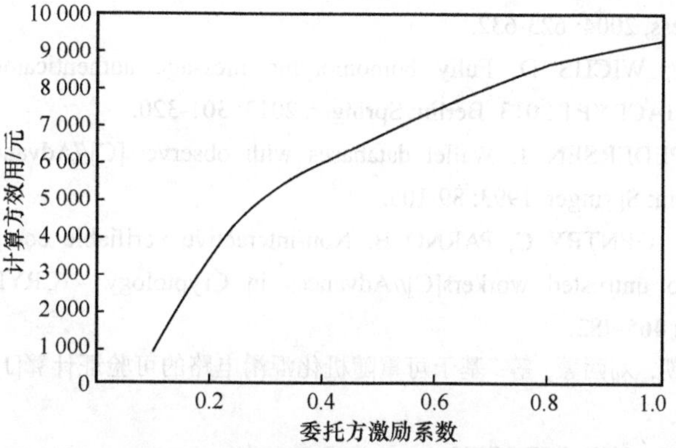

图 9-4 委托方激励对计算方效用影响

由仿真模拟可知，当委托方将计算数量大的计算任务委托给不受信任的计算方时，委托计算数量越大，理性委托计算协议的效率就越高。即如果委托方的存储能力受限使其自身不能完成计算任务时，可将计算任务委托给强大的计算方，从而提高计算效率。

参考文献

[1] 薛锐, 吴迎, 刘牧华, 等. 可验证计算研究进展[J]. 中国科学: 信息科学, 2015, 45(11): 1370-1388.

[2] 胡杏, 裴定一, 唐春明, 等. 可验证安全外包矩阵计算及其应用[J]. 中国科学: 信息科学, 2013, 43(7): 842-852.

[3] GOLDWASSER S, KALAI Y T, ROTHBLUM G N. Delegating computation: interactive proofs for muggles[C]//Proceedings of the 40th Annual ACM Symposium on Theory of Computing. New York: ACM Press, 2008: 113-122.

[4] GOLDWASSER S, SIPSER M. Private coins versus public coins in interactive proof systems[C]//Proceedings of the 17th Annual ACM Symposium on Theory of Computing. New York: ACM Press, 1986: 113-12.

[5] XUE R, WU Y, LIU MH, et al. Progress in verifiable computation[J]. SCIENTIA SINICA Informationis, 2015, 45(11): 1370-1388.

[6] GOLDWASSER S, MICALI S, RACKOFF C. The knowledge complexity of interactive proof-systems[C]//Proceedings of the 17th Annual ACM Symposium on Theory of Computing. New York: ACM Press, 1985: 291-304.

[7] GROCE A, KATZ J. Fair computation with rational players[C]//Advances in Cryptology -

EUROCRYPT 2012. Berlin: Springer, 2012: 81-98.

[8] HALPERN J, TEAGUE V. Rational secret sharing and multiparty computation: extended abstract[C]//Proceedings of the 36th Annual ACM Symposium on Theory of Computing. New York: ACM Press, 2004: 623-632.

[9] GENNARO R, WICHS D. Fully homomorphic message authenticators[C]//Advances in Cryptology-ASIACRYPT 2013. Berlin: Springer, 2013: 301-320.

[10] CHAUM D, PEDERSEN T. Wallet databases with observers[C]//Advances in Cryptology-CRYPTO. Berlin: Springer, 1993: 89-105.

[11] GENNARO R, GENTRY C, PARNO B. Non-interactive verifiable computing: outsourcing computation to untrusted workers[C]//Advances in Cryptology - CRYPTO 2010. Berlin: Springer, 2010: 465-482.

[12] 赵青松, 曾庆凯, 刘西蒙, 等. 基于可重随机化混淆电路的可验证计算[J]. 软件学报, 2019, 30(2): 399-415.

[13] GUO S Y, HUBÁČEK P, ROSEN A, et al. Rational arguments: single round delegation with sublinear verification[C]//Proceedings of the 5th Conference on Innovations in Theoretical Computer Science. New York: ACM Press, 2014: 523-540.

[14] CHEN J, MCCAULEY S, SINGH S. Rational proofs with multiple provers[C]//Proceedings of the 2016 ACM Conference on Innovations in Theoretical Computer Science. New York: ACM Press, 2016: 237-248.

[15] KÜPÇÜ A. Incentivized outsourced computation resistant to malicious contractors[J]. IEEE Transactions on Dependable and Secure Computing, 2017, 14(6): 633-649.

[16] CORMODE G, MITZENMACHER M, THALER J. Practical verified computation with streaming interactive proofs[C]//Proceedings of the 3rd Innovations in Theoretical Computer Science. Berlin: Springer, 2012: 90-112.

[17] WANG Y, WU Q, WONG D S, et al. Securely outsourcing exponentiations with single untrusted program for cloud storage[C]//Proceedings of the 19th European Symposium on Research in Computer Security. Berlin: Springer, 2014: 326-343.

第10章 可证明安全的理性委托计算协议

基于博弈论的理性委托计算是新兴的研究方向，理性委托计算协议的可证明安全更是面临的挑战性问题之一。本章针对理性委托计算中的安全性需求问题，提出了一种可证明安全的理性委托计算协议。首先，在委托计算中引入博弈论并分析理性参与者的行为偏好，并在博弈论框架下构建理性委托计算博弈模型。其次，根据博弈模型中的均衡需求以及理性委托计算的安全需求，设计安全模型。再次，结合混淆电路可以随机化重用的优势以及全同态加密技术，构造理性委托计算协议，且协议中参与者的策略组合可以达到纳什均衡状态。最后，根据理性安全模型证明了协议的安全性和输入输出的隐私性，且性能分析表明了协议的有效性。

10.1 问题引入

委托计算是指计算能力相对较弱或资源受限的委托方将函数的计算任务委托给不信任的计算方，计算方返回一个计算结果以及计算结果的正确性证明。委托方通过执行验证协议来保证返回结果的正确性，并且委托方验证该证明的工作量比计算函数的开销小得多。委托计算一直受到广大学者的广泛研究，主要有基于复杂性理论的构造方案和基于密码技术的构造方案。基于复杂性理论的构造方案主要应用交互式证明系统、概率可检测证明定理等。基于密码技术的构造方案主要应用全同态加密、基于属性加密以及混淆电路等技术。

理性委托计算属于理性密码学的研究范畴，针对理性密码协议的研究领域，众多学者较多地利用博弈论方法来解决秘密共享、安全多方计算等问题，涉及理性委托计算的研究较少。理性委托计算结合了博弈论与委托计算的思想，协议中参与者都是理性的，而不是诚实的或是恶意的，且协议通过效用函数来保证计算结果的正确性。传统的委托计算协议中，通常假设参与者要么是诚实的，要么是恶意的。但在实际应用中，参与者大多是理性的，因此理性委托计算的研究成为当前的研究热点。

理性委托计算的安全性问题是研究者最为关心的，如何利用效用函数构建安全可靠的理性委托计算协议更是当前的研究需求。Kilian 等提出了证明者使用 Merkle 树向验证者发送对整个证明的短承诺，证明者可以交互式地打开验证者的短承诺。Micali 等提出了非交互式解决方案，该方案利用随机预言机应用承诺字符串来选择要打开的承诺以减少参数交互的次数。在最近的研究中，更多研究者较多关注非交互式协议，并在标准模型中给予证明。

针对上述问题，本章结合混淆电路和全同态加密技术提出了一种可证明安全的理性委托计算协议，不但保证了所有理性参与者都可得到最优效用，还保证委托计算输入和输出的隐私性以及协议的安全性。

10.2 理性委托计算算法

根据传统委托计算的定义，结合混淆电路与全同态加密技术，引出理性委托计算定义。假设理性委托方将计算函数 F 委托给理性计算方，理性计算方根据其博弈模型以及效用返回计算结果。理性委托计算算法由以下 4 个算法构成。

（1）$\text{KeyGen}(F,1^\lambda)\to(\text{PK},\text{SK})$。该算法将计算函数 F 用布尔电路 C 来表示。根据 Yao 的混淆电路为每条导线 w_i 随机选择两个值 $w_i^0,w_i^1\leftarrow\{0,1\}^\lambda$。对于每个门电路 g，计算其 4 个密文 $\left(\gamma_{00}^g,\gamma_{01}^g,\gamma_{10}^g,\gamma_{11}^g\right)$。其中，公钥 PK 为其全部的密文集，即 $\text{PK}\leftarrow\cup_g\left(\gamma_{00}^g,\gamma_{01}^g,\gamma_{10}^g,\gamma_{11}^g\right)$；私钥 SK 为其选择的导线值，即 $\text{SK}\leftarrow\cup_i\left(w_i^0,w_i^1\right)$。

（2）$\text{ProGen}_{\text{SK}}(x)\to\sigma_x$。该算法运行全同态加密算法，产生一个新的秘钥对 $(\text{SK}_E,\text{PK}_E)\leftarrow\text{Setup}_{\text{FHE}}(1^\lambda)$。令 $w_i\subset\text{SK}$ 为输入 x 的二进制线值，且公共值为 $\sigma_x\leftarrow\left(\text{PK}_E,\text{Encrypt}_E(\text{PK}_E,w_i)\right)$，私有值为 $\tau_x\leftarrow\text{SK}_E$。

（3）$\text{Compute}_{\text{PK}}(\sigma_x)\to\sigma_y$。该算法计算混淆电路中的解密算法 $\text{Decrypt}_E(\text{PK}_E,\gamma_i)$，以获得正确输出导线的标签，其中 σ_y 为输出导线的标签。

（4）$\text{Recover}_{\text{SK}}(\sigma_y)\to y\cup\perp$。该算法使用公钥 SK 将输出导线标签 σ_y 中的导线值，映射到输出结果 y 的二进制表示形式上。如果映射失败，则输出 $\perp$，并令计算方接受相应的惩罚。

定义 10-1（正确性） 如果算法生成的值使理性计算方输出正确的值，则理性委托计算协议是正确的。形式化表示如下。

对于任意 $x\in\text{Domain}(F)$，如果 $\text{KeyGen}(F,1^\lambda)\to(\text{PK},\text{SK})$，$\text{ProGen}_{\text{SK}}(x)\to\sigma_x$

和 $\text{Compute}_{PK}(\sigma_x) \to \sigma_y$ 都成立，且有不可忽略的概率使 $\text{Recover}_{SK}(\sigma_y) \to (y = F(x), 1)$ 成立，则理性委托计算协议是正确的。

在协议中，若所有的概率多项式时间敌手 $\mathcal{A}$ 不能使委托方接受一个不正确的输出，则理性委托计算协议是安全的。

定义 10-2（隐私性） 理性委托计算协议的输入和输出是隐私的，为理性委托计算协议定义敌手 $\mathcal{A}$，在协议中的优势为 $\text{ADV}_{\text{RD}}^{\text{Priv}}(\text{RD}, F, \lambda) = \Pr[\text{Exp}_{\mathcal{A}}^{\text{Priv}}[\text{RD}, F, \lambda] = 1]$。

在协议中，若对于任意的函数 F 和所有的概率多项式时间敌手 $\mathcal{A}$，概率 $\text{ADV}_{\text{RD}}^{\text{Priv}}(\text{RD}, F, \lambda) - \frac{1}{2}$ 是可以忽略不计的，则理性委托计算协议是隐私性的。形式化表示如下。

$$\text{ExperimentExp}_{\mathcal{A}}^{\text{Priv}}[\text{RD}, F, \lambda]$$

$$(\text{PK}, \text{SK}) \leftarrow \text{KeyGen}(1^\lambda, F)$$

$$(x_0, x_1) \leftarrow \mathcal{A}^{\text{ProbGen}}(\text{PK})$$

$$(\sigma_0, \tau_0) \leftarrow \text{ProbGen}(\text{PK}, \text{SK}, x_0)$$

$$(\sigma_1, \tau_1) \leftarrow \text{ProbGen}(\text{PK}, \text{SK}, x_1)$$

$$b \leftarrow \{0, 1\}$$

$$b' \leftarrow \mathcal{A}^{\text{ProbGen}}(\text{PK}, x_0, x_1, \sigma_b)$$

$$\text{if } b' = b, \text{output } 1$$

$$\text{else output } 0$$

10.3 理性委托计算博弈模型及安全模型

10.3.1 博弈模型分析

理性委托计算是将博弈论与委托计算进行结合的新型委托计算方案，通过引入理性参与者，使用效用函数来保证计算结果的正确性。一般来说，在委托计算方案中，存在以下 3 种类型的计算方。

（1）诚实的计算方。诚实的计算方会完全按照委托方的要求进行计算，并返回正确的结果。

（2）理性的计算方。理性计算方正确执行计算任务的效用必须大于做其他事情的效用，如果计算方在计算过程中懒惰的效用大于诚实的效用，则会选择懒惰计算。

（3）恶意的计算方。恶意计算方试图破坏委托计算协议，并返回一个不正确的结果。实际上，由于协议中的参与者大多都是理性的，因此无论参与者是诚实的还是恶意的，在现实的协议中都是不合理的。因此，本章将对理性的参与者进行分析。

假设存在理性的委托方 P_1 和计算方 P_2，委托方有计算任务 F，其计算任务的本身价值为 R。此时，计算方将有“诚实”地返回正确结果和“恶意”地返回错误结果两种策略，即计算方 P_2 的策略集合为{诚实，恶意}。当计算方诚实地计算委托任务时，其计算成本为 $c(1)$，效用为 $u(1)$，返回正确答案后得到奖励 r，且奖励大于计算成本，即 $r > c(1)$；若计算方存在恶意行为，则计算成本为 $c(q)$，效用为 $u(q)$，其中 q 为计算方作弊的概率，且有 $u(1) > u(q)$。

由于参与者都是理性的，此时委托方将根据计算方返回的计算结果选择“不惩罚”诚实的计算方或者“惩罚”恶意的计算方，即委托方 P_1 的策略集合为{惩罚，不惩罚}。但当委托方未按照约定对计算方进行奖励时，计算方可向可信第三方提出申诉，并对委托方进行罚款，其罚款记为 Q_1；同理，计算方存在恶意行为返回不正确的答案，委托方将对其进行惩罚，其罚款记为 Q_2。

根据理性参与者的行为策略，理性委托计算可以分为以下 3 个阶段。

阶段 1：委托方 P_1 对于计算任务 F，可以选择自己计算本任务，或者选择委托给计算能力强大的计算方，即计算方 P_2 进行计算任务 F。

阶段 2：计算方 P_2 对于计算任务 F，从策略集合{诚实，恶意}中选择一个行为进行反馈。

阶段 3：委托方 P_1 根据计算方 P_2 反馈的结果，从策略集合{惩罚，不惩罚}中选择一个行为进行反馈。

通过将博弈论引入本章协议中，利用子博弈精炼纳什均衡来分析理性委托计算。在每个阶段中，对应的参与者都有对应的行为策略。例如，若计算方 P_2 恶意地返回错误结果，委托方 P_1 将会选择惩罚计算方 P_2。即该策略组合可以达到纳什均衡状态，用博弈树来表示委托方与计算方的策略与效用，如图 10-1 和图 10-2 所示。

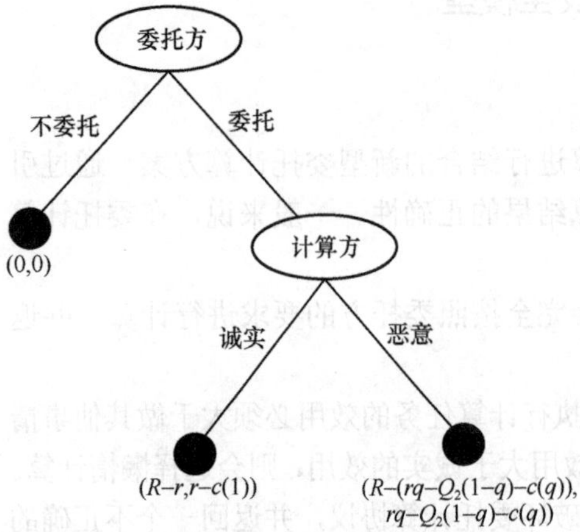

图 10-1　计算方效用博弈树

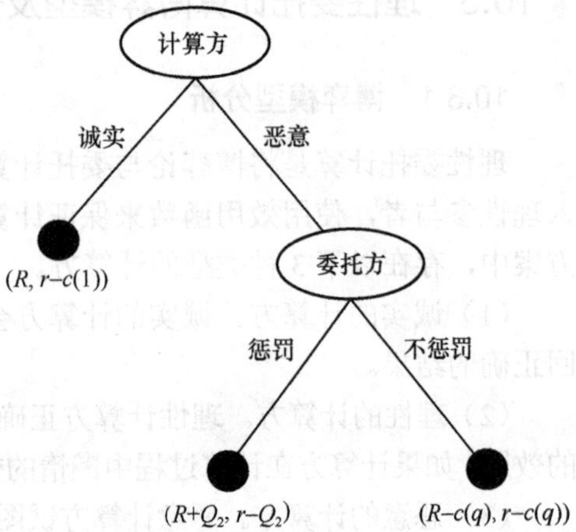

图 10-2　委托方效用博弈树

10.3.2　安全模型分析

根据以上博弈模型分析，本节给出基于全同态加密与随机化混淆电路技术的理性委托计算安全模型，分析在理想实验与真实实验中的输出结果，如果在任意的概率多项式时间的敌手不能区分两个实验结果，则实验满足语义安全。此安全模型可用于抵御恶意敌手的多项式次查询，保证委托计算输入输出的隐私性以及委托计算结果的正确性。

在实验中，定义敌手 $\mathcal{A}$ 在此安全模型中的优势为 $\mathrm{ADV}_{\mathcal{A}}=\Pr[b'=b]-\frac{1}{2}$，其基于全同态加密与随机化混淆电路技术的理性委托计算理想实验和真实实验下的安全模型如图 10-3 和图 10-4 所示。

理想实验： 挑战者与仿真器。

初始化阶段： 挑战者将安全参数 1^{λ} 发送给仿真器。

挑战阶段： 敌手向挑战者发送有效的明文概率分布 w_i，挑战者根据发送的概率分布 w_i 随机选择两个明文 w_{i0} 和 w_{i1}。

解密阶段： 仿真器随机选择 $b\in\{0,1\}$，将其发送给挑战者。挑战者打开对应的明文分量得到 $(w_i)_{i\in b}$，然后将明文分量发送给仿真器。

输出阶段： 仿真器调用解密算法 $\sigma_y\leftarrow\mathrm{Decrypt}_E(\mathrm{PK}_E,\overline{w}_i)$ 得到解密结果，并输出解密结果 σ_y。

图 10-3　理性委托计算理想实验下的安全模型

真实实验： 挑战者与敌手。

初始阶段： 挑战者调用秘钥生成算法 $\mathrm{KeyGen}(F,1^{\lambda})\rightarrow(\mathrm{PK},\mathrm{SK})$ 得到公钥私钥对，并将公钥PK发送给敌手。

解密阶段 1： 敌手查询密文 γ_i，挑战者调用解密算法 $\mathrm{Decrypt}_E(\mathrm{PK}_E,\gamma_i)$ 进行回复。

挑战阶段： 敌手向挑战者提交两个长度相同的明文消息 w_0 和 w_1，挑战者随机选择一个比特 b，其中 $b\in\{0,1\}$，调用加密算法 $\sigma_x^*\leftarrow(\mathrm{PK}_E,\mathrm{Encrypt}_E(\mathrm{PK}_E,w_b))$ 加密 w_b，从而得到挑战密文 σ_x^*。挑战者将得到的挑战密文 σ_x^* 发送给敌手。

解密阶段 2： 敌手查询密文 σ_x，其中 $\sigma_x\neq\sigma_x^*$。挑战者继续调用解密算法 $\sigma_y\leftarrow\mathrm{Decrypt}_E(\mathrm{PK}_E,\overline{w}_i)$ 得到解密结果 σ_y。

输出阶段： 挑战者将结果 σ_y 发送给敌手，敌手猜测 b 的值 b'。

若敌手猜对 $b=b'$，则敌手就赢得了本次博弈。

图 10-4　理性委托计算真实实验下的安全模型

10.4　理性委托计算协议构造

本节结合混淆电路和全同态加密技术，设计可重用的理性委托计算协议。协议假设理性委托方 P_1 将需要计算的函数 F 秘密地发送给理性的计算方 P_2。只有当理性的参与者发送正确的结果时，才能使自己的效用最大；若理性参与者存在欺骗行为，则会受到远大于计算成本的惩罚。方案中λ为安全参数；执行计算函数F任务所需时间为t。

（1）初始化阶段

首先，委托方P_1将计算函数F转换为布尔电路C，并生成混淆电路$G(C)$。根据混淆电路，为每个电路导线w_i随机选择两个值$w_i^0, w_i^1 \leftarrow \{0,1\}^{\lambda}$。对于每个门电路$g$，计算其4个密文$\left(\gamma_{00}^g, \gamma_{01}^g, \gamma_{10}^g, \gamma_{11}^g\right)$。每个门电路的公钥PK为密文组集合，即$\mathrm{PK} \leftarrow \cup_g \left(\gamma_{00}^g, \gamma_{01}^g, \gamma_{10}^g, \gamma_{11}^g\right)$，私钥SK是其选择的导线值，即$\mathrm{SK} \leftarrow \cup_i \left(w_i^0, w_i^1\right)$。

然后，协议执行全同态加密算法，首先由秘钥生成算法生成一个新的秘钥对$(\mathrm{SK}_E, \mathrm{PK}_E)$。在此过程中将随机选择的导线$w_i$表示为输入$x$的二进制线值。利用全同态加密的秘钥对将输入导线值进行编码，其公有编码值为$\sigma_x \leftarrow (\mathrm{PK}_E, \mathrm{Encrypt}_E(\mathrm{PK}_E, w_i))$。

最后，委托方P_1把混淆电路$G(C)$和输入x的编码一起发送给接受计算任务的计算方P_2，以便计算方在没有委托方存在的情况下获得$G(x)$关于x的任何信息，从而保证输入的安全性。

（2）委托计算阶段

计算方P_2接收到计算任务后，根据输入导线w、w'、γ和输出导线$D_w\left(D_{w'}(\gamma)\right)$构建混淆电路，其中$D$为 Yao 的混淆电路中加密算法$E$对应的解密算法。根据Yao的混淆电路，计算方解析收到的输入编码σ_x。由解密算法$\mathrm{Decrypt}_E(\mathrm{PK}_E, \gamma_i)$得到布尔电路正确的输出导线的标签$\sigma_y$。其中，$\sigma_y \leftarrow \mathrm{Decrypt}_E(\mathrm{PK}_E, \overline{w}_i)$，$\overline{w}_i$为二进制中表示$y = F(x)$的线值。计算方将得到的计算结果$\sigma_y \leftarrow \mathrm{Decrypt}_E(\mathrm{PK}_E, \overline{w}_i)$作为输出返还给委托方$P_1$。

（3）支付效用阶段

委托方P_1接收到计算结果σ_y后，首先利用全同态加密算法的私钥SK_E解密$\sigma_y \leftarrow \mathrm{Encrypt}_E(\mathrm{PK}_E, \overline{w}_i)$来获得解密结果，接着使用公钥SK将输出导线标签$\sigma_y$中的导线值映射到输出结果$y$的二进制表示形式上。

如果映射成功，即$y = F(x)$，委托方P_1需根据约定在时间t内将奖励金r支付给计算方P_2，此时委托方的效用函数为$R - r$，计算方的效用为$r - c(1)$。

如果映射失败，即$y \neq F(x)$，委托方P_1将会对计算方P_2进行惩罚，罚金为Q_2。此时委托方的效用为$R - \left(rq - Q_2(1-q) - c(q)\right)$，计算方的效用为$rq - Q_2(1-q) - c(q)$。

由博弈分析可知，只有当委托方和计算方都选择诚实的行为策略时效益才最大，此时该策略组合也是纳什均衡。

10.5 安全性分析

定理 10-1　在决策 Diffie-Hellman（Decisional Diffie-Hellman，DDH）假设下，所提的理性委托计算协议是语义安全的。

证明　本章协议是在 DDH 假设下，以全同态加密和随机化混淆电路技术为基础的。在分析其安全性时，如果两次输入执行的猜测结果是以不可忽略的概率分辨的，则定理 10-1 的结果成立。

假设存在概率多项式时间敌手 $\mathcal{A}$，其安全参数为 λ，存在不可忽略的概率 δ，且

$$\mathrm{ADV}_{\mathrm{RD}}^{\mathrm{Verif}}(\mathrm{RD},F,\lambda) \geqslant \delta(\lambda)$$

在本章协议中，定义 L 为敌手 $\mathcal{A}$ 执行查询的上限。且在理性委托计算的过程中，随机化混淆电路的门电路会随机生成。因此敌手不能因为多次执行查询而学习标签的相关情况，如果敌手在博弈中获得胜利，则必须一次性查询就获得成功。

假设敌手 $\mathcal{A}$ 在第 i 次执行时获得成功，其中 $i \in [1,L]$。则 $H_{\mathcal{A}}^{i}(\mathrm{RD},F,\lambda)=1$；如果执行失败，则 $H_{\mathcal{A}}^{i}(\mathrm{RD},F,\lambda)=0$。表示为

$$\mathrm{ADV}_{\mathcal{A}}^{i}(\mathrm{RD},F,\lambda)=\mathrm{Prob}\left[H_{\mathcal{A}}^{i}(\mathrm{RD},F,\lambda)=1\right]$$

定义敌手 $\mathcal{A}$ 的博弈为 $H_{\mathcal{A}}^{L}(\mathrm{RD},F,\lambda)$，敌手的第 i 次查询为 $H_{\mathcal{A}}^{i}(\mathrm{RD},F,\lambda)$。协议执行过程中，为第一根输入导线的标签随机化选择比特置换 (θ,θ')，返回重新随机化的标签和门电路的密文对，通过解密算法可得 $\sigma_y^{i}=\mathrm{Eval}\left(G^{i}(C),\mathcal{A}_i\right)$。同理，敌手 $\mathcal{A}$ 的第 $i+1$ 次查询为 $H_{\mathcal{A}}^{i+1}(\mathrm{RD},F,\lambda)$，协议执行过程中，为第一根输入导线的标签随机化选择比特置换 (π,π')，返回重新随机化的标签和门电路的密文对，通过解密算法可得 $\sigma_y^{i+1}=\mathrm{Eval}\left(G^{i+1}(C),\mathcal{A}_{i+1}\right)$。

如果敌手在第 $i+1$ 次执行查询时获得成功，则敌手 $\mathcal{A}$ 猜测的计算输入为 $\mathcal{A}_{i+1}$；如果执行失败，则敌手 $\mathcal{A}$ 猜测的是 $\mathcal{A}_i$。因此敌手在两次实验过程中以可忽略的概率区分 $\left|H_{\mathcal{A}}^{i+1}(\mathrm{RD},F,\lambda)-H_{\mathcal{A}}^{i}(\mathrm{RD},F,\lambda)\right| \leqslant \dfrac{1}{p(\lambda)}$，$p$ 是一个多项式，且对任意概率多项式时间敌手有 $\left|\mathrm{ADV}_{\mathcal{A}}^{n}(\mathrm{RD},F,\lambda)-\mathrm{ADV}_{\mathcal{A}}^{n-1}(\mathrm{RD},F,\lambda)\right| \leqslant \dfrac{1}{p(\lambda)}$，实验中的优势为 $\mathrm{ADV}_{\mathrm{RD}}^{\mathrm{Verif}}(\mathrm{RD},F,\lambda)=\mathrm{Pr}\left[\mathrm{Exp}_{\mathcal{A}}^{\mathrm{Verif}}[\mathrm{RD},F,\lambda]=1\right]$。

在协议中，若对于所有的概率多项式时间敌手$\mathcal{A}$，概率$\mathrm{ADV}_{\mathrm{RD}}^{\mathrm{Verif}}(\mathrm{RD},F,\lambda)$是可忽略不计的，则理性委托计算协议是安全的。即敌手在两次实验中以可忽略的概率区分两次猜测结果。因此，上述理性委托计算协议是语义安全的。在存在恶意参与者的情况下，计算方无法获得关于输入和输出的任何信息，可以保证委托方的输入输出隐私。证毕。

定理 10-2 根据设计的理性委托计算协议，当理性参与者都选择诚实的策略时，协议可以满足纳什均衡状态，即全局可以达到效益最优。

证明 首先，在初始化阶段，如果理性委托方P_1和计算方P_2都遵守协议规则，双方将会选择最有利的行为策略。理性计算方P_2将在其计算能力范围内接受委托方P_1发送的计算任务$G(C)$和输入x。其次，在委托计算阶段，理性计算方P_2将在时间t内将计算结果$\sigma_y \leftarrow \mathrm{Decrypt}_E(\mathrm{PK}_E,\overline{w}_i)$作为计算输出发送给委托方$P_1$。此时需要考虑理性参与者选择的行为策略，若委托方与计算方都采取诚实策略，委托方就可得到$R-r$的效用，计算方也可得到$r-c(1)$的效用；若委托方选择诚实策略，按时将奖励金返回给计算方，而计算方选择恶意策略，委托方就可得到$R-\left(rq-Q_2(1-q)-c(q)\right)$的效用，计算方也可得到$rq-Q_2(1-q)-c(q)$的效用；若委托方选择恶意策略，没有将奖励金返回给计算方，而计算方选择诚实策略，委托方就可得到$R-Q_1$的效用，计算方也可得到$r-c(1)+Q_1$的效用；如果委托方和计算方都选择恶意策略欺骗对方，委托方就可得到$R-Q_1$的效用，计算方也可得到$rq-Q_2(1-q)-c(q)$的效用。最后，在支付效用阶段，由于在博弈模型中奖励金大于计算成本，即$r>c(1)$，且其效用有$u(1)>u(q)$，罚金Q_1与Q_2也远大于计算成本，所以只有当理性参与者都选择诚实的策略时，委托方P_1和计算方P_2才能得到最大的效用，此时全局状态也达到最优。

基于对博弈模型的分析，可以得到理性参与者的效用矩阵。根据理性计算方和理性委托方的行为策略，可以得到相应的效用函数，如表 10-1 所示。

表 10-1 理性委托计算参与者效用矩阵

委托方	计算方	
	诚实	恶意
诚实	$R-r$, $r-c(1)$	$R-\left(rq-Q_2(1-q)-c(q)\right)$, $rq-Q_2(1-q)-c(q)$
恶意	$R-Q_1$, $r-c(1)+Q_1$	$R-Q_1$, $rq-Q_2(1-q)-c(q)$

根据协议的分析可知，只有当理性参与者都选择诚实策略时，全局才可以达到最优状态，本次执行协议结束，即该协议具有正确性，且满足纳什均衡状态。证毕。

10.6　性能分析

本节将本章提出的理性委托计算协议与现有的委托计算协议进行比较。表 10-2 将从委托计算的计算复杂度、通信复杂度以及可证明安全 3 个方面与其他协议进行对比。其中，符号“√”代表满足该性能，符号“×”代表不满足该性能。

表 10-2　本章协议与其他协议性能对比

协议	计算复杂度	通信复杂度	可证明安全
Alptekin 等协议	$O(1)$	1	×
Chen 等协议	$O(1)$	1	×
Gennaro 等协议	$O(\lvert C\rvert \mathrm{poly}(\lambda))$	≥2	√
本章协议	$O(1)$	1	√

Alptekin 等提出了一种理性的委托计算协议，激励所有的理性计算方正确地执行委托任务。但是该协议不关心计算任务或数据的隐藏，只关心计算结果的正确性。该协议的计算复杂度为$O(1)$，通信复杂度为 1，未能满足可证明安全的性能。

Chen 等出了在分布式环境中将计算任务委托给不受信任的计算方，利用新的公平有条件支付方案解决委托方与不诚实的计算方之间的信任问题。该协议的计算复杂度为$O(1)$，通信复杂度为 1，未能满足可证明安全的性能。

Gennaro 等提出了基于混淆电路与全同态加密技术构造可验证的委托计算协议，虽然将计算任务委托给不受信任的计算方，但能保证参与者输入输出的隐私性。协议虽然满足了可证明安全的性能，但由于该方案需要验证计算结果的正确性，所需的计算复杂度为$O(\lvert C\rvert \mathrm{poly}(\lambda))$，通信复杂度至少为 2，协议的性能较低。

本章协议是基于混淆电路技术和全同态加密技术构造的理性委托计算协议。在协议中构造委托计算博弈模型，取消了委托方对结果的验证过程，通过参与者的效用函数保证计算结果的正确性。只要参与者遵守协议，最终都能获得最大的效用，并能达到最终的纳什均衡状态。本章协议的计算复杂度为$O(1)$，通信复杂度为 1，满足可证明安全的性能。

参考文献

[1] NIELSEN J B. Summary report on rational cryptographic protocols[R]. 2007.

[2] KILIAN J. A note on efficient zero-knowledge proofs and arguments (extended

abstract)[C]//Proceedings of the 24th Annual ACM Symposium on Theory of Computing. New York: ACM Press, 1992: 723-732.

[3] MICALI S, RABIN M O. Cryptography miracles, secure auctions, matching problem verification. Communications of the ACM, 2014, 57(2): 85-93.

[4] DODIS Y, HALEVI S, RABIN T. A cryptographic solution to a game theoretic problem[C]//Proceedings of the 20th Annual International Cryptology Conference on Advances in Cryptology. Berlin: Springer, 2000: 112-131.

[5] TIAN Y L, MA J F, PENG C G, et al. A rational framework for secure communication[J]. Information Sciences, 2013, 250: 215-226.

[6] GOLDWASSER S, MICALI S, RACKOFF C. The knowledge complexity of interactive proof systems[J]. SIAM Journal on Computing, 1989, 18(1): 186-208.

[7] BABAI L. Trading group theory for randomness[C]//Proceedings of the 17th Annual ACM Symposium on Theory of Computing. New York: ACM Press, 1985: 421-429.

[8] FORTNOW L, ROMPEL J, SIPSER M. On the power of multi-power interactive protocols[C]// Proceedings of the 3rd Annual Conference on Structure in Complexity Theory. Piscataway: IEEE Press, 1988: 156-161.

[9] ARORA S, SAFRA S. Probabilistic checking of proofs[J]. Journal of the ACM, 1998, 45(1): 70-122.

[10] GROTH J. Short pairing-based non-interactive zero-knowledge arguments[C]//Advances in Cryptology - ASIACRYPT 2010. Berlin: Springer, 2010: 321-340.

[11] GENNARO R, GENTRY C, PARNO B, et al. Quadratic span programs and succinct NIZKs without PCPs[C]//Advances in Cryptology - EUROCRYPT 2013. Berlin: Springer, 2013: 626-645.

[12] SMITH S W, WEINGART S. Building a high-performance, programmable secure coprocessor[J]. Computer Networks, 1999, 31(8): 831-860.

[13] SMITH S W. Outbound authentication for programmable secure coprocessors[J]. International Journal of Information Security, 2004, 3(1): 28-41.

[14] MENG X S, LIN K, LI K Q. A note-based randomized and distributed protocol for detecting node replication attacks in wireless sensor networks[C]//Algorithms and Architectures for Parallel Processing. Berlin: Springer, 2010: 559-570.

[15] CRAMER R, SHOUP V. A practical public key cryptosystem provably secure against adaptive chosen ciphertext attack[C]//Advances in Cryptology - CRYPTO 1998. Berlin: Springer, 1998: 13-25.

[16] OSBORNE M. An introduction to game theory[M]. New York: Oxford University Press, 2004.

[17] HOLMSTROM B, MILGROM P. Aggregation and linearity in the provision of intertemporal incentives[J]. Econometrica, 1987, 55(2): 303.

[18] GENTRY C. A fully homomorphic encryption scheme[D]. Stanford: Stanford University, 2009.

[19] GENTRY C. Fully homomorphic encryption using ideal lattices[C]//Proceedings of the 41st Annual ACM Symposium on Symposium on Theory of Computing. New York: ACM Press,

2009: 169-178.

[20] ALPTEKIN K. Incentivized outsourced computation resistant to malicious contractors[J]. IEEE Transactions on Dependable and Secure Computing, 2017, 14(6): 633-649.

[21] CHEN X F, LI J, SUSILO W. Efficient fair conditional payments for outsourcing computations[J]. IEEE Transactions on Information Forensics and Security, 2012, 7(6): 1687-1694.

[22] GENNARO R, GENTRY C, PARNO B. Non-interactive verifiable computing: outsourcing computation to untrusted workers[C]//Advances in Cryptology - CRYPTO 2010. Berlin: Springer, 2010: 465-482.

第11章 基于博弈论与信息论的理性委托计算协议

委托计算是非协作参与者之间的一种计算协议，计算结果受参与者行为选择的影响。本章的目标是解决传统委托计算中通信开销较大的问题，结合博弈论与信息论的优势提出了理性委托计算协议，通过参与者效用函数保证计算结果的正确性，从而提高委托计算的计算效率。首先，根据分析参与者行为策略设计博弈模型，该模型包括参与者集合、信息集、可选策略集合和效用函数。其次，根据博弈模型中纳什均衡与信道容量极限的融合，设计了理性委托计算协议。最后，对所提协议进行分析，当委托方与计算方都选择诚实策略时，效用达到最大，即全局可以达到纳什均衡，计算效率也得到了提高。

11.1 问题引入

随着物联网的广泛发展与普及，委托计算这一新计算模式也有越来越多的需求。委托计算是使资源受限的客户端将庞大的计算任务委托给计算能力强大的云服务器。由于云服务器的“自利”行为给计算任务的安全性带来威胁，因此结合博弈论的理性委托计算应运而生。为了追求更高的计算效率，结合信息论将博弈模型中纳什均衡与信道容量极限进行融合，设计理性委托计算协议，通过设计参与者的效用函数减少委托计算中的通信开销。

早在 1993 年，Chaum 等提出 Electronic Wallet 模型，并利用群签名构造了具体协议，这拉开了应用密码学研究委托计算的序幕。接着 Zhang 等针对多项式函数和矩阵乘积的代理计算构造了多个方案，方案允许客户端适当地增加验证时间来减少云计算的开销。虽然传统委托计算的发展较为成熟，但其一般假设参与者要么是诚实的，要么是懒惰的。而在现实生活中，各参与者的行为和偏好是不同的，需要考虑参与者的理性行为。因此，结合博弈论与信息论提出理性委托计算对当前大数据环境下的庞大委托计算任务具有重要的理论意义和实际应用价值。

理性证明系统是博弈论与传统交互式证明交叉融合的产物，是交互式证明系统的扩展。早在 2012 年，Azar 等根据适当的评分规则，提出了一种理性证明系统，该系统中参与者既不是诚实的，也不是恶意的，而是理性的；随后 Azar 等又利用 Utility Gaps 的思想构造一种超有效的理性证明系统；Rosen 等通过对理性证明系统的研究，解决了证明者计算能力受限引起的理性证明系统问题。本章在委托计算中引入理性参与者，结合博弈论与信息论，构造新的理性委托计算协议。在该协议中，计算方不需要再发送证据给委托方进行验证，而是通过效用函数激励计算方来确保计算结果的正确性与参与者自身的利益，减少了额外开销。在博弈模型中，委托方和计算方之间的互信息作为参与者的效用函数，每个参与者都将优化自己的目标函数，只有参与者都选择最优的行为策略，委托方与计算方的利益才能达到最优，而且达到纳什均衡点。此时，参与者之间的效用函数就是双方信道的信道容量。

11.2　博弈模型分析

理性委托计算结合博弈论与传统委托计算的思想，从参与者自利的角度出发，通过设计参与者的效用函数来保证计算结果的正确性。在博弈模型中，理性参与者为了达到其委托计算的目的，必须选择最优的行为策略进行交互，违背协议规则的理性参与者将会付出更大的代价。本节将在博弈论框架下，结合信息论思想给出委托计算的博弈模型。理性委托计算模式如图 11-1 所示。

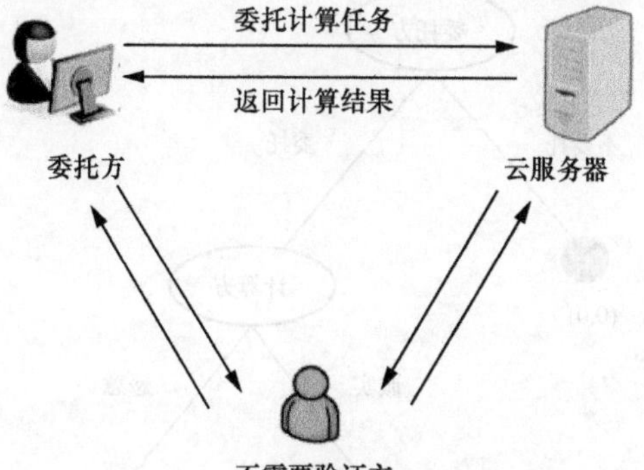

图 11-1　理性委托计算模式

理性委托计算的博弈模型可由一个四元组 (P,Σ,S,U) 表示。

（1）参与者集合 P：指参与委托计算的理性参与者集合。

（2）信息集 Σ：指理性参与者在特定时刻知道的所有信息，以便其做出下一步决策。

（3）可选策略集合 S：指委托计算中理性参与者可能采取的所有策略的集合。

（4）效用函数 U：指理性参与者在选择策略 s_i 后所能得到的报酬。

11.2.1 参与者集合

参与者集合由参与委托计算的理性参与者组成，本章协议考虑的是一个委托方将计算任务委托给多个计算方的情况。因此，该理性委托计算模型中主要有委托方 P_0 和计算方 $P_i, i=\{1,2,\cdots,n\}$，且参与者都是理性的，该理性委托计算的参与者集合为 $P_i, i=\{0,1,\cdots,n\}$。委托方在保证全局效用最优的情况下，可以实现自身效用的最大化；计算方在保证满足委托任务完美执行的情况下，实现自身效用的最大化。

11.2.2 信息集

信息是指参与者有关博弈的知识，特别是有关其他参与者的特征和行为的知识。在博弈论中，信息集指理性参与者在特定时刻知道的所有信息，以便其做出下一步决策。在委托计算博弈模型中，当参与者选择策略 s_i 后，每个参与者 $P_i \in P$ 会存在一个本地状态，记为 $\sum_i s_i$，表示参与者知道此时所有的信息。这些信息将为参与者 $P_i \in P$ 做出下一步决策时给出参考。

计算方和委托方的效用博弈树分别如图 11-2 和图 11-3 所示，图中黑色节点为委托方 P_0 和计算方 P_i 的信息集。

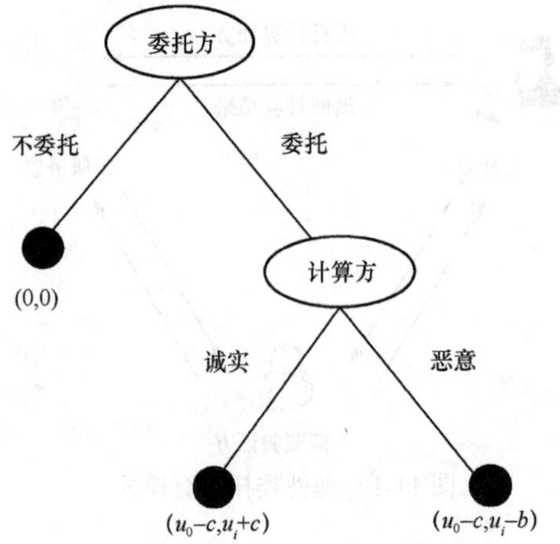

图 11-2 计算方效用博弈树

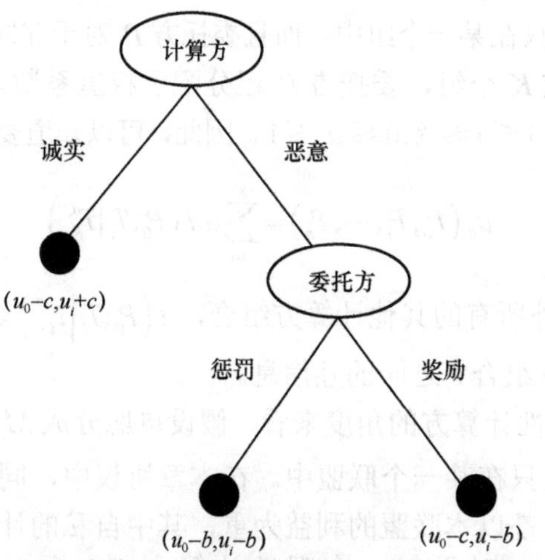

图 11-3 委托方效用博弈树

11.2.3 可选策略集合

当参与者开始执行理性委托计算协议时，参与者 $P_i \in P$ 根据其信息集和效用函数做出下一步决策。首先，理性委托方 P_0 会根据自己的计算任务选择是否将其委托给计算方 $P_i \in P, i \in \{1,2,\cdots,n\}$。如果委托方不委托，则不执行此协议。

其次，若委托方 P_0 将计算任务委托给计算方 P_i，需要考虑计算方 P_i 两种行为策略的反馈，即“诚实”地计算委托任务并返回正确的答案，或者“懒惰”地计算委托任务并返回错误的答案。此时计算方 P_i 的策略集合为{诚实，懒惰}，可定义为 $S_i = \{s_{i1}, s_{i2}\}$，$1 \leqslant i \leqslant n$，其中，$s_{i1}$ 表示计算方选择诚实策略，s_{i2} 表示计算方选择懒惰策略。由于参与者都是理性的，为了自己的利益，计算方可能会发送错误的计算结果。委托方 P_0 应对计算方返回的结果同样有两种行为策略反馈，若委托方遵循协议执行，则委托方 P_0 将会选择“守约”对计算方进行奖励。若委托方偏离协议规则，则委托方 P_0 将会选择“违约”不发送奖励给计算方。此时委托方 P_0 的策略集合为{守约，违约}，可定义为 $S_0 = \{s_{01}, s_{02}\}$，其中，s_{01} 表示委托方选择守约策略，s_{02} 表示委托方选择违约策略。

11.2.4 效用函数

根据对理性委托方和计算方的分析可知，本章协议中 $n+1$ 个参与者之间的标准式博弈 $G = \{S_0, S_1, \cdots, S_n; u_0, u_1, \cdots, u_n\}$ 的可选策略空间集合。对于任意一组纯策略 $P_0, P_1, \cdots, P_n$，根据不同的利益目标，协议中 $n+1$ 个理性参与者之间的效用函数和相应的信道容量也不同。

首先，从委托方 P_0 的角度来看，其可以将 n 个计算方分成 K 个组 $T_1, T_2, \cdots, T_K$，使每个计算方都在且只在某一个组中。而且委托方 P_0 对于在同一个组中的不同计算方不加区别。对于这 K 个组，委托方 P_0 还分配了权重系数 $a_1, a_2, \cdots, a_K$ 。其中，$a_1 + a_2 + \cdots + a_K = 1$，$1 \leqslant i \leqslant K, 0 \leqslant a_i \leqslant 1$。因此，可以知道委托方 P_0 的效用函数为

$$u_0\left(P_0, P_1, \cdots, P_n\right) = \sum_{i=1}^{K} a_i I\left(P_0; T_i \middle| T_i^C\right) \tag{11-1}$$

其中，T_i^C 表示除 T_i 外所有的其他计算方组合，$I\left(P_0; T_i \middle| T_i^C\right)$ 表示在条件 T_i^C 下，理性委托方 P_0 与计算方组合 T_i 之间的互信息。

其次，从 n 个理性计算方的角度来看，假设自愿分成 M 个联盟 $R_1, R_2, \cdots, R_M$，使每个计算方都在且只在某一个联盟中。在本章协议中，同一个联盟中的计算方不考虑自己的利益，都以本联盟的利益为重，其中自私的计算方可以自己单独组成一个联盟。因此，对于每一个理性计算方 $P_i (1 \leqslant i \leqslant n)$，如果该计算方 $P_i \in R_j (1 \leqslant j \leqslant M)$，那么其效用函数为

$$u_i(P_0, P_1, \cdots, P_n) = I\left(P_0; R_j \middle| R_j^C\right) \tag{11-2}$$

其中，R_j^C 表示除 R_j 外所有的其他计算方组合，$I\left(P_0; R_j \middle| R_j^C\right)$ 表示在条件 R_j^C 下，理性委托方 P_0 与计算方组合 R_j 之间的互信息。

11.3 理性委托计算协议

本节基于上述理性委托计算模型，结合信息论构造理性委托计算协议。在构造协议过程中，协议的有效性和安全性与各参与者的效用函数有关。各理性参与者为了获得最大的利益就必须遵循协议执行，任何偏离协议的参与者都将受到严重惩罚，其惩罚远远大于在委托计算中所获的收益。本节所构造的理性委托计算协议分为初始化阶段、委托计算阶段和支付阶段。

11.3.1 协议参数

本节协议使用的参数如表 11-1 所示。

表 11-1 本节协议所用参数

符号	含义
a	计算函数 F 的计算成本
b	偏离协议的罚金
c	计算函数 F 的奖励金

11.3.2 初始化阶段

首先，理性委托方 P_0 根据自己拥有的计算任务量选择是否将函数 F 进行委托，如果委托方选择不委托给计算方，则不执行此协议。若委托方 P_0 选择将函数 F 委托给计算方 P_i，则开始执行此协议。在本章协议中，函数 F 的计算成本为 a。

接着，委托方 P_0 对需要委托的计算函数 F 进行预处理，防止计算方对计算函数进行篡改。委托方将处理后的函数发送给计算方 P_i，有计算能力的计算方将会接受此计算任务。

在接收到计算任务后，n 个理性计算方将自愿分成 M 个联盟 $R_1,R_2,\cdots,R_M$，使每个计算方都在且只在某一个联盟中。同一个联盟中的计算方不考虑自己的利益，都以本联盟的利益为重，其中自私的计算方可以自己单独组成一个联盟。

11.3.3 委托计算阶段

M 个联盟利用自己的资源，结合计算函数的计算方式获得计算函数 F 的计算结果。计算方完成计算任务后，与所有其他计算方联盟组成集合，并将计算结果返回给委托方 P_0。在这个阶段，要求任意概率多项式时间的计算方都不能获得关于计算函数 F 的任何信息。

11.3.4 参与者能力极限

本节首先考虑一个理性委托方与两个理性计算方之间的委托计算情况，并用二维随机变量 $P_0=(P_{01},P_{02})$ 代表理性委托方，然后根据实验拓展到本章一对多委托计算方案的情况。

如果计算方 P_1 返回正确的答案，则 $P_1=1$；计算方 P_1 返回错误的答案，则 $P_1=0$。同理，如果计算方 P_2 返回正确的答案，则 $P_2=1$；计算方 P_2 返回错误的答案，则 $P_2=0$。那么将有以下 4 种情况。

（1）当委托方 P_0 收到计算方 P_1 返回的正确答案，且收到计算方 P_2 返回的正确答案，则记为 $P_{01}=1,\ P_{02}=1$。

（2）当委托方 P_0 收到计算方 P_1 返回的正确答案，且收到计算方 P_2 返回的错误答案，则记为 $P_{01}=1,\ P_{02}=0$。

（3）当委托方 P_0 收到计算方 P_1 返回的错误答案，且收到计算方 P_2 返回的正确答案，则记为 $P_{01}=0,\ P_{02}=1$。

（4）当委托方 P_0 收到计算方 P_1 返回的错误答案，且收到计算方 P_2 返回的错误答案，则记为 $P_{01}=0,\ P_{02}=0$。

委托方与计算方进行交互，并记下双方的交互结果。由于参与者都是理性的，且对交互的信息进行保密，但根据其理性行为，其选择行为策略存在以下概率。

（1）计算方 P_1 返回正确答案和错误答案的概率分别为 $0<\Pr(P_1=1)=p<1$，$0<\Pr(P_1=0)=1-p<1$；计算方 P_2 返回正确答案和错误答案的概率分别为 $0<\Pr(P_2=1)=q<1$，$0<\Pr(P_2=0)=1-q<1$。

（2）委托方 P_0 收到计算方 P_1 返回的正确答案，且收到计算方 P_2 返回的正确答案的概率为 $0<\Pr(P_{01}=1,P_{02}=1)=a_{11}<1$。

（3）委托方 P_0 收到计算方 P_1 返回的正确答案，且收到计算方 P_2 返回的错误答案的概率为 $0<\Pr(P_{01}=1,P_{02}=0)=a_{10}<1$。

（4）委托方 P_0 收到计算方 P_1 返回的错误答案，且收到计算方 P_2 返回的正确答案的概率为 $0<\Pr(P_{01}=0,P_{02}=1)=a_{01}<1$。

（5）委托方 P_0 收到计算方 P_1 返回的错误答案，且收到计算方 P_2 返回的错误答案的概率为 $0<\Pr(P_{01}=0,P_{02}=0)=a_{00}<1$。

这里，$a_{00}+a_{01}+a_{10}+a_{11}=1$。

构造随机变量 $Z=(P_0+P_i)\text{mod}2$，其中 $i=1,2$，所以可以由 P_0 与 P_i 的概率分布得到 (P_0,Z) 的联合概率分布为

$$\Pr(P_0=0,Z=0)=\Pr(P_0=0,P_1=0,P_2=0)=a_{00}$$

$$\Pr(P_0=0,Z=1)=\Pr(P_0=0,P_1=0,P_2=1)=a_{01}$$

$$\Pr(P_0=0,Z=0)=\Pr(P_0=0,P_1=1,P_2=0)=a_{10}$$

$$\Pr(P_0=0,Z=1)=\Pr(P_0=0,P_1=1,P_2=1)=a_{11}$$

因此，随机变量 P_0 与 Z 之间的互信息为

$$I(P_0;Z)=\sum_{p_0}\sum_{z}p(p_0,z)\text{lb}\frac{p(p_0,z)}{p(p_0)p(z)}=$$

$$a_{00}\text{lb}\frac{a_{00}}{(1-p)(a_{10}+a_{00})}+a_{01}\text{lb}\frac{a_{01}}{(1-p)(a_{11}+a_{00})}+$$

$$a_{10}\text{lb}\frac{a_{10}}{p(a_{00}+a_{10})}+a_{11}\text{lb}\frac{a_{11}}{p(a_{01}+a_{11})} \tag{11-3}$$

由于 $a_{00}+a_{01}+a_{10}+a_{11}=1$，$p=a_{10}+a_{11}$，$q=a_{11}+a_{01}$，式（11-3）可以进一步转化为只与变量 a_{11} 和 p 有关的式（11-4），此时 q 为固定值。

$$I(P_0;Z)=(1+a_{11}-p-q)\text{lb}\frac{1+a_{11}-p-q}{(1-p)(1+2a_{11}-p-q)}+\\(q-a_{11})\text{lb}\left[q-\frac{a_{11}}{(1-p)(p+q-2a_{11})}\right]+a_{11}\text{lb}\frac{a_{11}}{p(1+2a_{11}-p-q)}+\\(p-a_{11})\text{lb}\frac{p-a_{11}}{p(p+q-2a_{11})} \tag{11-4}$$

同理，随机变量 P_i 与 Z 之间的互信息如式（11-5）所示，且此时 p 为固定值。

$$I(P_i;Z)=(1+a_{11}-p-q)\text{lb}\frac{1+a_{11}-p-q}{(1-q)(1+2a_{11}-p-q)}+\\(p-a_{11})\text{lb}\frac{p-a_{11}}{(1-q)(p+q-2a_{11})}+\\a_{11}\text{lb}\frac{a_{11}}{q(1+2a_{11}-p-q)}+(q-a_{11})\text{lb}\frac{q-a_{11}}{q(p+q-2a_{11})} \tag{11-5}$$

根据香农编码极限定理可知，利用随机变量 P_0（输入）和 Z_1、Z_2（输出）构造一个 2-输出广播信道 $d(z_1,z_2\,|\,x)$，并称该信道为理性委托方的攻击信道 D。以上便是理性委托方 P_0 和理性计算方 P_i 之间的互信息，并可扩展到一对多委托计算方案中。

11.3.5　支付阶段

完成计算任务后，计算方将计算结果返回给委托方 P_0，此时，计算方 P_i 的效用函数为 u_i+c。委托方 P_0 收到返回的计算结果后，需根据协议规定，将奖励金 c 支付给计算方 P_i。若委托方 P_0 偏离协议未将奖励金支付给计算方，则根据其效用函数需对委托方支付罚金 b，且 $b>a$。

当委托方 P_0 收到计算方返回的计算结果后，根据其预处理阶段对函数 F 的变换进行还原。若委托方 P_0 成功还原函数，则根据博弈模型中委托方的效用可知，委托方 P_0 此时的效用为 $u_0(P_0,P_1,\cdots,P_n)=\sum_{i=1}^{K}a_iI\left(P_0;T_i\middle|T_i^C\right)$。若委托方 P_0 未能成功还原函数，将拒绝接受返回结果，并对计算方进行惩罚，此时的罚金为 b，且 $b>a$。

由于偏离协议的罚金 $b>a$，即罚金远大于计算函数 F 的本身价值。因此，根据参与者的理性行为，都会选择最优的策略以最大化自身利益。通过设置双方的效用函数，判断自己在协议中的效用对行为策略进行选择，这样大大降低参与者偏离协议的风险，且可以激励参与者积极遵守协议。

基于以上分析，可以得到理性参与者的效用矩阵。根据理性计算方的行为策略和理性委托方的行为策略，可以得到相应的效用函数，如表 11-2 所示。

表 11-2 参与者效用矩阵

委托方	计算方	
	诚实	恶意
诚实	u_0-c , u_i+c	u_0-c , u_i-b
恶意	u_0-b , u_i+c	u_0-b , u_i-b

11.4 协议分析

本节讨论了协议的纳什均衡状态，并分析了协议的性能。

定理 11-1 根据设计的理性委托计算协议，当理性参与者选择诚实策略时，该协议可以达到纳什均衡。

证明 从理性委托计算协议的 3 个阶段对博弈状态进行分析和证明。

（1）初始化阶段。理性计算方 P_i 接受委托方 P_0 在其计算能力范围内发送的计算任务。如果双方都遵守协议，双方将选择最有利的行为策略。

（2）委托计算阶段。理性计算方 P_i 利用自己的资源完成计算任务 F ，并将计算结果发送给 P_0 作为输出。此时，应考虑理性参与者的行为策略。如果委托方 P_0 与计算方 P_i 都采取诚实策略，则委托方的效用为 u_0-c ，计算方的效用为 u_i+c 。如果委托方 P_0 选择诚实策略并将奖励按时返回给计算方，而计算方 P_i 选择恶意策略，则委托方的效用为 u_0-c ，计算方的效用为 u_i-b 。如果委托方 P_0 选择恶意策略，不向计算方返还奖励，而计算方选择诚实策略，则委托方的效用为 u_0-b ，计算方的效用为 u_i+c 。如果委托方 P_0 与计算方 P_i 都采取恶意策略，偏离协议规则执行，那么委托方的效用为 u_0-b ，计算方的效用为 u_i-b 。

（3）支付阶段。由于在此理性委托计算博弈模型中，设置的罚金 b 远大于计算成本 a 和奖励金 c ，因此存在 $u_i+c>u_i-b$ 且 $u_0-c>u_0-b$ 。只有理性参与者选择诚实策略时，委托方 P_0 与计算方 P_i 才能获得最大的效用，且全局状态也得到优化。

通过对该方案的分析，可以利用子博弈精炼纳什均衡分析理性委托计算。只有理性参与者选择诚实策略，整体情况才能达到最优状态，且协议能够满足纳什均衡。

根据理性委托方 P_0 和理性计算方 P_i 的不同“自利”性，可以考虑委托方和计算方在不同概率下选择不同的策略行为时的互信息，对互信息 $I(P_0;Z)$ 进行模拟实验，理性委托方的互信息极限如图 11-4 所示。由图 11-4 可知，当 P_0 的概率不同时，其互信息的值也不同，但互信息存在一个极值。

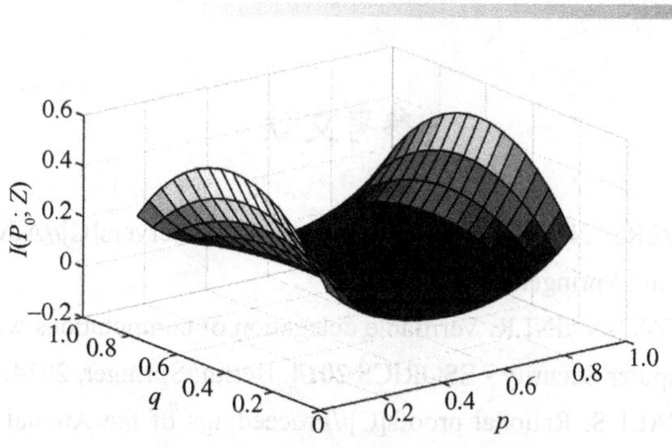

图 11-4　理性委托方的互信息极限

对互信息 $I(P_i;Z)$ 进行模拟实验，理性计算方的互信息极限如图 11-5 所示。由图 11-5 可知，当 P_i 的概率不同时，它的互信息的值也不同，但互信息存在一个极值。理性委托方 P_0 和理性计算方 P_i 之间的平均互信息极限如图 11-6 所示。

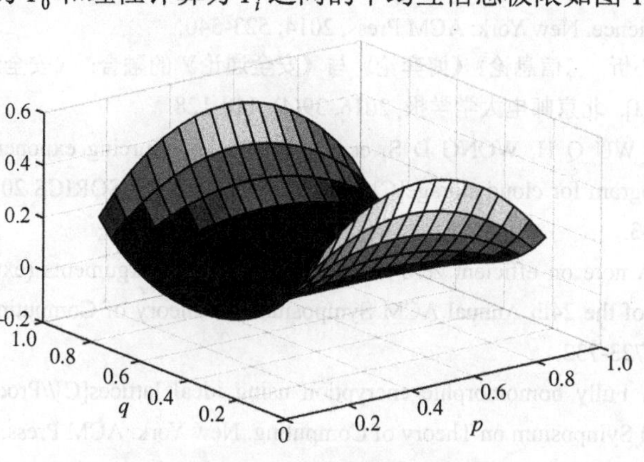

图 11-5　理性计算方的互信息极限

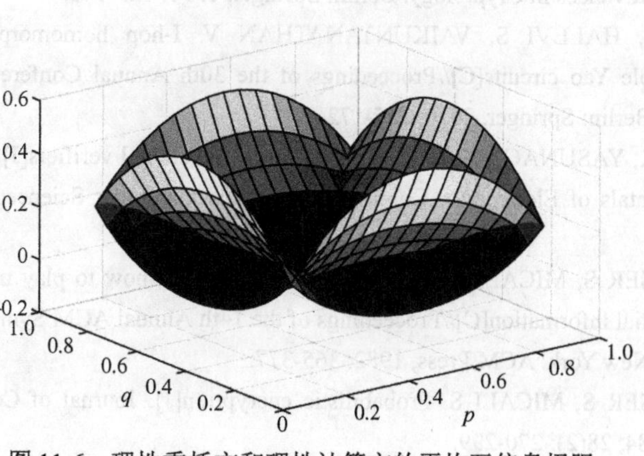

图 11-6　理性委托方和理性计算方的平均互信息极限

参考文献

[1] CHAUM D, PEDERSEN T P. Wallet databases with observers[C]//Advances in Cryptology-CRYPTO' 92. Berlin: Springer, 1993: 89-105.

[2] ZHANG L F, SAFAVI-NAINI R. Verifiable delegation of computations with storage-verification trade-off[C]//Computer Security - ESORICS 2014. Berlin: Springer, 2014: 112-129.

[3] AZAR P D, MICALI S. Rational proofs[C]//Proceedings of the Annual ACM Symposium on Theory of Computing. New York: ACM Press, 2012: 1017-1028.

[4] AZAR P D, MICALI S. Super-efficient rational proofs[C]//Proceedings of the 14th ACM Conference on Electronic Commerce. New York: ACM Press, 2013: 29-30.

[5] GUO S Y, HUBÁČEK P, ROSEN A, et al. Rational arguments: single round delegation with sublinear verification[C]//Proceedings of the 5th Conference on Innovations in Theoretical Computer Science. New York: ACM Press, 2014: 523-540.

[6] 杨义先, 钮心忻. 《信息论》《博弈论》与《安全通论》的融合: 《安全通论》(11): 刷新您的通信观念[J]. 北京邮电大学学报, 2016, 39(4): 118-128.

[7] WANG Y J, WU Q H, WONG D S, et al. Securely outsourcing exponentiations with single untrusted program for cloud storage[C]//Computer Security - ESORICS 2014. Berlin: Springer, 2014: 326-343.

[8] KILIAN J. A note on efficient zero-knowledge proofs and arguments (extended abstract)[C]//Proceedings of the 24th Annual ACM Symposium on Theory of Computing. New York: ACM Press, 1992: 723-732.

[9] GENTRY C. Fully homomorphic encryption using ideal lattices[C]//Proceedings of the 41st Annual ACM Symposium on Theory of Computing. New York: ACM Press, 2009: 169-178.

[10] PEDERSEN T P. Non-interactive and information-theoretic secure verifiable secret sharing[C]//Advances in Cryptology. Berlin: Springer, 1991: 129-140.

[11] GENTRY C, HALEVI S, VAIKUNTANATHAN V. I-hop homomorphic encryption and rerandomizable Yao circuits[C]//Proceedings of the 30th Annual Conference on Advances in Cryptology. Berlin: Springer, 2010: 155-172.

[12] INASAWA K, YASUNAGA K. Rational proofs against rational verifiers[J]. IEICE Transactions on Fundamentals of Electronics, Communications and Computer Sciences, 2017, E100.A(11): 2392-2397.

[13] GOLDWASSER S, MICALI S. Probabilistic encryption & how to play mental poker keeping secret all partial information[C]//Proceedings of the 14th Annual ACM Symposium on Theory of Computing. New York: ACM Press, 1982: 365-377.

[14] GOLDWASSER S, MICALI S. Probabilistic encryption[J]. Journal of Computer and System Sciences, 1984, 28(2): 270-299.

[15] NAOR M, YUNG M. Public-key cryptosystems provably secure against chosen ciphertext attacks[C]//Proceedings of the 22nd Annual ACM Symposium on Theory of Computing. New

York: ACM Press, 1990: 427-437.

[16] RACKOFF C, SIMON D R. Non-interactive zero-knowledge proof of knowledge and chosen ciphertext attack[C]//Advances in Cryptology - CRYPTO'91. Berlin: Springer, 1991: 433-444.

[17] BELLARE M, ROGAWAY P. Random oracles are practical: a paradigm for designing efficient protocols[C]//Proceedings of the 1st ACM Conference on Computer and Communications Security. New York: ACM Press, 1993: 62-73.

[18] FUJISAKI E, OKAMOTO T, POINTCHEVAL D, et al. RSA-OAEP is secure under the RSA assumption[C]//Advances in Cryptology - CRYPTO 2001. Berlin: Springer, 2001: 260-274.

[19] POINTCHEVAL D. Chosen-ciphertext security for any one-way cryptosystem[C]//Public Key Cryptography. Berlin: Springer, 2000: 129-146.

[20] ABRAHAM I, DOLEV D, GONEN R, et al. Distributed computing meets game theory: robust mechanisms for rational secret sharing and multiparty computation[C]//Proceedings of the 25th Annual ACM Symposium on Principles of Distributed Computing. New York: ACM Press, 2006: 53-62.

[21] 田有亮，马建峰，彭长根，等. 秘密共享体制的博弈论分析[J]. 电子学报，2011，39(12): 2790-2795.

[22] XIAO L, CHEN Y, LIN W S, et al. Indirect reciprocity security game for large-scale wireless networks[J]. IEEE Transactions on Information Forensics and Security, 2012, 7(4): 1368-1380.

[23] XIAO L, CHEN T H, LIU J L, et al. Anti-jamming transmission stackelberg game with observation errors[J]. IEEE Communications Letters, 2015, 19(6): 949-952.

[24] YAO A C. Protocols for secure computations[C]//Proceedings of the 23rd Annual Symposium on Foundations of Computer Science. Piscataway: IEEE Press, 1982: 160-164.

[25] CHUNG K M, KALAI Y, VADHAN S. Improved delegation of computation using fully homomorphic encryption[C]//Advances in Cryptology - CRYPTO 2010. Berlin: Springer, 2010: 483-501.

[26] BARBOSA M, FARSHIM P. Delegatable homomorphic encryption with applications to secure outsourcing of computation[C]//Topics in Cryptology-CT-RSA 2012. Berlin: Springer, 2012: 296-312.

[27] PAPAMANTHOU C, SHI E, TAMASSIA R. Signatures of correct computation[C]//Theory of Cryptography. Berlin: Springer, 2013: 222-242.

第12章 理性委托计算的最优攻防策略

传统的委托计算用可验证计算来检测计算方的计算过程是否诚实，虽然保证了计算结果的正确性，但因需验证增加了委托方的开销。本章结合博弈论和委托计算，引入理性参与者设计理性委托计算，从攻防的角度来分析理性委托计算，将委托计算的攻防问题转化为信道容量问题，建立攻防模型，融合信道容量和效用函数，讨论委托计算的能力极限，构造理性委托计算协议，通过实验分析得到委托方和计算方的最优攻防策略，使博弈达到纳什均衡状态。本章协议保证了委托计算的正确性并提高了委托计算效率。

12.1 问题引入

委托计算是随着网络通信日益完善和云计算迅速发展衍生出来的一种服务，使计算能力弱的终端不再受限于自身的计算能力和存储资源，可以将复杂的计算任务委托给云服务器以获得计算结果，扩展自身性能。随着云计算任务的迅速增加，委托计算面临着严峻的安全挑战，为了避免云服务器因“偷懒作弊”随机返回结果或者因恶意攻击返回错误结果，验证结果的正确性尤为重要。虽然验证可以确保结果的正确性和安全性，但是也引发了新的问题：验证过程需要比原计算任务简单得多，否则计算能力弱的委托者无法执行验证计算，就失去了委托计算的意义，而且加入的验证过程会增加用户的验证的计算成本并且降低委托计算的效率。

不同于传统委托计算中诚实或者恶意的参与者，实际应用中的参与者大多为自身利益进行决策，充当着理性的决策主体。近年来，从博弈的角度研究委托计算得到了广泛关注，研究者致力于改进传统理性证明系统和密码协议。自 Azar 和 Micali 提出一种证明者具有无限计算能力的理性证明系统以来，很多学者相继提出了超高效、低开销、多证明者的理性证明系统。他们将博弈论与传统的交互式证明系统相结合研究了新型的理性证明系统，这些研究成果为构造实用的理性委托计算奠定了理论基石。随着大数据技术的迅猛发展和云计算任务的迅速增多，云服务器的行为和偏好给委托计算的安全性和可靠性带来了前所未有的风险，阻碍了云计算的发展。云服务器可能为节约成本而发送错误的结果，委托方也可能拒绝接受计算方返回的证明，这导致参与者的资源浪费和收益损失。虽然大多数委托计算协议使用验证算法来保证结果的正确性，但是验证过程的通信开销较大。因此将博弈论中的理性决策主体引入委托计算，构造理性的委托计算协议具有现实意义。

过去，人们普遍认为通信就是将比特信息从发送端传输到接收端，目的是尽可能可靠地传输更多的信息。从理性节点的角度来看，通信可以看作发送方和接收方之间为了获得彼此最大信息量的博弈，在这种博弈中，必然存在一个纳什均衡，此时信息的发送方和接收方得到的信息是相同的。在这里，纳什均衡可以看作香农信道容量。本章结合信息论和博弈论，从攻防的角度分析委托计算双方的策略，将攻防问题转换成通信中信道容量问题，为参与者的行为策略设置权重，使用随机变量建立攻防模型。设计委托方和计算方的效用函数，结合攻防信道的信道容量，讨论委托计算的能力极限。使每个参与者锁定其需求（即优化目标函数）并分析出委托方和计算方的最优行为策略，此时双方博弈达到纳什均衡状态。本章协议从理性攻防的角度使参与者在概率上诚实选择委托计算，保证了结果的正确性，提高了委托计算的效率。

12.2　博弈模型设计

理性委托计算是博弈论和委托计算结合的产物，根据理性参与者的自利性设计效用函数，通过效用函数来保障计算结果的正确性和可靠性。假设参与者委托方 P_1 和计算方 P_2 都是理性参与者，在任务委托阶段，委托方将计算任务 E 的输入 x_i 和计算函数 $f(\cdot)$发送给选择的计算方。计算方接受任务和计算函数，调用共享云资源池的计算资源对 $f(X)$进行计算，计算完成后，将计算结果发送给委托方。委托方选择是否接受计算结果。这个过程没有验证信息，计算方也可能会发送错误结果或者随机信息。在整个博弈过程中，理性参与者都会选择最优行为策略进行交互从而获得接近自己最大的期望效用，否则会付出大于计算成本的代价。本节将从攻防的角度在博弈论框架下给出委托计算博弈模型。

本章提出的理性委托计算博弈模型由参与者集合、信息集、策略空间和效用函数四要素组成，表示为 $G=\{P,T,S,U\}$，下面进行详细介绍。

（1）参与者集合 P：指参与委托计算博弈过程的理性参与者的集合。

（2）信息集 T：指每个理性参与者在某个状态下掌握的有关博弈所有信息的集合，包括所有参与者的行为特征知识。

（3）策略空间 S：指每个理性参与者的可选策略的集合，这些策略就是每个参与者可能采取的策略。

（4）效用函数 U：指参与者从某一策略或者策略组合后获得的效用水平，效用函数的结果选自实数空间，它是策略的函数。

本章构造的理性委托计算博弈树如图 12-1 所示，考虑一个委托方把计算任务委托给一个计算方的情况。其中，参与者由委托方 P_1 和计算方 P_2 组成，且参与者都是理性的。图 12-1 中实心节点为委托方 P_1 和计算方 P_2 的信息集，这些信息集包含了某一时刻关于两方参与者的所有信息，理性参与者根据这些信息进行下一步行动。策略空间包含参与者执行委托计算后，每个参与者根据信息集可选择的每个策略的集合，用某一节点的分支表示。每个参与者选择行为策略后将会获得相应的效益，记委托方 P_1 的效用为 u_1，计算方 P_2 的效用为 u_2，用博弈树的叶子节点表示。

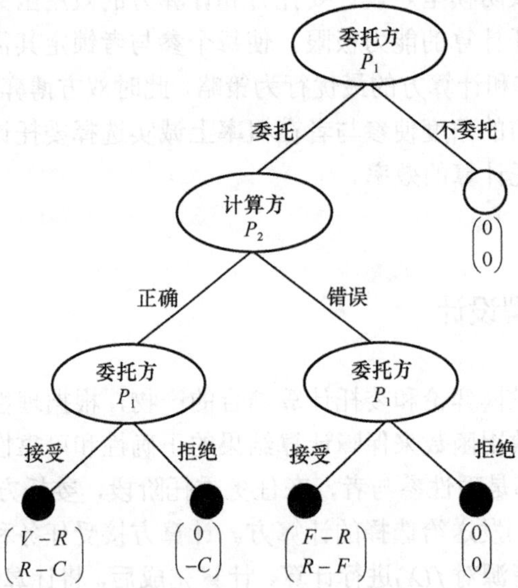

图 12-1　理性委托计算博弈树

在理性委托计算过程中，设置获得计算任务结果本身的价值为 V，计算方 P_2 为计算任务付出的成本为 C，委托方奖励给计算方的成本为 R，委托方或者计算方欺骗的罚款为 F，并且规定 $F>V>R>C$。

理性委托计算分为以下两个阶段。

（1）委托计算阶段。首先委托方选择是否把计算任务 E 委托出去，如果不委托任务，便不能获得计算结果，则委托失败退出协议，参与者没有任何效用；如果委托任务，则委托方将计算任务进行预处理，然后选择合适的服务器进行计算委托。当某一服务器被选中成为计算方 P_2，那么接下来 P_2 可能有两种行为：遵守规则诚实计算，发送正确结果；为了节约成本或者偷懒不正确计算，发送错误结果。计算方的策略空间为 $S_1=\{s_{11},s_{12}\}=\{$正确结果，错误结果$\}$。整个过程要求任何概率多项式时间计算方都不能获取关于计算函数的任何信息，保证数据隐私。

（2）委托支付阶段，委托方 P_1 在观察到计算方 P_2 的行为后，考虑是否接受计算方返回的结果，定义委托方的策略空间为 $S_2=\{s_{21},s_{22}\}=\{$接受结果，拒绝结果$\}$，委托方根据接受的结果进行奖励或罚款，若委托方拒绝结果，则协议结束。

理性参与者选择不同的行为策略组合获得不同的效用函数，如图 12-1 所示，从攻防的角度来看，本章的设计的理性委托计算参与者效用函数有以下 4 种情况。

（1）若计算方返回正确结果，且委托方接受，则 P_1 的效用为 $u_1=V-R$，P_2 的效用为 $u_2=R-C$。

（2）若计算方发送正确结果，而委托方拒绝，则 P_1 的效用为 $u_1=0$，P_2 的效用为 $u_2=-C$。

（3）若计算方返回错误结果，且委托方接受并惩罚，则 P_1 的效用为 $u_1=F-R$，P_2 的效用为 $u_2=R-F$。

（4）若计算方发送错误结果，且委托方拒绝，则 P_1 与 P_2 的效用都为 0。

基于该博弈模型采用子博弈精炼纳什均衡理论来分析理性委托计算的均衡状态。在委托计算阶段，计算方会选择返回正确的结果；在委托支付阶段，委托方会选择接受结果并对计算方进行奖励。此策略组合是唯一的子博弈精炼纳什均衡。12.3 节将根据目前分析出的纳什均衡，结合信息论和博弈论来构造理性委托计算的攻防模型。其中理性计算方一定会选择最优策略，即发送正确结果，才能最大化自身利益；委托方同样最好选择接受正确的结果并进行奖励，因此获得最大的效益；否则两方都会损害自己的利益。

12.3　理性委托计算的攻防模型

本章基于一个委托方和一个计算方的场景构造理性委托计算的攻防模型，委托方 P_1 和计算方 P_2 从自身攻防的角度选择策略进行交互。将委托方和计算方的攻防对抗看作两方的非合作博弈，从参与者自利角度出发构造理性委托计算协议。首先进行两个合理假设。

假设 1　攻击者是理性的决策主体，攻击者不会发动无利可图的攻击。

假设 2 攻击者总是追求攻击收益最大化。例如，攻击者偏向对目标资源具有最大损害的攻击方式。

在委托计算攻防博弈过程中，委托方和计算方都希望通过最优的策略来最大化自己的收益，假定委托方和计算方都是理性的、合理的。基于以上两个假设，可以将攻击者（委托方）与防御者（计算方）的矛盾冲突关系描述为策略型攻防博弈模型。本节把委托计算与信息论结合起来，从攻防的角度分析理性委托计算参与者的策略并构造委托计算的攻防模型，分析其攻防能力极限。

本节首先分别对委托方和计算方的攻击和防御性质的策略进行形式化定义，然后分别将其攻防交互过程进行信道建模。设计算方 P_2 和委托方 P_1 的策略分别为随机变量 X 和 Y：当 P_2 发送错误的结果时，记为 $X=1$；发送正确的结果时，记为 $X=0$；当 P_1 不接受 P_2 返回的结果时，记为 $Y=1$；接受结果时，记为 $Y=0$。根据概率统计规律，双方的策略可以用随机变量 X 和 Y 的概率分布表示为

$$\Pr(X=1)=p\text{，即 }P_2\text{ 发送错误结果的概率，}\quad 0<p<1$$

$$\Pr(X=0)=1-p\text{，即 }P_2\text{ 发送正确结果的概率}$$

$$\Pr(Y=1)=q\text{，即 }P_1\text{ 不接受结果的概率，}\quad 0<q<1$$

$$\Pr(Y=0)=1-q\text{，即 }P_1\text{ 接受结果的概率}$$

同样，可以统计出二维随机变量（X,Y）的联合分布概率为

$$\Pr(X=1,Y=1)=a\text{，即 }P_2\text{ 发送错误结果，}P_1\text{ 不接受结果的概率}$$

$$\Pr(X=1,Y=0)=b\text{，即 }P_2\text{ 发送错误结果，}P_1\text{ 接受结果的概率}$$

$$\Pr(X=0,Y=1)=c\text{，即 }P_2\text{ 发送正确结果，}P_1\text{ 不接受结果的概率}$$

$$\Pr(X=0,Y=0)=d\text{，即 }P_2\text{ 发送正确结果，}P_1\text{ 接受结果的概率}$$

其中，$0<p,q,a,b,c,d<1$，且满足以下 3 个线性关系式。

$$\begin{cases} a+b+c+d=1 \\ p=\Pr(X=1,Y=1)+\Pr(X=1,Y=0)=a+b \\ q=\Pr(X=1,Y=1)+\Pr(X=0,Y=1)=a+c \end{cases}$$

在一对一的场景下，计算方与委托方都有各自的攻防策略，构造 4 个随机变量 Z_1、Z_2、Z_{12}、Z_{13} 来表示委托方和计算方的攻防信道。本节将分别给出详细的信道建模过程并分析计算方与委托方各自的攻防能力极限。

12.3.1 计算方攻击能力极限

计算方攻击委托方指计算方从策略空间 S_1 中选择了返回错误的结果，若委托方被成功攻击，说明其接受了计算方返回的错误结果。由于任意两个随机变量可以构成一个通信信道，使用随机变量 X 和 Y 构造随机变量

$$Z_1=(X+Y)\bmod 2$$

表示以 X 为输入，Z_1 为输出的计算方的攻击信道 F_2：(X, Z_1)。此时计算方的目的是攻击委托方，即恶意发送错误的计算结果给委托方，则有事件等式

{计算方攻击成功}={计算方发送错误结果∩委托方接受错误结果}={ $X=1, Y=0$ }={ $X=1, Z_1=1$ }={1 bit 信息被成功地从 F_2 的发端(X)传输到收端(Z_1)}

如果计算方某次攻击成功，那么攻击信道 F_2 就成功地传输 1 bit；反之，如果有 1 bit 被成功地从攻击信道的发端传输到收端，那么计算方就成功攻击委托方一次。由此，结合香农信息论的“信道编码定理”可知，若攻击信道 F_2 的容量为 C_1，那么对于任意传输率 $\frac{k}{n} \leqslant C_1$，$F_2$ 都可以在译码错误任意小的情况下，通过某个 n bit 的码字成功地把 k bit 传输到收端。反之，若攻击信道 F_2 能够用 n bit 的码字把 S bit 无误差地传输到收端，那么一定有 $S \leqslant nC_1$。推理得到定理 12-1。

定理 12-1（计算方攻击能力定理）　设由随机变量（X,Z_1）组成的攻击信道 F_2 的容量为 C_1，（1）若计算方想成功攻击委托方 k 次，那么一定有某种技巧（对应于香农编码），使它能够在 $\frac{k}{C_1}$ 次攻击中，以任意接近 1 的概率达到目的；（2）若计算方在 n 次中成功了 S_1 次，那么一定有 $S_1 \leqslant nC_1$。

由定理 12-1 可知，只要获取攻击信道 F_2 的信道容量 C_1，就可以确定计算方的攻击能力极限。使用信息论中信道转移概率矩阵 $\boldsymbol{A}$ 来计算 F_2 信道容量 C_1。首先，考虑由随机变量 X 和 Z_1 构成的 F_2，它以 X 为输入，Z_1 为输出。它的 2×2 阶转移概率矩阵为 $\boldsymbol{A}=[A(X,Z_1)]=\Pr(Z_1 \mid X)$，$Z_1, X=0,1$，其中

$$A(0,0)=\Pr(Z_1=0 \mid X=0)=\frac{\Pr(Z_1=0,X=0)}{\Pr(X=0)}=\frac{\Pr(Y=0,X=0)}{1-p}=\frac{d}{1-p}$$

$$A(0,1)=\Pr(Z_1=1 \mid X=0)=\frac{\Pr(Z_1=1,X=0)}{\Pr(X=0)}=\frac{\Pr(Y=1,X=0)}{1-p}=\frac{c}{1-p}$$

$$A(1,0)=\Pr(Z_1=0 \mid X=1)=\frac{\Pr(Z_1=0,X=1)}{\Pr(X=1)}=\frac{\Pr(Y=1,X=1)}{p}=\frac{a}{p}$$

$$A(1,1)=\Pr(Z_1=1 \mid X=1)=\frac{\Pr(Z_1=1,X=1)}{\Pr(X=1)}=\frac{\Pr(Y=0,X=1)}{p}=\frac{b}{p}$$

因此，计算方的攻击信道 F_2 的转移概率矩阵为

$$\boldsymbol{A}=\begin{bmatrix} A(0,0) & A(0,1) \\ A(1,0) & A(1,1) \end{bmatrix}=\begin{bmatrix} \frac{d}{1-p} & \frac{c}{1-p} \\ \frac{a}{p} & \frac{b}{p} \end{bmatrix}$$

随机变量（X, Z_1）的联合概率分布为

$$\Pr(X=0,Z_1=0)=\Pr(X=0,Y=0)=d$$

$$\Pr(X=0,Z_1=1)=\Pr(X=0,Y=1)=c$$

$$\Pr(X=1,Z_1=0)=\Pr(X=1,Y=1)=a$$

$$\Pr(X=1,Z_1=1)=\Pr(X=1,Y=0)=b$$

于是，X 和 Z_1 的平均互信息为

$$I(X;Z_1)=$$

$$\sum_x\sum_{z_1}p(x,z_1)\text{lb}\frac{p(x,z_1)}{p(x)p(z_1)}=$$

$$d\text{lb}\frac{d}{(1-p)(a+d)}+c\text{lb}\frac{c}{(1-p)(b+c)}+a\text{lb}\frac{a}{p(a+d)}+b\text{lb}\frac{b}{p(b+c)}=$$

$$(1+a-p-q)\text{lb}\frac{1+a-p-q}{(1-p)(1+2a-p-q)}+(q-a)\text{lb}\frac{q-a}{(1-p)(p+q-2a)}+$$

$$a\text{lb}\frac{a}{p(1+2a-p-q)}+(p-a)\text{lb}\frac{p-a}{p(p+q-2a)} \tag{12-1}$$

因此，计算方的攻击信道 F_2 的信道容量 C_1 等于平均互信息的最大值。这里的最大值是针对 X 为所有可能的二元离散随机变量来计算的，信道 F_2 的信道容量 C_1 是 q 的函数，记为 $C_1(q)=\max\limits_{0<a,p<1}[I(X;Z_1)]$，表示最大值是对两个变量 a 和 p 在条件 $0<a,p<1$ 下取的，此时 q 已不再是变量而是确定值。

12.3.2 计算方防御能力极限

当计算方返回的结果是正确的，恰好委托方选择接受了计算方发送的结果时，代表计算方成功防御了委托方，使用 X 和 Y 构造随机变量

$$Z_2=(X+Y)\bmod 2$$

表示以 X 为输入，Z_2 为输出的计算方 P_2 的防御信道 G_2：(X,Z_2)。此时计算方的目的是防御委托方，即计算方发送正确的结果时委托方正好接受了正确结果，则有事件等式

{计算方防御成功}={计算方发送正确结果∩委托方接受正确结果}={X=0,Y=0}=

{ $X=0,Z_2=0$ }={1 bit 信息被成功地从 G_2 的发端（X）传输到收端（Z_2）}

与攻击信道 F_2 的情况类似，如果计算方某次防御成功，那么防御信道 G_2 就成功地传输 1 bit；反之，如果在防御信道 G_2 中，有 1 bit 被成功地从发端传输到收端，那么计算方就完成了一次真正成功的防御。类似地，由香农的“信道编码

定理”得到定理 12-2。

定理 12-2（计算方防御能力定理）　设由随机变量（X, Z_2）组成的防御信道 G_2 的容量为 C_2，（1）若计算方想成功防御委托方 k 次，那么一定有某种技巧（对应于香农编码），使它能够在 $\frac{k}{C_2}$ 次防御中，以任意接近 1 的概率达到目的；（2）若计算方在 n 次中成功了 S_2 次，那么一定有 $S_2 \leqslant nC_2$。

根据定理 12-2 可知，要确定计算方的防御能力极限，只需要确定防御信道 G_2 的信道容量 C_2。下面通过转移概率矩阵 $\boldsymbol{B}$ 来计算信道容量 C_2。G_2 以 X 为输入，Z_2 为输出，则它的 2×2 阶转移概率矩阵为 $\boldsymbol{B}=[B(X,Z_2)]=\Pr(Z_2 \mid X)$，$Z_2, X=0,1$，其中

$$B(0,0)=\Pr(Z_2=0 \mid X=0)=\frac{\Pr(Z_2=0, X=0)}{\Pr(X=0)}=\frac{\Pr(Y=0, X=0)}{1-p}=\frac{d}{1-p}$$

$$B(0,1)=\Pr(Z_2=1 \mid X=0)=\frac{\Pr(Z_2=1, X=0)}{\Pr(X=0)}=\frac{\Pr(Y=1, X=0)}{1-p}=\frac{c}{1-p}$$

$$B(1,0)=\Pr(Z_2=0 \mid X=1)=\frac{\Pr(Z_2=0, X=1)}{\Pr(X=1)}=\frac{\Pr(Y=1, X=1)}{p}=\frac{a}{p}$$

$$B(1,1)=\Pr(Z_2=1 \mid X=1)=\frac{\Pr(Z_2=1, X=1)}{\Pr(X=1)}=\frac{\Pr(Y=0, X=1)}{p}=\frac{b}{p}$$

因此，计算方的防御信道 G_2 的转移概率矩阵为

$$\boldsymbol{B}=\begin{bmatrix} B(0,0) & B(0,1) \\ B(1,0) & B(1,1) \end{bmatrix}=\begin{bmatrix} \dfrac{d}{1-p} & \dfrac{c}{1-p} \\ \dfrac{a}{p} & \dfrac{b}{p} \end{bmatrix}$$

随机变量（X, Z_2）的联合概率分布为

$$\Pr(X=0, Z_2=0)=\Pr(X=0, Y=0)=d$$

$$\Pr(X=0, Z_2=1)=\Pr(X=0, Y=1)=c$$

$$\Pr(X=1, Z_2=0)=\Pr(X=1, Y=1)=a$$

$$\Pr(X=1, Z_2=1)=\Pr(X=1, Y=0)=b$$

于是，X 与 Z_2 的平均互信息为

$$I(X;Z_2)=\sum_x\sum_{z_2}p(x,z_2)\text{lb}\frac{p(x,z_2)}{p(x)p(z_2)}=$$

$$d\text{lb}\frac{d}{(1-p)(a+d)}+c\text{lb}\frac{c}{(1-p)(b+c)}+a\text{lb}\frac{a}{p(a+d)}+b\text{lb}\frac{b}{p(b+c)}=$$

$$(1+a-p-q)\text{lb}\frac{1+a-p-q}{(1-p)(1+2a-p-q)}+(q-a)\text{lb}\frac{q-a}{(1-p)(p+q-2a)}+$$

$$a\text{lb}\frac{a}{p(1+2a-p-q)}+(p-a)\text{lb}\frac{p-a}{p(p+q-2a)} \tag{12-2}$$

计算方的防御信道 G_2 的信道容量 C_2 等于 $\max[I(X;Z_2)]$，最大值也是针对 X 为所有可能的二元离散随机变量来计算的。信道容量 C_2 是 q 的函数，记为 $C_2(q)=\max\limits_{0<a,p<1}[I(X;Z_2)]$，表示最大值是对两个变量 a 和 p 在条件 $0<a, p<1$ 下取的，此时 q 同样是确定值。

12.3.3 委托方攻击能力极限

委托方攻击计算方指委托方在策略空间中选择了策略 s_{22}，拒绝接受计算方返回的计算结果。当计算方返回的结果是正确的，委托方不接受此正确结果即委托方成功攻击了计算方。由随机变量 X 和 Y 构造随机变量

$$Z_{12}=(X+Y)\bmod 2$$

表示以 Y 为输入，Z_{12} 为输出的委托方的攻击信道 F_1：(Y, Z_{12})。根据攻击策略有以下事件等式

{委托方攻击成功}={委托方不接受正确结果∩计算方发送正确结果}={$Y=1, X=0$}={$Y=1, Z_{12}=1$}={1 bit 信息被成功地从 F_1 的发端（Y）传输到收端（Z_{12}）}

类似地，如果在信道 F_1 中，有 1 bit 数据被成功地从发端传输到收端，那么委托方就真正成功攻击计算方一次。由香农的“信道编码定理”得到定理 12-3。

定理 12-3（委托方攻击能力定理） 设由随机变量（Y, Z_{12}）组成的攻击信道 F_1 的容量为 C_{12}，（1）若委托方想成功攻击计算方 k 次，那么一定有某种技巧（对应于香农编码），使它能够在 $\frac{k}{C_{12}}$ 次攻击中，以任意接近 1 的概率达到目的；（2）若委托方在 n 次中成功了 S_{12} 次，那么一定有 $S_{12}\leqslant nC_{12}$。

同样地，通过获取攻击信道 F_1 的信道容量 C_{12}，就可以确定委托方的攻击能力极限。同样使用信道转移概率矩阵 $\boldsymbol{D}$ 来计算 F_1 信道容量 C_{12}。通信系统 F_1 以 Y 为输入，Z_{12} 为输出。其转移概率矩阵为 $\boldsymbol{D}=[D(Y,Z_{12})]=\Pr(Z_{12}\mid Y)$，$Z_{12},Y=0,1$，其中

$$D(0,0)=\Pr(Z_{12}=0|\ Y=0)=\frac{\Pr(Z_{12}=0,Y=0)}{\Pr(Y=0)}=\frac{\Pr(X=0,Y=0)}{1-q}=\frac{d}{1-q}$$

$$D(0,1)=\Pr(Z_{12}=1|\ Y=0)=\frac{\Pr(Z_{12}=1,Y=0)}{\Pr(Y=0)}=\frac{\Pr(X=1,Y=0)}{1-q}=\frac{b}{1-q}$$

$$D(1,0)=\Pr(Z_{12}=0|\ Y=1)=\frac{\Pr(Z_{12}=0,Y=1)}{\Pr(Y=1)}=\frac{\Pr(X=1,Y=1)}{q}=\frac{a}{q}$$

$$D(1,1)=\Pr(Z_{12}=1|\ Y=1)=\frac{\Pr(Z_{12}=1,Y=1)}{\Pr(Y=1)}=\frac{\Pr(X=0,Y=1)}{q}=\frac{c}{q}$$

因此，委托方的攻击信道 F_1 的转移概率矩阵为

$$\boldsymbol{D}=\begin{bmatrix}D(0,0) & D(0,1)\\ D(1,0) & D(1,1)\end{bmatrix}=\begin{bmatrix}\dfrac{d}{1-q} & \dfrac{b}{1-q}\\ \dfrac{a}{q} & \dfrac{c}{q}\end{bmatrix}$$

随机变量（Y, Z_{12}）的联合概率分布为

$$\Pr(Y=0,Z_{12}=0)=\Pr(X=0,Y=0)=d$$

$$\Pr(Y=0,Z_{12}=1)=\Pr(X=1,Y=0)=b$$

$$\Pr(Y=1,Z_{12}=0)=\Pr(X=1,Y=1)=a$$

$$\Pr(Y=1,Z_{12}=1)=\Pr(X=0,Y=1)=c$$

于是，Y 和 Z_{12} 的平均互信息为

$$\begin{aligned}&I(Y;Z_{12})=\\&\sum_{y}\sum_{z_{12}}p(y,z_{12})\mathrm{lb}\frac{p(y,z_{12})}{p(y)p(z_{12})}=\\&d\mathrm{lb}\frac{d}{(1-q)(a+d)}+b\mathrm{lb}\frac{b}{(1-q)(b+c)}+a\mathrm{lb}\frac{a}{q(a+d)}+c\mathrm{lb}\frac{c}{q(b+c)}=\\&(1+a-p-q)\mathrm{lb}\frac{1+a-p-q}{(1-q)(1+2a-p-q)}+(p-a)\mathrm{lb}\frac{p-a}{(1-q)(p+q-2a)}+\\&a\mathrm{lb}\frac{a}{q(1+2a-p-q)}+(q-a)\mathrm{lb}\frac{q-a}{q(p+q-2a)}\end{aligned}\qquad(12\text{-}3)$$

由式（12-3）可以得到计算方攻击信道 F_1 的信道容量 C_{12}。此时把 p 看作确定值，信道 F_1 的信道容量 C_{12} 是 p 的函数，记为 $C_{12}(p)=\max\limits_{0<a,q<1}[I(Y;Z_{12})]$，表示最大值是在条件 $0<a, q<1$ 下取的，并且最大值是针对 Y 为所有可能的二元离散随机变量来计算的。

12.3.4 委托方防御能力极限

当计算方选择攻击策略发送错误结果时，委托方的防御策略就是不接受此结果，则表明委托方成功防御计算方；否则防御失败。由随机变量 X 和 Y 构造随机变量

$$Z_{13}=(X+Y+1)\bmod 2$$

表示以 Y 为输入，Z_{13} 为输出的委托方的防御信道 G_1：(Y, Z_{13})。此时委托方期望成功防御计算方的进攻，即如果计算方返回的结果是错误的，则不接受此结果，形式化为以下等式

{委托方防御成功}={委托方不接受错误结果∩计算方发送错误结果}={$Y=1,X=1$}={$Y=1,Z_{13}=1$}={1 bit 信息被成功地从 G_1 的发端（Y）传输到收端（Z_{13}）}

由上可知，委托方成功防御一次则防御信道 G_1 成功传输 1 bit 信息。类似地，由香农的“信道编码定理”推理得到定理 12-4。

定理 12-4（委托方防御能力定理） 设由随机变量（Y, Z_{13}）组成的防御信道 G_1 的容量为 C_{13}，(1) 若委托方想成功防御计算方 k 次，那么一定有某种技巧（对应于香农编码），使它能够在 $\dfrac{k}{C_{13}}$ 次防御中，以任意接近 1 的概率达到目的；(2) 若委托方在 n 次中成功了 S_{13} 次，那么一定有 $S_{13}\leqslant nC_{13}$。

为确定委托方的防御能力极限，接下来计算信道容量 C_{13}。G_1 以 Y 为输入，Z_{13} 为输出，其转移概率矩阵为 $\boldsymbol{E}=[E(Y,Z_{13})]=\Pr(Z_{13}\mid Y)$，$Z_{13},Y=0,1$，其中

$$E(0,0)=\Pr(Z_{13}=0|\ Y=0)=\frac{\Pr(Z_{13}=0,Y=0)}{\Pr(Y=0)}=\frac{\Pr(X=1,Y=0)}{1-q}=\frac{b}{1-q}$$

$$E(0,1)=\Pr(Z_{13}=1|\ Y=0)=\frac{\Pr(Z_{13}=1,Y=0)}{\Pr(Y=0)}=\frac{\Pr(X=0,Y=0)}{1-q}=\frac{d}{1-q}$$

$$E(1,0)=\Pr(Z_{13}=0|\ Y=1)=\frac{\Pr(Z_{13}=0,Y=1)}{\Pr(Y=1)}=\frac{\Pr(X=0,Y=1)}{q}=\frac{c}{q}$$

$$E(1,1)=\Pr(Z_{13}=1|\ Y=1)=\frac{\Pr(Z_{13}=1,Y=1)}{\Pr(Y=1)}=\frac{\Pr(X=1,Y=1)}{q}=\frac{a}{q}$$

因此，委托方的防御信道 G_1 的转移概率矩阵为

$$\boldsymbol{E}=\begin{bmatrix}E(0,0) & E(0,1)\\ E(1,0) & E(1,1)\end{bmatrix}=\begin{bmatrix}\dfrac{b}{1-q} & \dfrac{d}{1-q}\\ \dfrac{c}{q} & \dfrac{a}{q}\end{bmatrix}$$

随机变量（Y, Z_{13}）的联合概率分布为

$$\Pr(Y=0, Z_{13}=0)=\Pr(X=1, Y=0)=b$$

$$\Pr(Y=0, Z_{13}=1)=\Pr(X=0, Y=0)=d$$

$$\Pr(Y=1, Z_{13}=0)=\Pr(X=0, Y=1)=c$$

$$\Pr(Y=1, Z_{13}=1)=\Pr(X=1, Y=1)=a$$

于是，Y 与 Z_{13} 之间的平均互信息为

$$\begin{aligned}
&I(Y;Z_{13})= \\
&\sum_{y}\sum_{z_{13}} p(y,z_{13})\mathrm{lb}\frac{p(y,z_{13})}{p(y)p(z_{13})}= \\
&b\mathrm{lb}\frac{b}{(1-q)(b+c)}+d\mathrm{lb}\frac{d}{(1-q)(d+a)}+c\mathrm{lb}\frac{c}{q(b+c)}+a\mathrm{lb}\frac{a}{q(d+a)}= \\
&(p-a)\mathrm{lb}\frac{p-a}{(1-q)(p+q-2a)}+(1+a-p-q)\mathrm{lb}\frac{1+a-p-q}{(1-q)(1+2a-p-q)}+ \\
&(q-a)\mathrm{lb}\frac{q-a}{q\left(p+q-2a\right)}+a\mathrm{lb}\frac{a}{q(1+2a-p-q)}
\end{aligned} \tag{12-4}$$

由式（12-4）可以得到 $I(Y;Z_{13})$ 的最大值，其等于委托方的防御信道 G_1 的信道容量 C_{13}，它是 p 的函数，这时 p 是当作一个常量来对待的，则 $C_{13}(p)=\max\limits_{0<a,q<1}[I(Y;Z_{13})]$。

由于计算方攻击信道 F_2 的 $I(X;Z_1)$ 与计算方防御信道 G_2 的 $I(X;Z_2)$ 相等，把这两个信道合并称为计算信道，记为 (X,Z_x)；委托方的攻击信道 F_1 的 $I(Y,Z_{12})$ 与防御信道 G_1 的 $I(Y,Z_{13})$ 相等，把这两个信道合并称为委托信道，记为 (Y,Z_y)。下面将通过两个信道的信道容量对计算能力和委托能力进行对抗能力比较。

由于随机变量 X 与 Y 相互独立，$\Pr(X=1)=p$，$\Pr(Y=1)=q$，$\Pr(X=1, Y=1)=a$，则 $a=pq$，将其代入式（12-1），得到计算信道的平均互信息

$$\begin{aligned}
&I(X;Z_x)=I(X;Z_1)= \\
&(1+pq-p-q)\mathrm{lb}\frac{1+pq-p-q}{(1-p)(1+2pq-p-q)}+(q-pq)\mathrm{lb}\frac{q-pq}{(1-p)(p+q-2pq)}+ \\
&pq\mathrm{lb}\frac{pq}{p(1+2pq-p-q)}+(p-pq)\mathrm{lb}\frac{p-pq}{p(p+q-2pq)}
\end{aligned} \tag{12-5}$$

将等式 $a=pq$ 代入式（12-3），得到委托信道的平均互信息

$$I(Y;Z_y)=I(Y;Z_{12})=$$
$$(p-pq)\text{lb}\frac{p-pq}{(1-q)(p+q-2pq)}+(1+pq-p-q)\text{lb}\frac{1+pq-p-q}{(1-q)(1+2pq-p-q)}+$$
$$(q-pq)\text{lb}\frac{q-pq}{q(p+q-2pq)}+pq\text{lb}\frac{pq}{q(1+2pq-p-q)} \tag{12-6}$$

因此，计算信道(X,Z_x)的信道容量为$C_x=\max\limits_{0<p<1}[I(X;Z_x)]$；委托信道$(Y,Z_y)$的信道容量为$C_y=\max\limits_{0<q<1}[I(Y;Z_y)]$。

结合本章的攻防能力极限定理，可以对参与者的最终输赢情况以及博弈技巧给出量化的结果。如果计算信道和委托信道的信道容量分别是$C_x(q)$和$C_y(p)$，那么，在一对一通信中，计算方和委托方可以锁定其需求，对攻防混合策略进行优化调整，即改变相应的概率p和q，从而改变$C_x(q)$和$C_y(p)$的大小，以提升自己在对抗中的胜算，那么当$C_x(q)>C_y(p)$时，总体上计算方会成功；当$C_x(q)<C_y(p)$时，总体上委托方会成功；若$C_x(q)=C_y(p)$，则计算方和委托方实力相当。

12.4 理性委托计算协议分析

本节从攻防信道的角度重新审视计算方与委托方的一对一通信，讨论委托计算的纳什均衡状态，并分析委托方和计算方的最佳攻防策略。在任何博弈中，一个纳什均衡即参与者之间最优策略对应的一个交点，即使该博弈的参与者在两人以上，或有些（或全部）参与者有两个以上的纯策略。本节结合信道容量利用支付等值法分析得到委托计算混合策略纳什均衡。其结论基于以下两个定理。

定理 12-5（互信息的凹凸性） 设二维随机变量(X,Y)服从联合概率分布$p(x,y)=p(x)p\left(\frac{y}{x}\right)$。如果固定$p\left(\frac{y}{x}\right)$，则$I(X;Y)$就是关于$p(x)$的凹函数（互信息其实是任意闭凸集上的上凹函数，所以局部最大值也就是全局最大值；又由于互信息是有限的，在信道容量的定义中，该凹函数在定义域内有极大值）。如果固定$p(x)$，则$I(X;Y)$就是关于$p\left(\frac{y}{x}\right)$的凸函数。

定理 12-6（纳什均衡的存在性） 在n个参与者的博弈$G=\{S_1,S_2,\cdots,S_n;u_1,u_2,\cdots,u_n\}$中，如果每个参与者的纯策略空间$S_i$是欧氏空间上一个非空的、闭的、有界的凸集。如果效用函数u_i是连续的，那么存在一个混合策略纳什均衡。

12.4.1　委托计算纳什均衡

构造信道与参与者之间特殊的标准式二人博弈 $G_1=\{S_1,S_z;u_1,u_z\}$、$G_2=\{S_2,S_z;u_2,u_z\}$，G_1 和 G_2 中分别有两个参与者和两种信道，分别是计算方和计算信道、委托方和委托信道，通过上文已知，计算方和委托方分别作为输入，构造的随机变量 Z_1、Z_{12} 或 Z_2 和 Z_{13} 作为输出。假设固定转移概率矩阵，即确定计算方计算信道和委托方委托信道的转移概率矩阵，即 $\boldsymbol{A}=\Pr(Z_1=k|X=i),1\leqslant i\leqslant n,1\leqslant k\leqslant n$（或 $\boldsymbol{B}=\Pr(Z_2=k\mid X=i)$）、$\boldsymbol{C}=\Pr(Z_{12}=l|Y=j),1\leqslant j\leqslant m,1\leqslant l\leqslant m$（或 $\boldsymbol{D}=\Pr$ $(Z_{13}=l|Y=j)$）。假设 X、Y 分别取 n、m 个随机变量，计算方 P_2 的策略空间 S_1 定义为 $S_1=\{0\leqslant X_i\leqslant 1:1\leqslant i\leqslant n,X_1+X_2+\cdots+X_n=1\}$，它是边长为 1 的 n 维封闭立方体中的一个 $n-1$ 维封闭子立方体，也就是欧氏空间的非空紧凸集；委托方 P_1 的策略空间 S_2 定义为 $S_2=\{0\leqslant Y_j\leqslant 1:1\leqslant j\leqslant m,Y_1+Y_2+\cdots+Y_m=1\}$，它也是欧氏空间的非空紧凸集。对计算信道和委托信道中 P_2 和 P_1 的任意两个具体的混合策略，分别定义它们的效用函数。

（1）计算方 P_2 的效用函数

$$u_2=r\sum_{k=1}^{n}\sum_{i=1}^{n}P_iA_{ij}\operatorname{lb}\frac{A_{ij}}{P_k}$$

其中，r 代表计算方赋予其采取攻防策略的重要性且 $r>1$。则效用函数 u_2 就是 $I(X,Z_1)$ 的函数且大于 0，这里 Z_1 的概率分布函数由 X 和 Y 的概率分布函数 $P(X=i)=P_i(1\leqslant i\leqslant n,0\leqslant P_i\leqslant 1)$ 和 $P(Y=j)=Q_j(1\leqslant j\leqslant m,0\leqslant P_j\leqslant 1)$ 共同决定。根据定理 12-5，在信道 $P(Z_1\mid X)$ 被固定的条件下，u_1 对 P_2 的一个混合策略 $s_1\in S_1$ 是连续的，且对 s_1 是凹函数。

（2）委托方 P_1 的效用函数

$$u_1=t\sum_{l=1}^{m}\sum_{j=1}^{m}Q_jC_{jl}\operatorname{lb}\frac{C_{jl}}{Q_l}$$

同样地，u_1 是 $I(Y,Z_{12})$ 的函数且大于 0，这里 Z_{12} 的概率分布函数也是由 X 和 Y 共同决定的。由互信息的凹凸性可知，在信道 $P(Z_{12}\mid Y)$ 被固定的条件下，u_2 对 P_1 的一个混合策略 $s_{12}\in S_{12}$ 也是连续的，且对 s_{12} 是凹函数。

于是，上述性质就全部满足了定理 12-6 的条件，所以构造的标准博弈式 $G=\{S_1,S_2;u_1,u_2\}$ 就存在混合策略纳什均衡。即存在某对混合策略

$$P_1^*=(p_{11}^*,p_{12}^*)\text{，}\quad P_2^*=(p_{21}^*,p_{21}^*)$$

分别对应随机变量 X^* 和 Y^*，其中，$P(X^*=i)=P_i^*(1\leqslant i\leqslant n,P_1^*+P_2^*+\cdots+P_n^*=1)$，

$P(Y^* = j) = Q_j^* (1 \leqslant j \leqslant m, Q_1^* + Q_2^* + \cdots + Q_m^* = 1)$，使每一参与者的混合策略是另一参与者混合策略的最优策略，即混合策略纳什均衡的两个条件等式同时成立。

12.4.2 委托计算最优攻防策略

委托方和计算方的目的是从锁定的对象终端处获得最大信息量，类似于通信中的防御者和攻击者，其攻防本质特征是双方的目标对立性和策略依存性。在攻防环境下，攻击者总是希望通过破坏服务质量来获得最大化收益，防御者总是希望把系统的损害降到最小。

为了证明委托计算攻防博弈存在纳什均衡稳定状态，同时满足委托方和计算方的最优期望，本节提出双方的最优攻防策略。设攻击者的所有攻击手段集合为 $A = \{\alpha_1, \alpha_2, \cdots, \alpha_m\}$，防御者的所有防护手段集合为 $B = \{\beta_1, \beta_2, \cdots, \beta_n\}$，记 $m \times n$ 矩阵 $\boldsymbol{G} = [g_{ij}]$ 为攻击者的收入矩阵，也是防御者的损失矩阵。记随机变量集合为

$$\boldsymbol{S}_1 = \left\{ \boldsymbol{x} \in E^m \middle| x_i \geqslant 0, i = 1, \cdots, m, \sum_{i=1}^{m} x_i = 1 \right\}$$

和

$$\boldsymbol{S}_2 = \left\{ \boldsymbol{y} \in E^n \middle| y_j \geqslant 0, j = 1, \cdots, n, \sum_{j=1}^{n} y_j = 1 \right\}$$

$\boldsymbol{S}_1$ 和 $\boldsymbol{S}_2$ 分别称为攻击者和防御者的混合攻防策略集合，其中任何随机变量 $\boldsymbol{x} \in \boldsymbol{S}_1$ 和 $\boldsymbol{y} \in \boldsymbol{S}_2$ 分别称为攻击者和防御者的混合攻防策略，并称 $(\boldsymbol{x}, \boldsymbol{y})$ 为一组混合局势。在该局势中，攻击者的收入函数为

$$E(\boldsymbol{x}, \boldsymbol{y}) = \boldsymbol{x}^{\mathrm{T}} \boldsymbol{G} \boldsymbol{y} = \sum_i \sum_j g_{ij} x_i y_j$$

一个混合策略 $\boldsymbol{x} = (x_1, \cdots, x_m)$ 设为攻防双方基于收入矩阵 $\boldsymbol{G}$ 进行的多次重复对抗时，攻击者分别采用攻击手段 $\alpha_1, \cdots, \alpha_m$。若只进行一次攻防，则混合策略 $\boldsymbol{x} = (x_1, \cdots, x_m)$ 可设为攻击者对各种攻击手段的偏爱程度。设攻防双方仍然进行理智的对抗，当攻击者采取混合策略 $\boldsymbol{x}$ 时，只希望获得 $\min\limits_{\boldsymbol{y} \in \boldsymbol{S}_2} E(\boldsymbol{x}, \boldsymbol{y})$ 的收入（最不利的情况），因此，攻击者应选取 $\boldsymbol{x} \in \boldsymbol{S}_1$，使该式获取极大值（最不利情况当中的最有利的情况），即攻击者可保证自己的收益期望值不少于

$$v_1 = \max_{\boldsymbol{x} \in \boldsymbol{S}_1} \left[\min_{\boldsymbol{y} \in \boldsymbol{S}_2} E(\boldsymbol{x}, \boldsymbol{y}) \right]$$

同理，防御者可保证自己所遭受损失的期望值至多为

$$v_2 = \min_{\boldsymbol{y} \in \boldsymbol{S}_2} \left[\max_{\boldsymbol{x} \in \boldsymbol{S}_1} E(\boldsymbol{x}, \boldsymbol{y}) \right]$$

其中，v_1 和 v_2 是有意义的。因为根据定义，攻击者的收入函数 $E(\boldsymbol{x},\boldsymbol{y})$ 是欧氏空间 E^{m+n} 内有界闭集 $\boldsymbol{F}$ 上的连续函数，其中

$$\boldsymbol{F}=\left\{(\boldsymbol{x},\boldsymbol{y}):x_i\geqslant 0,y_j\geqslant 0,1\leqslant i\leqslant m,i\leqslant j\leqslant n,\sum_i x_i=1,\sum_j y_j=1\right\}$$

因此，对固定的 $\boldsymbol{x}$ 来说，$E(\boldsymbol{x},\boldsymbol{y})$ 是 $\boldsymbol{S}_2$ 上的连续函数，故 $\min\limits_{\boldsymbol{y}\in\boldsymbol{S}_2}E(\boldsymbol{x},\boldsymbol{y})$ 存在，而且 $\min\limits_{\boldsymbol{y}\in\boldsymbol{S}_2}E(\boldsymbol{x},\boldsymbol{y})$ 也是 $\boldsymbol{S}_1$ 的连续函数，故 $\max\limits_{\boldsymbol{x}\in\boldsymbol{S}_1}\left[\min\limits_{\boldsymbol{y}\in\boldsymbol{S}_2}E(\boldsymbol{x},\boldsymbol{y})\right]$ 也存在。同理，$\min\limits_{\boldsymbol{y}\in\boldsymbol{S}_2}\left[\max\limits_{\boldsymbol{x}\in\boldsymbol{S}_1}E(\boldsymbol{x},\boldsymbol{y})\right]$ 也存在。

其次，仍然有 $v_1\leqslant v_2$，即在“攻击者的收入不超过防御者的损失”的事实基础上，设

$$\max_{\boldsymbol{x}\in\boldsymbol{S}_1}\left[\min_{\boldsymbol{y}\in\boldsymbol{S}_2}E(\boldsymbol{x},\boldsymbol{y})\right]=\min_{\boldsymbol{y}\in\boldsymbol{S}_2}E(\boldsymbol{x}^*,\boldsymbol{y})$$

$$\min_{\boldsymbol{y}\in\boldsymbol{S}_2}\left[\max_{\boldsymbol{x}\in\boldsymbol{S}_1}E(\boldsymbol{x},\boldsymbol{y})\right]=\max_{\boldsymbol{x}\in\boldsymbol{S}_1}E(\boldsymbol{x},\boldsymbol{y}^*)$$

于是

$$v_1=\min_{\boldsymbol{y}\in\boldsymbol{S}_2}E(\boldsymbol{x}^*,\boldsymbol{y})\leqslant E(\boldsymbol{x}^*,\boldsymbol{y}^*)\leqslant\max_{\boldsymbol{x}\in\boldsymbol{S}_1}E(\boldsymbol{x},\boldsymbol{y}^*)=v_2$$

如果攻防双方的混合局势满足等式

$$\max_{\boldsymbol{x}\in\boldsymbol{S}_1}\left[\min_{\boldsymbol{y}\in\boldsymbol{S}_2}E(\boldsymbol{x},\boldsymbol{y})\right]=\min_{\boldsymbol{y}\in\boldsymbol{S}_2}\left[\max_{\boldsymbol{x}\in\boldsymbol{S}_1}E(\boldsymbol{x},\boldsymbol{y})\right]=V \tag{12-7}$$

则称该 V 值为攻防双方的最佳对策值，并称使该等式成立的混合局势 $(\boldsymbol{x}^*,\boldsymbol{y}^*)$ 为对抗双方在混合策略意义下的最佳解，$\boldsymbol{x}^*$ 和 $\boldsymbol{y}^*$ 分别称为攻击者的最优策略和防御者的最优策略。在攻防策略下的最优策略也就是当委托方和计算方的混合局势 $(\boldsymbol{x},\boldsymbol{y})$ 满足式（12-7）的策略。

12.5　委托计算攻防策略仿真实验

本节对 12.4 节计算信道与委托信道的平均互信息进行了实验仿真，由其信道容量得到其能力极限。实验中取 $0.1\leqslant p,q\leqslant 0.9$，步长为 0.05。

计算信道 (X,Z_x) 的平均互信息 $I(X;Z_x)$ 如图 12-2 所示，此时信道容量 $C_x=\max\limits_{0<p<1}[I(X;Z_x)]$ 在 0<p<1 且 q 为一个常量时取得。根据互信息的凹凸性理论，该函数在定义域内有极大值（信道容量）。由图 12-2 可知，当固定 q 时，$C_x=\max\limits_{0<p<1}[I(X;Z_x)]\in[0.2111,0.5121]$ bit/s；计算信道 (X,Z_x) 的信道容量

$C_x = \max\limits_{0<p<1}[I(X;Z_x)]$是 q 的函数，其最大值在 $q = 0.5$ 时取得，当信道容量达到最大值 0.512 1 bit/s 时，得到计算方的计算能力极限。若计算方想成功，根据香农信道编码定理一定能找到一种编码方法，使码率不超过信道容量的信息都能够无误差地从发端传输到收端，即若计算方在 n 次中成功了 S 次，那么一定有 $S \leqslant nC_x$。

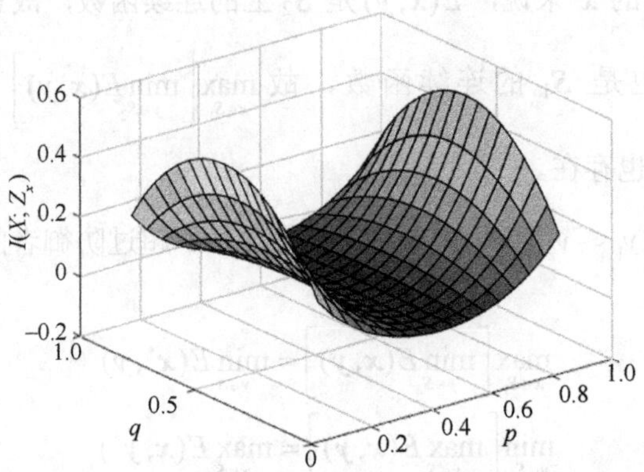

图 12-2　计算信道的平均互信息

委托信道 (Y,Z_y) 的平均互信息 $I(Y;Z_y)$ 如图 12-3 所示，其信道容量 $C_y = \max\limits_{0<q<1}[I(Y;Z_y)]$ 在 0<q<1 且 p 为一个常量时取得。由图 12-3 可知，当固定 p 时，$C_y = \max\limits_{0<q<1}[I(Y;Z_y)] \in [0.2111, 0.5121]$ bit/s；委托信道 (Y,Z_y) 的信道容量 $C_y = \max\limits_{0<q<1}[I(Y;Z_y)]$ 是 p 的函数，其最大值在 $p = 0.5$ 时取得，当 $C_y = 0.5121$ bit/s 时，委托能力也达到最大极限，这时也一定有一种编码方法使小于信道容量值 C_y 的码率都是可达的。

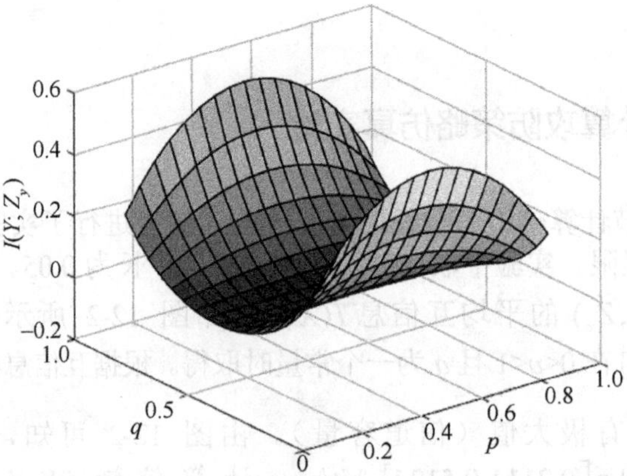

图 12-3　委托信道的平均互信息

表 12-1 将计算方和委托方的混合策略的条件分为 3 种，分别给出了双方在这 3 种条件下攻防对抗能力的比较。若混合策略的概率 p 和 q 满足条件 1，计算信道的信道容量大于委托信道的信道容量，从而 $u_2 > u_1$，这种情况计算方占优，此时若计算方攻击委托方或防御者攻击委托方，则一定会成功。相反地，若 p 和 q 满足条件 3，委托信道的信道容量大于计算信道的信道容量，此时委托方能力较强。而当 $p = q = 0.5$ 时，双方的效用函数都为 0，在这种条件下委托方和计算方的势均力敌。

表 12-1　计算信道与委托信道的信道容量比较

条件	概率分布	信道容量
条件 1	$p = 0.1, 0.1 < q < 0.9; p = 0.9, 0.1 < q < 0.9$	$C_x > C_y$
	$p = 0.15, 0.15 < q < 0.85; p = 0.85, 0.15 < q < 0.85$	
	$p = 0.2, 0.2 < q < 0.8; p = 0.8, 0.2 < q < 0.8$	
	$p = 0.25, 0.25 < q < 0.75; p = 0.75, 0.25 < q < 0.75$	
	$p = 0.3, 0.3 < q < 0.7; p = 0.7, 0.3 < q < 0.7$	
	$p = 0.35, 0.35 < q < 0.65; p = 0.65, 0.35 < q < 0.65$	
	$p = 0.4, 0.4 < q < 0.6; p = 0.6, 0.4 < q < 0.6$	
	$p = 0.45, 0.45 < q < 0.55; p = 0.55, 0.45 < q < 0.55$	
条件 2	$p = 0.5, q = 0.5$; $p = 0.1, q = 0.1$; $p = 0.1, q = 0.9$; $p = 0.9, q = 0.1$; $p = 0.9, q = 0.9$	$C_x = C_y$
条件 3	$q = 0.1, 0.1 < p < 0.9; q = 0.9, 0.1 < p < 0.9$	$C_x < C_y$
	$q = 0.15, 0.15 < p < 0.85; q = 0.85, 0.1 < p < 0.85$	
	$q = 0.2, 0.2 < p < 0.8; q = 0.8, 0.2 < p < 0.8$	
	$q = 0.25, 0.25 < p < 0.75; q = 0.75, 0.25 < p < 0.75$	
	$q = 0.3, 0.3 < p < 0.7; q = 0.7, 0.3 < p < 0.7$	
	$q = 0.35, 0.35 < p < 0.65; q = 0.65, 0.35 < p < 0.65$	
	$q = 0.4, 0.4 < p < 0.6; q = 0.6, 0.4 < p < 0.6$	
	$q = 0.45, 0.45 < p < 0.55; q = 0.55, 0.45 < p < 0.55$	

根据委托计算中理性参与者最大化效用的需求，从图 12-4 中可知，计算方的期望效用满足 $u_1(p^* = 0.1, q^* = 0.5) = u_1(p^* = 0.9, q^* = 0.5) \geqslant u_1(p, q^*)$；委托方的期望效用满足 $u_2(p^* = 0.5, q^* = 0.1) = u_2(p^* = 0.5, q^* = 0.9) \geqslant u_2(p^*, q)$。根据最优策略的证明式（12-7）和纳什均衡的概念，委托方与计算方进行多次对抗后为稳定自身效用，将自身攻防失败的风险降到最低，从而进行策略调整。则存在策略 $P_1^* = (p_{11}^*, p_{12}^*)$ 和 $P_2^* = (p_{21}^*, p_{22}^*)$，使 $u_2\left(P_1^*, P_2^*\right) \geqslant u_2\left(P_1, P_2^*\right)$ 且 $u_1\left(P_1^*, P_2^*\right) \geqslant$

$u_1\left(P_1^*, P_2\right)$，其中 p_{11}^* 和 p_{12}^* 是计算方经过多次理性对抗最终选择的策略，p_{21}^* 和 p_{22}^* 是委托方经过多次理性对抗最终选择的策略。此时双方的互信息量互为最大且恒等于 0.2111，其效用同时达到恒等的稳定状态，最终博弈达到纳什均衡，每一个参与者的混合策略都是给定对方混合策略时的最优策略。本章从攻防的角度分析委托计算协议，当协议达到纳什均衡状态时，委托方和计算方的效用满足 $u_1\left(P_1^*, P_2^*\right) = u_2\left(P_1^*, P_2^*\right)$ 且 $u_1 = r\min\limits_{y \in S_2} E(\boldsymbol{x}^*, \boldsymbol{y}) \leqslant rE(\boldsymbol{x}^*, \boldsymbol{y}^*) \leqslant r\max\limits_{x \in S_1} E(\boldsymbol{x}, \boldsymbol{y}^*) = u_2$，那么混合策略 $(\boldsymbol{x}^*, \boldsymbol{y}^*)$ 就是委托方和计算方的最优策略。

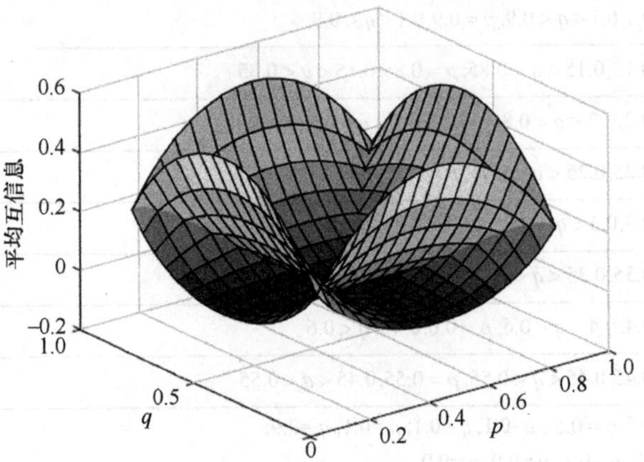

图 12-4　委托计算的平均互信息

12.6　理性委托计算协议分析

12.5 节从攻防的角度分析了理性委托计算协议，仅得到攻防目标策略下委托方和计算方的效用函数 u_1 和 u_2。从攻防角度构造的理性委托计算协议的效用函数不仅依赖于 u_1 和 u_2，还取决于协议的支付参数。目前得到的均衡结果只是对于委托方和计算方攻防策略下的最优策略，并不是委托计算协议的最优结果。从委托计算的实际意义来说，要达到有效的委托计算，应该尽量将 p 和 q 调整到最小，使委托计算中计算方选择发送正确的结果并且委托方接受该结果。

经过委托和计算阶段，在支付阶段针对参与者具体的策略导致的收益，由委托方和计算方对自己的策略进行支付回馈。计算方完成计算任务后，将结果发送给委托方，当委托方收到结果后，根据其预处理阶段对变换的任务进行还原，若还原成功，则根据本章构造的博弈模型，委托方将支付计算奖励给计算方；否则还要对计算方进行罚款。若委托方攻击计算方，对计算方返回的结果不予回应且拒绝结果，则计算方可以对委托方进行罚款。定义罚金为 F、委托方获得任务结果的价值为 V、支付给计算方计算任务的成本为 R、计算方计算任务的成本为 C，且规定 $F>V>R>C$。

根据以上简要分析，得到理性参与者的效用矩阵如表 12-2 所示。

表 12-2　理性参与者效用矩阵

委托方	计算方	
	正确	错误
接受	u_1+V-R, u_2+R-C	u_1+F-R, u_2-F+R
拒绝	u_1-F, u_2+F-C	u_1+F-R, u_2-F+R

上述理性委托计算协议中，当理性参与者都选择诚实行为时，协议达到纳什均衡状态。在委托计算阶段，计算方调用计算资源完成计算后，将任务结果返回给委托方，此时要考虑理性参与者的行为偏好。若计算方选择诚实计算任务，返回正确结果，则委托方应当接受并奖励计算方，此时委托方效用为 u_1+V-R，计算方效用为 u_2+R-C；若委托方攻击计算方选择拒绝结果，计算方引入对委托方恶意攻击的罚金 F，此时委托方效用为 u_1-F，计算方效用为 u_2+F-C。若计算方恶意返回错误结果给委托方，委托方不能成功还原变换的函数，则对计算方引入罚金 F，此时委托方效用为 u_1+F-R，计算方的效用为 u_2-F+R；若委托方也恶意攻击计算方，则委托方与计算方此时的效用函数仅为取得攻防的效用。

由于在构造的理性委托计算协议参数中，规定罚金 F 要远大于支付奖励 R 和计算成本 C，同时大于任务本身的价值 V，且任务价值 V 也大于支付奖励 R 和计算成本 C。因此，存在 $u_1+F-R>u_1+V-R>u_1-F$ 且 $u_2+F-C>u_2+R-C>u_2-F+R$。所以，理性的委托方和计算方为了不损失自身利益，一定会选择诚实的策略获取最大效用 (u_1+V-R, u_2+R-C)。因此，计算方一定会按协议规定正确计算任务并返回结果，委托方一定会接受结果并对计算方奖励，保证了委托计算结果的正确性，且委托计算全局达到帕累托最优状态，协议满足纳什均衡。

参考文献

[1] SMITH S W, WEINGART S. Building a high-performance, programmable secure coprocessor[J]. Computer Networks, 1999, 31(8): 831-860.

[2] AZAR P D, MICALI S. Rational proofs[C]//Proceedings of the 44th ACM Symposium on Theory of Computing. New York: ACM Press, 2012: 1017-1028.

[3] AZAR P D, MICALI S. Super-efficient rational proofs[C]//Proceedings of the 14th ACM Conference on Electronic Commerce. New York: ACM Press, 2013: 29-30.

[4] GUO S, HUBÁČEK P, ROSEN A, et al. Rational arguments: single round delegation with sublinear verification[C]//Conference on Innovations in Theoretical Computer Science. New York: ACM Press, 2014: 523-540.
[5] CAMPANELLI M, GENNARO R. Sequentially composable rational proofs[C]//Lecture Notes in Computer Science. Berlin: Springer, 2015: 270-288.
[6] CHEN J, MCCAULEY S, SINGH S. Rational proofs with multiple provers[C]//Proceedings of the 2016 ACM Conference on Innovations in Theoretical Computer Science. New York: ACM Press, 2016: 237-248.
[7] 田有亮, 马建峰, 彭长根, 等. 秘密共享体制的博弈论分析[J]. 电子学报, 2011, 39(12): 2790-2795.
[8] HALPERN J Y, TEAGUE V. Rational secret sharing and multiparty computation: extended abstract[C]//Proceedings of the 36th Annual ACM Symposium on Theory of Computing. New York: ACM Press, 2004: 623-632.
[9] FORTNOW L, ROMPEL J, SIPSER M. On the power of multi-power interactive protocols[C]//Proceedings of the 3rd Annual Conference on Structure in Complexity Theory. Piscataway: IEEE Press, 1988: 156-161.
[10] GOLDWASSER S, KALAI Y T, ROTHBLUM G N. Delegating computation: interactive proofs for muggles[C]//Proceedings of the 40th Annual ACM Symposium on Theory of Computing. New York: ACM Press, 2008: 113-122.
[11] BLUMBERG A J, THALER J, WALFISH M et al. Verifiable computation using multiple provers[J]. IACR Cryptology ePrint Archive, 2014, 846: 1-37.
[12] FIORE D, GENNARO R. Publicly verifiable delegation of large polynomials and matrix computations, with applications[C]//Proceedings of the 2012 ACM Conference on Computer and Communications Security. New York: ACM Press, 2012: 501-512.
[13] CATALANO D, FIORE D, GENNARO R, et al. Algebraic (trapdoor) one-way functions and their applications[C]//Theory of Cryptography. Berlin: Springer, 2013: 680-699.
[14] FIORE D, GENNARO R, PASTRO V. Efficiently verifiable computation on encrypted data[C]//Proceedings of the 2014 ACM SIGSAC Conference on Computer and Communications Security. New York: ACM Press, 2014: 844-855.
[15] ZHANG L F, SAFAVI-NAINI R. Verifiable delegation of computations with storage-verification trade-off[C]//Computer Security - ESORICS 2014. Berlin: Springer, 2014: 112-129.
[16] ZHANG L F, SAFAVI-NAINI R, LIU X W. Verifiable local computation on distributed data[C]//Proceedings of the 2nd International Workshop on Security in Cloud Computing. New York: ACM Press, 2014: 3-10.
[17] 李家. 基于全同态加密的数据检验和可验证委托计算方案[J]. 北京电子科技学院学报, 2016, 24(4): 21-25.
[18] 孙瑞, 田有亮. 安全可验证的行列式云外包计算及其电子交易方案[J]. 网络与信息安全学报, 2016, 2(11): 52-60.
[19] INASAWA K, YASUNAGA K. Rational proofs against rational verifiers[J]. IEICE Transactions

on Fundamentals of Electronics, Communications and Computer Sciences, 2017, E100.A(11): 2392-2397.

[20] 杨义先, 钮心忻. 安全通论(11): 《信息论》、《博弈论》与《安全通论》的融合: 刷新您的通信观念[J]. 成都信息工程大学学报, 2016, 31(6): 549-557.

[21] 杨义先, 钮心忻. 《安全通论》[J]. 信息安全研究, 2018, 4(2): 184.

[22] GLICKSBERG I L. A further generalization of the kakutani fixed point theorem, with application to nash equilibrium points[J]. Proceedings of the American Mathematical Society, 1952, 3(1):170-174.

[23] 科沃, 乔伊. 信息论基础[M]. 阮吉寿, 张华, 译. 北京: 机械工业出版社, 2008.

第 13 章 基于门限秘密共享的理性委托计算协议

理性委托计算是移动互联网的一个重要技术，但其安全隐患一直是亟待解决的关键问题。本章将扩展第 3 章构造的一对一委托计算，针对多对一攻防场景研究理性委托计算的安全攻防和委托计算问题，并基于门限秘密共享构造理性委托计算协议。首先，结合多用户信息论中的平均互信息的概念，将理性委托计算的攻击或防御转换为信息论中的通信问题，防御信道的信道容量代表委托方的防御能力极限，即计算方的攻击能力极限；其次，根据信源编码理论给出理性委托计算的攻防模型，建立防御信道的可达容量区域，并进行实验仿真；最后，基于门限理性秘密共享构造安全的理性委托计算协议，通过协议分析保证了结果的正确性和安全性。

13.1 问题引入

委托计算是云计算尤其关键的应用技术，但云计算环境面临的安全问题也制约着委托计算的发展。显而易见，委托计算使用户不再受计算资源的限制，可以将计算成本较高的任务委托给云服务器来完成；同时，云服务器需要消耗大量资源完成计算工作。在整个过程中，云服务器很可能会出现“偷懒”“作弊”等动机从而产生攻击行为，即发送错误结果给客户端，因而产生了验证过程，但是这会增加用户的计算开销甚至导致本身计算能力很弱的用户无法完成复杂的验证过程。此外，一些没有高效的方式验证计算结果正确与否的用户会因此受到计算方的攻击风险。本章针对委托计算的攻防问题展开了研究，并利用秘密共享体制的变形构造了正确的理性委托计算协议。

理性委托计算的典型应用场景中存在两方参与者，一方为理性委托方，另一方为理性计算方，委托方希望将某一函数的计算委托给计算方来完成。委托计算旨在通过用户间的信息交互实现特定任务的问题，计算结果的完整性和可靠性的验证机制一直以来都是国内外研究者关注的热点，传统委托计算主要基于计算复杂性理论和密码技术来构造委托计算协议。但是大多数传统委托计算协议需要计算方发送可靠性证据给委托方，委托方验证计算结果的正确性，但一般验证过程的计算复杂度较高。若委托方没有足够的能力对结果进行高效的验证，则存在计算方欺骗攻击委托方的可能。

从攻防的角度来看，委托方和计算方的目的都是从锁定的对象终端处获得最大信息量，类似于通信中的防御者和攻击者，其攻防本质特征是双方的目标对立性和策略依存性。在攻防环境下，攻击者总是希望通过破坏服务质量来获得最大化收益，防御者总是希望把系统的损害降到最小。面对这个场景，本章从攻防的角度研究了一对一场景的委托计算，研究刻画了计算方和委托方的攻防能力极限，得到了理性委托方和计算方攻击和防御的最优策略。基于第 12 章的研究，将委托计算一对一场景的攻防对抗扩展到一对多场景的攻防对抗进行研究，构造委托方的防御信道模型，基于信道容量分析其防御能力极限，给出了安全委托计算的下界，并利用门限密码技术构造正确的理性委托计算协议。

13.2　信道模型

本章研究思路是当一个委托方委托多个计算方时，存在多个计算方独立地攻击委托方的可能。因此对委托方的防御研究限定在多址接入信道的多用户通信场景中，是简化的多用户通信场景，由两个或更多客户端对同一个接收端发送消息，该信道如图 13-1 所示。

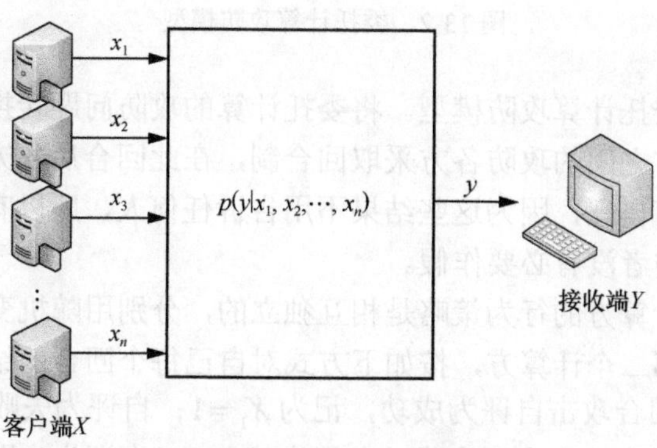

图 13-1　多址接入信道

定理 13-1（多址接入信道的容量区域）　多址接入信道$(X_1 \times X_2, p(y\,|\,x_1, x_2), Y)$

的容量区域为满足下列条件的全体信息率（R_1,R_2）所组成集合的凸闭包，即如果存在 $X_1 \times X_2$ 上的某个乘积分布 $p_1(x_1)p_2(x_2)$，使

$$R_1 < I(X_1;Y|X_2)$$
$$R_2 < I(X_2;Y|X_1)$$
$$R_1 + R_2 < I(X_1,X_2;Y)$$

则 $R_1 + R_2 < I(X_1,X_2;Y)$。

13.3 理性委托计算攻防能力

在实际应用中，为了使委托计算结果更具有保障性，一个任务通常被委托给多个计算方执行计算，因此，本章研究多个计算方与一个委托方之间的攻防问题，度量委托计算的攻防能力。

13.3.1 攻防模型

为了使结论具有普适性，先考虑一个委托方 Y 与两个计算方（X_1,X_2）的特殊情况，如图 13-2 所示。

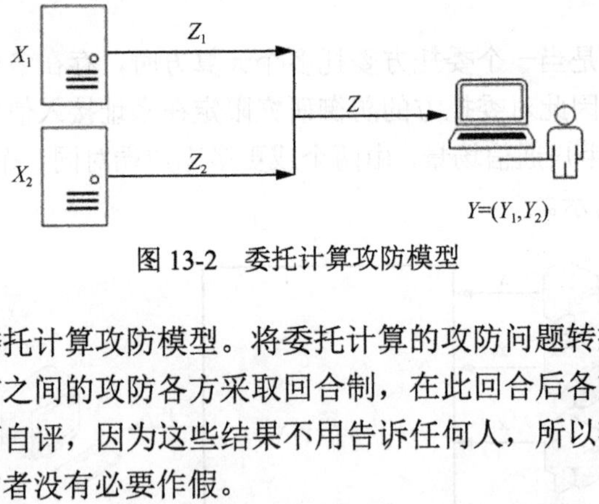

图 13-2 委托计算攻防模型

首先，建立委托计算攻防模型。将委托计算的攻防问题转换为通信问题，假设计算方与委托方之间的攻防各方采取回合制，在此回合后各方都对本次攻防结果给出一个真心盲自评，因为这些结果不用告诉任何人，所以有理由假设自评是真实可信的，参与者没有必要作假。

假设每一个计算方的行为策略是相互独立的，分别用随机变量 X_1 和 X_2 代表第一个计算方和第二个计算方，按如下方式对自己每个回合的结果进行自评。

（1）X_1 对本回合攻击自评为成功，记为 $X_1 = 1$；自评为失败，记为 $X_1 = 0$。

（2）X_2 对本回合攻击自评为成功，记为 $X_2 = 1$；自评为失败，记为 $X_2 = 0$。

在攻防模型中委托方 Y 需要同时应对两个计算方的攻击，所以用二维随机变量 $Y=(Y_1, Y_2)$代表委托方，按如下方式对每次防御 X_1 和 X_2 的结果进行自评。

（1）Y 自评防御 X_1 成功，自评防御 X_2 成功，记为 $Y_1=1,Y_2=1$。

（2）Y 自评防御 X_1 成功，自评防御 X_2 失败，记为 $Y_1=1,Y_2=0$。

（3）Y 自评防御 X_1 失败，自评防御 X_2 成功，记为 $Y_1=0,Y_2=1$。

（4）Y 自评防御 X_1 失败，自评防御 X_2 失败，记为 $Y_1=0,Y_2=0$。

若委托方和计算方不断进行攻防对抗，所以根据统计规律有

$$0<\Pr(X_1=1)=p<1;0<\Pr(X_1=0)=1-p<1$$
$$0<\Pr(X_2=1)=q<1;0<\Pr(X_2=0)=1-q<1$$
$$0<\Pr(Y_1=1,Y_2=1)=a<1;0<\Pr(Y_1=1,Y_2=0)=b<1$$
$$0<\Pr(Y_1=0,Y_2=1)=c<1;0<\Pr(Y_1=0,Y_2=0)=d<1$$

其中，$a+b+c+d=1$。

然后，构造一个二维随机变量

$$Z=(Z_1,Z_2)=((1+X_1+Y_1)\bmod 2,(1+X_2+Y_2)\bmod 2)$$

其中，$Z_1=(1+X_1+Y_1)\bmod 2, Z_2=(1+X_2+Y_2)\bmod 2$。构造由随机变量 X_1、X_2 和 Z，以及概率转移矩阵 $\boldsymbol{P}(z\mid x_1,x_2)$ 组成的一个 2-接入信道 $[X_1,X_2,\boldsymbol{P}(z\mid x_1,x_2),Z]$，称为委托方的防御信道 F。

从委托方的角度来看，若委托方 Y 防御计算方成功就意味着防御 X_1 成功且防御 X_2 成功。由于防御信道 F 的输出结果取决于输入信息 X。其中，{Y 防御 X_1 成功}={ X_1 自评本回合攻击成功，Y 自评防御 X_1 成功}∪{ X_1 自评本回合攻击失败，Y 自评防御 X_1 成功}={ $X_1=1,Y_1=1$ }∪{ $X_1=0,Y_1=1$ }={ $X_1=1,Z_1=1$ }∪{ $X_1=0$, $Z_1=0$ }；同理，{Y 防御 X_2 成功}={ X_2 自评本回合攻击成功，Y 自评防御 X_2 成功}∪{ X_2 自评本回合攻击失败，Y 自评防御 X_2 成功}={ $X_2=0,Z_2=0$ }。所以，{某个回合委托方防御成功}=[{ $X_1=1$, $Z_1=1$ }∪{ $X_1=0$, $Z_1=0$ }]∩[{ $X_2=1$, $Z_2=1$ }∪{ $X_2=0,Z_2=0$ }]={防御信道 F 的第一个子信道传输成功}∩{防御信道 F 的第二个子信道传输成功}={2-接入信道 F 传输成功}。

由此推断出以下结论，如果委托方在此次防御成功，那么，1 bit 信息在防御信道 F 中传输成功，即在 F 的第一个子信道传输成功且在第二个子信道传输成功。即[{ $X_1=1,Z_1=1$ }∪{ $X_1=0,Z_1=1$ }]∩[{ $X_2=1,Z_2=1$ }∪{ $X_2=0,Z_2=0$ }]等价于[{ $X_1=1,Y_1=1$ }∪{ $X_1=0,Y_1=1$ }]∩[$X_2=1,Y_2=1$ }∪{ $X_2=0,Y_2=1$ }]，这意味着委托方防御计算方 X_1 成功并且防御计算方 X_2 成功，也等价于委托方防御成功。同样地，如果 1 bit 信息在 2-接入信道 F 中传输成功，那么委托方就在该回攻击防御成功。

综上，得到定理 13-2。

定理 13-2　设随机变量 X_1、X_2 和 Z 如攻防模型所述，委托方的防御信道 F 是 2-接入信道 $[X_1,X_2,\boldsymbol{P}(z\mid x_1,x_2),Z]$，那么委托方在某次防御成功就等价于 1 bit

信息在防御信道 F 中传输成功。

信道 F 的可达容量区域为满足下列条件的全体 (R_1,R_2) 信息率所组成集合的闭凸包。

$$0\leqslant R_1\leqslant \max_X I(X_1;Z|X_2)$$
$$0\leqslant R_2\leqslant \max_X I(X_2;Z|X_1)$$
$$0\leqslant R_1+R_2\leqslant \max_X I(X_1,X_2;Z)$$

其中，最大值都是针对所有独立随机变量 X_1、X_2 的概率分布取的，现在从攻防的角度利用定理 13-2 将可达容量区域的结果整理成攻防术语，得到定理 13-3。

定理 13-3 假设两个计算方 X_1 和 X_2 独立地攻击一个委托方 Z。如果在 m 次攻防中，委托方成功防御第一个计算方 r_1 次，成功防御第二个计算方 r_2 次，则有

$$0\leqslant \frac{r_1}{m}\leqslant \max_X I(X_1;Z|X_2)$$
$$0\leqslant \frac{r_2}{m}\leqslant \max_X I(X_2;Z|X_1)$$
$$0\leqslant \frac{r_1+r_2}{m}\leqslant \max_X I(X_1,X_2;Z)$$

即 r_1 和 r_2 满足

$$0\leqslant r_1\leqslant m\max_X I(X_1;Z|X_2)$$
$$0\leqslant r_2\leqslant m\max_X I(X_2;Z|X_1)$$
$$0\leqslant r_1+r_2\leqslant m\max_X I(X_1,X_2;Z)$$

基于第 12 章的工作可知，上述的防御次数的极限是可达的，那么委托方一定具有某种最有效的防御者法，使其在 m 次攻防回合中成功防御第一个计算方 r_1 次，成功防御第二个计算方 r_2 次，同时能使防御次数 r_1 和 r_2 达到其上限值，即 $r_1=m\max_X I(X_1;Z|X_2)$，$r_2=m\max_X I(X_2;Z|X_1)$，以及 $r_1+r_2=m\max_X I(X_1, X_2;Z)$。若委托方想同时成功防御第一个计算方 r_1 次、第二个计算方 r_2 次，那么防御次数至少为

$$\max\left\{\frac{r_1}{\max_X I(X_1;Z|X_2)},\frac{r_2}{\max_X I(X_2;Z|X_1)},\frac{r_1+r_2}{\max_X I(X_1,X_2;Z)}\right\}$$

由定理 13-3 可知，只要求出极值 $\max_X I(X_1;Z|X_2)$、$\max_X I(X_2;Z|X_1)$ 以及 $\max_X I(X_1,X_2;Z)$，就能直观得到被两个计算方攻击的委托方的防御能力极限。

计算过程如下。

由于计算方 X_1 和 X_2 相互独立，则 3 个互信息分别为

$$I(X_1;Z|X_2)=\sum_{x_1,x_2,Z}p(x_1,x_2,z)\mathrm{lb}\frac{p(x_1,x_2,z)}{p(x_1)p(x_2,z)} \tag{13-1}$$

$$I(X_2;Z|X_1)=\sum_{x_1,x_2,Z}p(x_1,x_2,z)\mathrm{lb}\frac{p(x_1,x_2,z)}{p(x_2)p(x_1,z)} \tag{13-2}$$

$$I(X_1,X_2;Z)=I(X_1;Z)+I(X_2;Z|X_1) \tag{13-3}$$

由于随机变量 $Z_1=(1+X_1+Y_1)\bmod 2$，$Z_2=(1+X_2+Y_2)\bmod 2$，所以分别根据 X_1 和 Y_1、X_2 和 Y_2 的概率分布，得到 Z_1 和 Z_2 的概率分布分别为

$$\begin{aligned}&\Pr(Z_1=1)=\Pr(X_1=Y_1)=\\&\Pr(\text{计算方和委托方自评结果一致})=\\&\Pr(X_1=0,\ Y_1=0)+\Pr(X_1=1,\ Y_1=1)=\\&(1-p)(c+d)+p(a+b)\end{aligned} \tag{13-4}$$

$$\begin{aligned}&\Pr(Z_1=0)=\Pr(X_1\neq Y_1)=\\&\Pr(\text{计算方和委托方自评结果不一致})=\\&\Pr(X_1=0,\ Y_1=1)+\Pr(X_1=1,\ Y_1=0)=\\&(1-p)(a+b)+p(c+d)\end{aligned} \tag{13-5}$$

$$\Pr(Z_2=1)=(1-q)(b+d)+q(a+c) \tag{13-6}$$

$$\Pr(Z_2=0)=(1-q)(a+c)+q(b+d) \tag{13-7}$$

因为随机变量 $Z=(Z_1,Z_2)$，则 Z 的概率分布为

$$\begin{aligned}&\Pr(Z=1)=\Pr(Z_1=1,Z_2=1)=\\&[(1-p)(c+d)+p(a+b)][(1-q)(b+d)+q(a+c)]\end{aligned} \tag{13-8}$$

$$\begin{aligned}&\Pr(Z=0)=1-\Pr(Z=1)=\\&1-[(1-p)(c+d)+p(a+b)][(1-q)(b+d)+q(a+c)]\end{aligned} \tag{13-9}$$

联合概率分布 $p(x_1,x_2,z)$ 为

$$\begin{aligned}&\Pr(x_1=0,x_2=0,z=0)=\Pr(x_1=0,y_1=1)+\Pr(x_2=0,y_2=1)=\\&(1-p)(a+b)+(1-q)(a+c)\end{aligned}$$

$$\Pr(x_1=0,x_2=0,z=1)=\Pr(x_1=0,y_1=0)\Pr(x_2=0,y_2=0)=(1-p)(c+d)(1-q)(b+d)$$

$$\Pr(x_1=0,x_2=1,z=0)=\Pr(x_1=0,y_1=1)+\Pr(x_2=1,y_2=0)=(1-p)(a+b)+q(b+d)$$

$$\Pr(x_1=0,x_2=1,z=1)=\Pr(x_1=0,y_1=0)\Pr(x_2=1,y_2=1)=(1-p)(c+d)q(a+c)$$

$$\Pr(x_1=1,x_2=0,z=0)=\Pr(x_1=1,y_1=0)+\Pr(x_2=0,y_2=1)=p(c+d)+(1-q)(a+c)$$

$$\Pr(x_1=1,x_2=0,z=1)=\Pr(x_1=1,y_1=1)\Pr(x_2=0,y_2=0)=p(a+b)(1-q)(b+d)$$

$$\Pr(x_1=1,x_2=1,z=0)=\Pr(x_1=1,y_1=0)+\Pr(x_2=1,y_2=0)=p(c+d)+q(b+d)$$

$$\Pr(x_1=1,x_2=1,z=1)=\Pr(x_1=1,y_1=1)\Pr(x_2=1,y_2=1)=p(a+b)q(a+c)$$

由于防御信道 F：$[X_1,X_2,\boldsymbol{P}(z\mid x_1,x_2),Z]$ 以 X_1 和 X_2 为输入、Z 为输出，则平均互信息分别为

$$I(X_1;Z\mid X_2)=\sum_{x_1,x_2,z}p(x_1,x_2,z)\mathrm{lb}\frac{p(x_1,x_2,z)}{p(x_1)p(x_2z)}=$$

$$p(x_1=0,x_2=0,z=0)\mathrm{lb}\frac{p(x_1=0,x_2=0,z=0)}{p(x_1=0)p(x_2=0,z=0)}+$$

$$p(x_1=0,x_2=0,z=1)\mathrm{lb}\frac{p(x_1=0,x_2=0,z=1)}{p(x_1=0)p(x_2=0,z=1)}+$$

$$p(x_1=0,x_2=1,z=0)\mathrm{lb}\frac{p(x_1=0,x_2=1,z=0)}{p(x_1=0)p(x_2=1,z=0)}+$$

$$p(x_1=0,x_2=1,z=1)\mathrm{lb}\frac{p(x_1=0,x_2=1,z=1)}{p(x_1=0)p(x_2=1,z=1)}+$$

$$p(x_1=1,x_2=0,z=0)\mathrm{lb}\frac{p(x_1=1,x_2=0,z=0)}{p(x_1=1)p(x_2=0,z=0)}+$$

$$p(x_1=1,x_2=0,z=1)\mathrm{lb}\frac{p(x_1=1,x_2=0,z=1)}{p(x_1=1)p(x_2=0,z=1)}+$$

$$p(x_1=1,x_2=1,z=0)\mathrm{lb}\frac{p(x_1=1,x_2=1,z=0)}{p(x_1=1)p(x_2=1,z=0)}+$$

$$p(x_1=1,x_2=1,z=1)\mathrm{lb}\frac{p(x_1=1,x_2=1,z=1)}{p(x_1=1)p(x_2=1,z=1)}=$$

$$(1-p)(a+b)+(1-q)(a+c)\cdot$$

$$\mathrm{lb}\frac{(1-p)(a+b)+(1-q)(a+c)}{(1-p)[2(1-q)(a+b)+(1-q)(a+c)+q(b+d)]}+\cdots\cdots+$$

$$p(a+b)q(a+c)\mathrm{lb}\frac{p(a+b)q(a+c)}{p[(1-p)(c+d)q(a+c)+p(a+b)q(a+c)]}\tag{13-10}$$

$$I(X_2;Z\mid X_1)=\sum_{x_1,x_2,z}p(x_1,x_2,z)\text{lb}\frac{p(x_1,x_2,z)}{p(x_2)p(x_1,z)}=$$

$$p(x_1=0,x_2=0,z=0)\text{lb}\frac{p(x_1=0,x_2=0,z=0)}{p(x_2=0)p(x_1=0,z=0)}+\cdots+$$

$$p(x_1=1,x_2=1,z=1)\text{lb}\frac{p(x_1=1,x_2=1,z=1)}{p(x_2=1)p(x_1=1,z=1)}=$$

$$(1-p)(a+b)+(1-q)(a+c)\cdot$$

$$\text{lb}\frac{(1-p)(a+b)+(1-q)(a+c)}{(1-q)[2(1-p)(a+b)+(1-q)(a+c)+q(b+d)]}+\cdots\cdots+$$

$$p(a+b)q(a+c)\text{lb}\frac{p(a+b)q(a+c)}{q[p(a+b)(1-q)(b+d)+p(a+b)q(a+c)]}\tag{13-11}$$

$$I(X_1,X_2;Z)=I(X_1;Z)+I(X_2;Z\mid X_1)\tag{13-12}$$

其中，由于 $a+b+c+d=1, 0<a,b,c,d<1$，所以式(13-10)～式(13-12)可以转化为只与变量 p 和 q 有关的计算式，即把 a,b,c和d 看作确定值。并且其中最大值 $\max\limits_X I(X_1;Z|X_2)$、$\max\limits_X I(X_2;Z|X_1)$ 以及 $\max\limits_X I(X_1,X_2;Z)$ 都是针对所有独立随机变量 X_1 和 X_2 的概率分布而取的。委托方的防御能力取决于这 3 个值，13.3.2 节将给出一个对于委托方防御能力的可达容量区域。

13.3.2　攻防能力分析

在构造的理性委托计算的攻防模型中，对 $\max\limits_X I(X_1;Z|X_2)$、$\max\limits_X I(X_2;Z|X_1)$、$\max\limits_X I(X_1,X_2;Z)$ 进行实验仿真分析可以直观看到委托方的防御能力极限，实验结果如图 13-3 和图 13-4 所示。从实验结果可知，存在一个可达容量区域，从该区域可以得到委托方在计算方策略的不同概率分布下所能成功防御的次数。

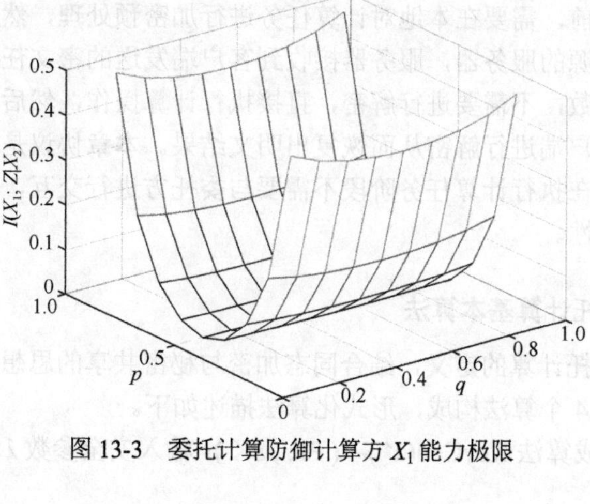

图 13-3　委托计算防御计算方 X_1 能力极限

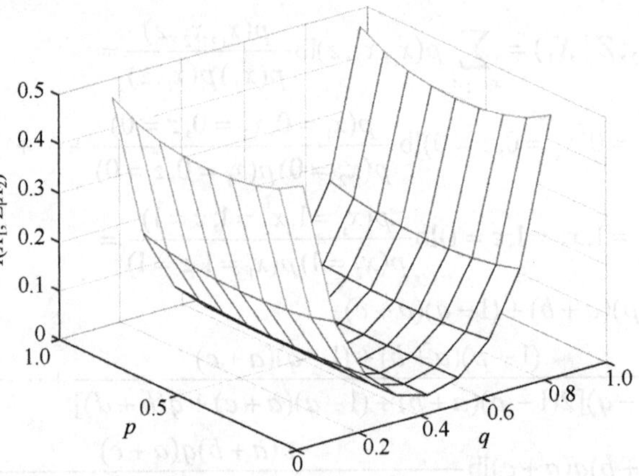

图 13-4　委托计算防御计算方 X_2 能力极限

在简单的实验数据设置条件下，其条件互信息结果的最大值为 0.139 95bit。即便理论上 $\max_{X} I(X_1,X_2;Z)$ 比 $I(X_1;Z|X_2)$ 大一些，但也不能达到 1。因此，从有界的实验结果得知，委托方的防御能力非常有限，而且要达到其中的最大防御极限也非常困难，如何达到极限值这项复杂的研究工作还需要专门的编码专家去完成。如果委托方没有进行结果的验证，则几乎不可能成功防御计算方每一次的恶意欺骗。为了保证委托计算结果的正确性，本章将基于门限加密技术构造委托计算协议。

13.4　基于门限加密的安全理性委托计算协议

在本章的委托计算协议中，委托方客户端将一个加法函数 f 的计算任务委托给计算方服务器前，需要在本地对计算任务进行加密预处理，然后将密文任务委托给具有计算资源的服务器，服务器接收到客户端发送的密文任务后，根据收到的密文任务和函数，不需要进行解密，直接执行计算操作，然后将密文结果返回给客户端，由客户端进行解密从而恢复出明文结果。本章协议是非交互式委托计算协议，计算方在执行计算任务阶段不需要与委托方进行交互，并且协议能保证计算结果的正确性。

13.4.1　委托计算基本算法

根据传统委托计算的定义，结合同态加密与秘密共享的思想，构造委托计算协议 D。方案由 4 个算法构成，形式化算法描述如下。

（1）密钥生成算法 $\mathrm{KeyGen}(1^{\lambda})\to(\mathrm{PK},\mathrm{SK})$：输入安全参数 λ，代表密钥长度，

输出私钥 SK 和公钥 PK。

（2）函数加密算法 $\mathrm{Encrypt}_{\mathrm{SK}}(E) \to (E')$：输入委托计算任务 E，其中包括待计算函数 f 及函数输入，即 $E=(f,x_1,x_2,\cdots,x_n)$。输出用私钥 SK 加密后的计算任务 E'。

（3）函数计算算法 $\mathrm{Compute}(E',\mathrm{PK}) \to (r')$：输入密文计算任务 E' 和公钥 PK，由服务器调用此算法，输出密文结果 r'。

（4）解密恢复算法 $\mathrm{Recover}_{\mathrm{SK}}(r') \to (r)$：输入密文结果 r'，对密文解密恢复出原始任务的明文结果。

定义 13-1（正确性） 如果解密恢复算法生成的明文结果 $r'=r$，则委托计算协议 D 是正确的。形式化为

对于函数 f 及计算任务 $E=(f,x_1,x_2,\cdots,x_n)$，r 是原始函数的计算结果，如果有 $\mathrm{KeyGen}(1^\lambda) \to (\mathrm{PK},\mathrm{SK})$，$\mathrm{Encrypt}_{\mathrm{SK}}(E) \to (E')$，$\mathrm{Compute}(E',\mathrm{PK}) \to (r')$，且有不可忽略的优势使 $\mathrm{Recover}_{\mathrm{SK}}(r',\mathrm{SK}) \to (r=f(X))$，则委托计算协议是正确的，即函数 $f(X)$ 可以正确地被协议 D 委托。

定义 13-2（安全性） 若服务器不能使用户接受不正确的或者伪造的结果，则委托计算协议是安全的。为委托计算协议 D 定义概率多项式时间敌手 $\mathcal{A}$，其优势为

$$\mathrm{ADV}_D(D,f,\lambda)=\Pr[\mathrm{Exp}_{\mathcal{A}}[D,f,\lambda]=1] \leqslant \mathrm{negli}(l)$$

在协议中，若对于函数 f 和所有敌手 $\mathcal{A}$，其成功优势 $\mathrm{ADV}_D \leqslant \mathrm{negli}(l)$，则委托计算协议是安全的。设计安全性实验为

$\mathrm{Exp}_{\mathcal{A}}[D,f,\lambda]$：

挑战：Challenger 运行 $(\mathrm{PK},\mathrm{SK}) \leftarrow \mathrm{KeyGen}(1^\lambda)$，$(C) \leftarrow \mathrm{Encrypt}_{\mathrm{SK}}(b,\mathrm{SK})$

Adversary 运行 $(K_i) \leftarrow \mathrm{KeyGen}(1^{\lambda_i})$，$(C_i) \leftarrow \mathrm{Encrypt}_{\mathrm{SK}}(b_i,\mathrm{SK})$

得到 $\theta_i=(b_i,K_i,C_i), i=1,2,\cdots,n$

猜测：Adversary 运行 $(b') \leftarrow A(\theta_1,\theta_2,\cdots,\theta_n,\mathrm{PK},C)$

Challenger 进行恢复 $k=\mathrm{Recover}_{\mathrm{SK}}(b',C)$

如果输出 $m=1$，则敌手挑战成功；否则，敌手挑战失败。

13.4.2 理性委托计算协议构造

将计算任务 $f(x_1,x_2,\cdots,x_n)=x_1+x_2+\cdots+x_n$ 进行委托计算，输入 x_i 来自域 F，其中 q 很大。现构造加法计算函数的委托计算方案。方案的安全参数为 λ，委托计算过程如下。

（1）初始化阶段

首先，由委托方客户端生成密钥，在域 F 上随机产生长为 λ 的数 k_1,k_2,k_3，则

密钥 $SK=(k_1,k_2,k_3)$，根据私钥生成公钥 PK。

然后，客户端对函数进行同态加密，输入的明文 x_i 来自域 F，在域上随机选择非零元素 a，密钥 $SK=(k_1,k_2,k_3)$ 是上一步生成的结果。计算密文组 $C_i=(c_{i1},c_{i2},c_{i3})=\text{Encrypt}_{\text{SK}}(x_i)$，$i=1,2,\cdots,n$。其中 $c_{i1}=a_ik_1+x_i$，$c_{i2}=a_ik_2+x_i$，$c_{i3}=a_ik_3+x_i$。经过加密后得到秘密任务 $E'=(f,C_i),i=1,2,\cdots,n$。

最后，委托方将密文任务 E' 与公钥 PK 一起发送给计算方服务器。

（2）委托计算阶段

服务器接收到加密后的任务以及公钥后，执行密文加法计算来获取密文结果 r'，并将其用公钥加密后返回给委托方。由第一阶段函数的明文输入加密成密文 $C_i=(c_{i1},c_{i2},c_{i3})$。计算方分别计算 $y_1=c_{11}+c_{21}+\cdots+c_{n1}$，$y_2=c_{12}+c_{22}+\cdots+c_{n2}$，$y_3=c_{13}+c_{23}+\cdots+c_{n3}$，令 $C=(y_1,y_2,y_3)$，最后将密文结果 C 返回给委托方。或者计算方可偷懒不进行正确计算，然后返回给客户端随机结果。

（3）结果恢复阶段

委托方接收 $C=(y_1,y_2,y_3)$，使用私钥 $SK=(k_1,k_2,k_3)$，计算 $r'=\dfrac{y_1k_2-y_2k_1}{k_2-k_1}$，然后将 r' 代入使用 k_3 的加密函数中，判断 $(y_2-r')k_3=(y_3-r')k_2$ 是否成立，如果成立则 $r=r'$，输出 m=1；否则输出 m=0。

（4）支付效用阶段

委托方对密文结果进行恢复，根据最终结果，委托方在约定时间 t 内选择是否支付计算方计算奖励或者对其进行罚款。若委托方的回应超过了时限，计算方可向可信第三方提出申诉，可获得对委托方的罚款。

13.5 协议分析

在本章协议中，加密与恢复的方法巧妙利用了门限秘密共享与密码技术的思想。对于 $C_i=\text{Encrypt}_{\text{SK}}(x_i)$，$\forall 1\leqslant i\leqslant n$，有 $C_y=\text{Compute}(f,C_i)$、$\text{Recover}_{\text{SK}}(C_y)=f(x_1,x_2,\cdots,x_n)$成立。接下来对协议的性能进行分析。

13.5.1 均衡分析

定理 13-4 根据本章构造的委托计算方案，当理性参与者都选择诚实的策略时，协议满足纳什均衡状态，且参与者的效益最大。

证明 在方案的委托计算阶段，考虑理性计算方有两个行为策略{诚实返回正确结果，恶意返回错误结果}；在方案的支付阶段，理性委托方也有两个策略{奖励，不奖励}。设计算方作弊的计算成本为$C(p)$，效用为$u(p)$（是作弊概率p的函数）；诚实计算的效用记为$u(1)$，且$u(1)>u(p)$。若委托方未按约定进行奖励，计算方对委托方进行申诉罚款，罚款记为F_1，而委托方对计算方进行的罚款记为F_2。

对理性计算方和委托方的策略及其支付函数进行分析，得到如表 13-1 所示的效用矩阵。由于计算奖励远大于正确计算成本，罚款也远大于计算成本。用子博弈精炼纳什均衡分析理性委托计算，只有当理性参与者都诚实执行协议时，即计算方返回正确结果且委托方支付计算奖励，理性参与者才能获得最大的效用。此时委托计算全局可达到最优状态，满足纳什均衡且协议具有正确性。

表 13-1　理性委托计算参与者效用矩阵

委托方	计算方	
	正确	错误
诚实	$V-R$, $R-C$	$V-pR+(1-p)F_2$, $pR-(1-p)F_2-C(p)$
恶意	$V-F_1$, $R-C+F_1$	$V-F_1$, $F_1-(1-p)F_2-C(p)$

13.5.2　正确性

定理 13-5　在本章构造的委托计算协议下，函数f能够正确地被委托计算。

证明　委托方客户端在委托$f(x_1,x_2,\cdots,x_n)$前进行预处理，经过加密得到$C_i=(c_{i1},c_{i2},c_{i3}),i=1,2,\cdots,n$，为方便分析，取$n=3$。在密钥$\mathrm{SK}=(k_1,k_2,k_3)$下分别对$x_1,x_2,x_3$进行加密得到$C_1=(c_{11},c_{12},c_{13}),C_2=(c_{21},c_{22},c_{23}),C_3=(c_{31},c_{32},c_{33})$，则有

$$\begin{aligned}(c_{11},c_{12},c_{13})&=(a_1k_1+x_1,a_1k_2+x_1,a_1k_3+x_1)\\(c_{21},c_{22},c_{23})&=(a_2k_1+x_2,a_2k_2+x_2,a_2k_3+x_2)\\(c_{31},c_{32},c_{33})&=(a_3k_1+x_3,a_3k_2+x_3,a_3k_3+x_3)\end{aligned} \tag{13-13}$$

计算y_1、y_2、y_3，得到

$$\begin{aligned}y_1&=c_{11}+c_{21}+c_{31}=(a_1+a_2+a_3)k_1+(x_1+x_2+x_3)\\y_2&=c_{12}+c_{22}+c_{32}=(a_1+a_2+a_3)k_2+(x_1+x_2+x_3)\\y_3&=c_{13}+c_{23}+c_{33}=(a_1+a_2+a_3)k_3+(x_1+x_2+x_3)\end{aligned} \tag{13-14}$$

若密文结果$C=(y_1,y_2,y_3)$满足$\mathrm{Recover_{SK}}(C)=\dfrac{y_1k_2-y_2k_1}{k_2-k_1}$，且$C=(y_1,y_2,y_3)=$

$f(\text{Encrypt}_{\text{SK}}(x_1,K),\text{Encrypt}_{\text{SK}}(x_2,K),\text{Encrypt}_{\text{SK}}(x_3,K),\text{PK})$。则有

$$\text{Recover}_{\text{SK}}(C)=\frac{y_1k_2-y_2k_1}{k_2-k_1}=$$

$$\frac{((a_1+a_2+a_3)k_1+(x_1+x_2+x_3))k_2-((a_1+a_2+a_3)k_2+(x_1+x_2+x_3))k_1}{k_2-k_1}= \tag{13-15}$$

$$\frac{(x_1+x_2+x_3)(k_2-k_1)}{k_2-k_1}=x_1+x_2+x_3$$

并且

$$(y_2-(x_1+x_2+x_3))k_3=$$

$$((a_1+a_2+a_3)k_2+(x_1+x_2+x_3)-(x_1+x_2+x_3))k_3=$$

$$((a_1+a_2+a_3)k_3+(x_1+x_2+x_3))k_2=(y_3-(x_1+x_2+x_3)k_2 \tag{13-16}$$

因此，函数 f 的输出满足式（13-15），且 $\text{Recover}_{\text{SK}}(f(\text{Encrypt}_{\text{SK}}(x_1,K),$ $\text{Encrypt}_{\text{SK}}(x_2,K),\text{Encrypt}_{\text{SK}}(x_3,K),\text{PK}))=(x_1+x_2+x_3)$。同理，对于 $f(x_1,x_2,\cdots,x_n)$ 也满足正确性委托计算。因此，在本章构造的委托计算协议下，函数 f 能够正确地被委托计算。

13.5.3 安全性

若服务器不能使用户接受不正确的或者伪造的结果，则委托计算协议是安全的。当概率多项式时间敌手获得由明文 b 加密得到的密文 C 时，由于加密方案是一次一密的，敌手无法获取密钥 SK，因此敌手自己构造 K_i，获得一系列明文、密钥和相应的密文组和 $\theta_i=(b_i,K_i,C_i),i=1,2,\cdots,n$，根据这些信息对原始明文 b 进行猜测。如果成功的概率小到可以忽略不计，则认为协议是安全的。

定理 13-6 若函数输入在明文域上均匀分布且明文空间足够大，则所构造的委托计算协议是满足安全性的。

证明 对于每个输入明文 x_i，设明文空间大小为 l，因为算法 $\text{KeyGen}(1^\lambda)$ 生成的私钥 k_1,k_2,k_3 都是随机选取的，所以都服从域 F 上的均匀分布，则密钥 $\text{SK}=(k_1,k_2,k_3)$ 的空间为 $l\times l\times l$，密文空间为密钥空间的子空间。

首先，根据加密算法 $\text{Encrypt}_{\text{SK}}(x_i)$，加密使用的随机数 a_i 是从域 F 上随机选取的非零元，根据域的性质可知，由于 F 去除零元后构成乘法交换群 G，则 a_i 服从 G 上的均匀分布。因为 aG 是群 G 的左陪集，根据群和陪集的性质可得到 $a\in G\leftrightarrow aG=G$，所以 $aG=G$。

由于陪集元素数量与群的相等，即 $|aG|=|G|$，所以对于 $x\in G$ 来说，$c'(x)=ax$

是一个群 G 到群 G 的一个双射。当 x 是域 F 的零元时，y 也等于域 F 的零元，因此映射 $c'(x)=ax$ 也是一个域 F 到域 F 的双射，所以对于任意的 $k\in F$，有 $\Pr(x=k)=\Pr(c'(x)=ak)$。因此，由 k_1,k_2,k_3 服从域 F 上的均匀分布，得到 $c_1'(k_1)=ak_1$、$c_2'(k_2)=ak_2$、$c_3'(k_3)=ak_3$ 都服从域 F 上的均匀分布。

然后，根据加密算法 $\mathrm{Encrypt}_{\mathrm{SK}}(x_i)$，域 F 可构成加法交换群 X，所以对于任意的 $x\in F$，$(x+X)$ 和 $(X+x)$ 是群的左右陪集并且相等。根据群和陪集的性质可得到 $(X+x)=X$。

由于陪集元素个数与群的相等，即 $|X+x|=|X|$，所以对于 $x'\in X$ 来说，$c(x')=x'+x$ 是一个群 X 到群 X 的一个双射。所以对于任意的 $c'\in F$，有 $\Pr(x'=c')=\Pr(c(x')=c'+x)$。由于 $c_1'(k_1)$，$c_2'(k_2)$，$c_3'(k_3)$ 服从域 F 上的均匀分布，那么对于任意的明文 $x_i\in F$，就有 $c_{i1}=a_ik_{i1}+x_i$，$c_{i2}=a_ik_{i2}+x_i$，$c_{i3}=a_ik_{i3}+x_i$ 也服从 F 上的均匀分布。即密文 $C_i=(c_{i1},c_{i2},c_{i3})$，服从 F 上的均匀分布。

所以，只要当明文 x_i 在域 F 上均匀分布，并且域中元素个数 l 超级大时，敌手的优势 $\mathrm{ADV}_A\leqslant \mathrm{negli}(l)=\dfrac{1}{l}$ 将接近于 0，可以忽略，则所提出的委托计算协议就是安全的。并且任意概率多项式时间敌手都不能从密文 C 恢复出任何关于明文的消息，加密方案保证了用户输入的隐私性。注意，应该避免使用同一密钥多次加密同一明文，否则会导致敌手根据相同明文间的线性关系获取明文信息。

13.5.4 性能分析

本节将从委托计算的计算复杂度、通信复杂度 2 个方面对本章提出的委托计算协议和 Gennaro 等提出的委托计算协议进行性能对比，如表 13-2 所示。

表 13-2 性能对比

协议	计算复杂度	通信复杂度
Gennaro 等协议	$O(\|C\|\mathrm{poly}(\lambda))$	$\geqslant 2$
本章协议	$O((3n+5)\mathrm{Cost}_{(\times)})$	1

Gennaro 等提出的委托计算协议基于 Yao 的混淆电路与全同态加密技术，将计算函数委托给不可信的服务器，可保证输入和输出的隐私性；该协议验证结果正确性的计算复杂度为 $O(|C|\ \mathrm{poly}(\lambda))$，通信复杂度至少为 2，满足可证明安全。

本章提出的委托计算协议基于秘密共享和门限秘密技术，虽然能委托的计算函数有限，但是其加密和恢复过程简单。在函数加密阶段，客户端需要 $3n$ 次加法

计算和 $3n$ 次乘法计算，即 $O(3n\text{Cost}_{(\times)}+3n\text{Cost}_{(+)})$；无论函数的输入值有多大，在解密恢复阶段其计算复杂度只有 $O(5\text{Cost}_{(\times)}+13\text{Cost}_{(+)})$。若省略成本较小的简单加法运算，则本章协议的计算复杂度为 $O((3n+5)\text{Cost}_{(\times)})$。本章协议可将计算函数委托给不可信的服务器，也可以保证输入和输出的隐私性；且本章协议是非交互式的，通信复杂度为 1，满足可证明安全。因此，本章协议适用于简单的函数，用户可根据待委托函数的需求使用。

参考文献

[1] 科沃, 乔伊. 信息论基础[M]. 阮吉寿, 张华, 译. 北京: 机械工业出版社, 2008.

[2] DESMEDT Y G. Threshold cryptography[J]. European Transactions on Telecommunications, 2010, 5(4): 449-458.

[3] GENNARO R, GENTRY C, PARNO B. Non-interactive verifiable computing: outsourcing computation to untrusted workers[C]//Advances in Cryptology- CRYPTO 2010. Berlin: Springer, 2010: 465-482.

[4] KATZ J. Bridging game theory and cryptography: recent results and future directions[C]//Theory of Cryptography. Berlin: Springer, 2008: 251-272.

[5] KÜPÇÜ A. Incentivized outsourced computation resistant to malicious contractors[J]. IEEE Transactions on Dependable and Secure Computing, 2017, 14(6): 633-649.

[6] 尹鑫, 田有亮, 王海龙. 公平理性委托计算协议[J]. 软件学报, 2018, 29(7): 1953-1962.

[7] LIU X M, DENG R H, CHOO K K R, et al. Privacy-preserving outsourced calculation toolkit in the cloud[J]. IEEE Transactions on Dependable and Secure Computing, 2020, 17(5): 898-911.

[8] TIAN Y L, MA J F, PENG C G, et al. Secret sharing scheme with fairness[C]//Proceedings of 2011 IEEE 10th International Conference on Trust, Security and Privacy in Computing and Communications. Piscataway: IEEE Press, 2011: 494-500.

[9] XIAO L, CHEN Y, LIN W S, et al. Indirect reciprocity security game for large-scale wireless networks[J]. IEEE Transactions on Information Forensics and Security, 2012, 7(4): 1368-1380.

[10] AZAR P D, MICALI S. Rational proofs[C]//Proceedings of the 44th Symposium on Theory of Computing. New York: ACM Press, 2012: 1017-1028.

[11] CATALANO D , FIORE D. Practical homomorphic MACs for arithmetic circuits[C]//Annual International Conference on the Theory and Applications of Cryptographic Techniques. Berlin: Springer, 2013: 336-352.

[12] BARBOSA M, FARSHIM P. Delegatable homomorphic encryption with applications to secure outsourcing of computation[C]//Topics in Cryptology-CT-RSA 2012. Berlin: Springer, 2012: 296-312

[13] YAO A C. Protocols for secure computations[C]//Proceedings of the 23rd Annual Symposium on Foundations of Computer Science. Piscataway: IEEE Press, 1982: 160-164.

[14] CHUNG K M, KALAI Y, VADHAN S. Improved delegation of computation using fully

homomorphic encryption[C]//Advances in Cryptology-CRYPTO 2010. Berlin: Springer, 2010: 483-501.

[15] ARORA S, SAFRA S. Probabilistic checking of proofs[J]. Journal of the ACM, 1998, 45(1): 70-122.

[16] GENNARO R, GENTRY C, PARNO B, et al. Quadratic span programs and succinct NIZKs without PCPs[C]//Advances in Cryptology-EUROCRYPT 2013. Berlin: Springer, 2013: 626-645.

[17] GENNARO R, WICHS D. Fully homomorphic message authenticators[C]//Advances in Cryptology-ASIACRYPT 2013. Berlin: Springer, 2013: 301-320.

第 14 章 基于序贯均衡理论的理性委托计算协议

理性委托计算扩展了理性密码协议的应用场景，解决了传统委托计算中需要验证结果正确性导致计算效率低的问题。本章针对委托计算中理性参与者共谋串通导致委托不公平与计算不正确的问题，基于博弈模型构造了理性委托计算协议。首先，分析理性参与者的行为策略并设计博弈模型；其次，根据构造的效用函数给出理性委托计算中委托方和被委托方的最优策略，策略满足博弈的序贯均衡；最后，通过协议分析可知，每个参与者遵守协议将保证自己的效用最大化，否则会损害自身利益。本章协议满足参与者委托计算的公平性与结果正确性，并满足委托计算的帕累托效率最优。

14.1 问题引入

在大数据迅猛发展的物联网时代，委托计算是解决云环境下任务分包及其过程中产生结果可靠性问题的重要应用。理性委托计算扩展了理性密码协议的研究方向，结合博弈论与委托计算的思想，不需要委托方再验证计算方的结果正确性，减少了计算开销并提高了委托计算效率。在委托计算中，若参与者通过共谋和串通使获得的利益比不共谋时更大，那么会产生很强的共谋动机。注意到，并非所有的计算方都心怀恶意；相反，大多数参与者是理性的。因此，本章结合密码学、博弈论理论，针对委托计算中委托方与计算方、计算方与计算方之间的共谋背离协议的问题，基于序贯均衡理论构造了理性委托计算协议，保证了公平委托与正确计算。

理性密码协议是密码学的一个新兴研究方向，由博弈论与理性密码协议结合研究发展而成。当使用博弈论分析局中问题时，假设每个参与者都是理性的，即都在一定的约束条件下最大化自身利益。即某一方在给定对方的策略下使自己的策略达到最佳，那么每个参与者经过这样的调整，最终不再愿意改变现有局势，那么当下的策略就是遵守协议。这样的预测结果与实际行为一致，那么最终参与者都将达到稳定的状态。Halpern 等首先提出将博弈论引入秘密共享体制并扩展到安全多方计算领域，从此开辟了理性密码学方向。Kol 等基于信息论安全设计了一种秘密共享方案，但不能防止短秘密份额持有者和长秘密份额持有者共谋攻击。Tian 等设计了一种公平的理性秘密共享方案，但不能防止参与者共谋攻击。针对以上问题，张恩提出了抗共谋的理性多秘密共享方案，设计了可预防参与者共谋的模型。针对委托计算的研究，Küpcü 提出激励所有计算方正确地执行委托工作。Inasawa 等提出了一个 Three-Message 委托方案，在该方案中，理性的验证者有可能偏离协议以减少证明者的收益。尹鑫等针对协议的公平性问题设计一种新的理性委托计算协议。但现有的委托计算协议大多没有考虑到委托方与计算方、计算方与计算方同时存在共谋动机导致委托计算不公平的问题。

在理性委托计算协议中，委托方和计算方是两个利益相互却需求不同的主体。委托计算中委托方和计算方的目的不同，委托方需要得到计算方返回的正确结果，并尽量以最小的成本支付给计算方；而计算方不可信，可能会返回一个错误结果完成任务，骗取委托方给予的奖励。因此，需要考虑到协议中存在多个参与者共谋的情况，本章协议所建立的抗共谋博弈模型更加复杂，应满足以下条件：（1）没有任何一个参与者改变自己稳定的策略，即单独偏离策略无利可图；（2）没有任何两个参与者的共谋会改变博弈的结果；（3）即使所有参与者方都参与共谋也不会改变博弈的均衡结果。本章协议不关心隐藏输入数据，其主要任务是确保委托任务被正确计算。

因此，本章基于序贯均衡理论构造抗共谋的理性委托计算协议，目的是排除由于多人博弈中可能存在部分参与者共谋给博弈的均衡结果带来的不稳定性。考虑理性参与者存在信息不对称的情况，将理性委托计算协议设计成一个不完全信息下的扩展式博弈，为每个参与者设计策略，对共谋收益以及抗共谋均衡进行建模和分析，在给定的假设条件下，这些策略能达到纳什均衡。在本章协议中，最终每个理性参与者一定会避免共谋行为，选择诚实的策略以获得最高利益，否则会遭到额外的损失，从而满足计算结果的正确性和委托计算的公平性。

14.2　博弈模型

本章协议设计的博弈是一个有限的不完全信息扩展式博弈，扩展式博弈定义了博弈中的序贯均衡，是最适合保证委托计算协议公平性的均衡。

14.2.1 扩展式博弈

定义 14-1 一个不完全信息扩展式博弈可表示为元组 $G=<P,A,H,Z,I,\rho,a,\delta,\boldsymbol{u}>$，详细介绍如下。

（1）P：n 个参与者的集合。

（2）A：参与者的策略集合。

（3）H：非叶子节点的集合，也就是把参与者的历史行为定义为一个序列集合 H，由参与者每一轮采取的策略组成。

（4）Z：叶子节点的集合，与 H 互斥。

（5）I: 信息集，$I=(I_1,\cdots,I_n)$，其中 $I_i\,(i=1, 2, \cdots, n)$是参与者 P_i 在某个阶段拥有的信息。

（6）ρ：参与者函数，表示为 $\rho(h)=i$，也就是在节点 $h(h\in H)$ 上采取策略的参与者是 P_i。

（7）a：行为函数，表示参与者在节点 $h(h\in H)$ 上可以选择的行为，$A(h)=\{a\,|\,(h,a)\in H\}$。

（8）δ：后继节点函数，表示一个节点经过一个行为映射到下一个节点。

（9）$\boldsymbol{u}$：N 个参与者的效用函数向量，表示为 $\boldsymbol{u}=(u_1,\cdots,u_n)$，其中 $u_i\to R$ 表示参与者 p_i 的效用函数。

扩展式博弈可以看作一个博弈树，如图 14-1 所示。其中，圆圈表示行为节点，矩形表示叶子节点，叶子节点是每个参与者的效用函数。每个参与者从自己的节点出发，所采取的行为会延伸出一条边，直达另一个节点。

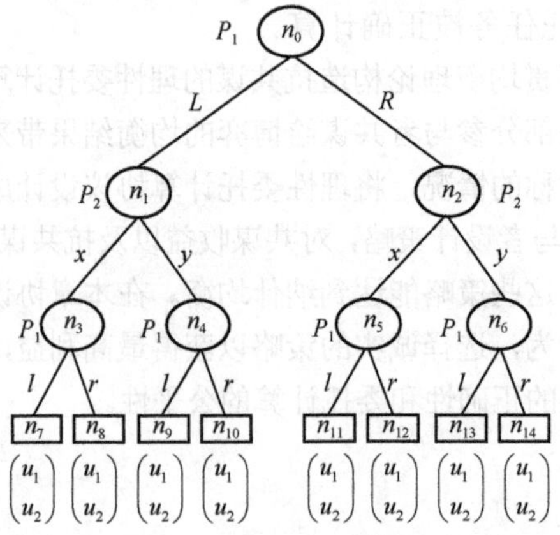

图 14-1 扩展式博弈–博弈树

$P=\{P_1,P_2\}$ 表示参与者集合，$A=\{L,R,x,y,l,r\}$ 表示策略集合，$a=(a_1,\cdots,a_n)$ 表示所有参与者的行为函数，a_i 表示参与者 P_i 的策略，a_{-i} 表示除了 P_i 以外的其

他参与者的策略。

$\rho(h)$ 将行为节点分配给参与者，其中，$\{n_0,n_3,n_4,n_5,n_6\}$ 是 P_1 的行为节点，$\{n_1,n_2\}$ 是 P_2 的行为节点。$A(h)$ 给行为节点分配行为策略，其中，$\{L,R\}$ 是节点 n_0 的行为，$\{x,y\}$ 是节点 n_1 和 n_2 的行为，$\{l,r\}$ 是节点 $n_3 \sim n_6$ 的行为。

博弈的顺序由上到下，P_1 的信息集有 3 个，分别为 $I_{1,1}=\{n_0\}$、$I_{1,2}=\{n_3,n_4\}$、$I_{1,3}=\{n_5,n_6\}$；P_2 有一个信息集 $I_{2,1}=\{n_1,n_2\}$。本章研究混合策略，给策略 a_i 赋予概率分布。

扩展式博弈是不完全信息博弈，所以 P_1 和 P_2 对各自的行动拥有不完全信息，即 P_1 先采取行动后，P_2 并没有被告知 P_1 的选择，也不知道自己处在 n_1 和 n_2 的哪个节点。

14.2.2 序贯均衡

序贯均衡由子博弈完美均衡和完美贝叶斯均衡改进而来，由策略组合和信念系统组成。在不完全信息扩展式博弈中，序贯均衡严格消除了一般纳什均衡存在的不可置信威胁，排除了不可信的均衡。

定义 14-2　在博弈 G 中，定义一个评估 (s,β)，其中 s 是策略组合，β 是信念系统。

定义 14-3　在博弈 G 中，对于参与者 i，信念 β_i 给每个信息集 I_{ij} 赋予了概率分布，记为 $\beta_i(x)=\Pr\left[x|I_{ij}\right], x\in I_{ij}$。

定义 14-4　在博弈 G 中，给定策略组合 s，P_i 在节点 x 上的效用函数是效用与概率乘积的和，表示为

$$u_i(s;x)=\sum_{z\in Z} u_i(z)\Pr\left[z|(s,x)\right]$$

其中，$u_i(z)$ 表示 P_i 在叶子节点的效用，$\Pr\left[z|(s,x)\right]$ 表示节点 x 到叶子节点的概率。

定义 14-5　在博弈 G 中，给定策略组合 s，P_i 在信息集 I_{ij} 上的效用函数是在节点 x 的效用与信念 $\beta_i(x)$ 乘积的和，表示为

$$u_i(s;I_{ij},\beta)=\sum_{x\in I_{ij}}\beta_i(x)u_i(s;x)$$

定义 14-6（序贯均衡）　一个评估 (s,β) 是序贯均衡的，满足两个要求：策略组合是序贯理性的，且信念系统是一致的。

定义 14-7（序贯理性）　在博弈 G 中，如果评估 (s,β) 是序贯理性的，那么对于每个参与者 P_i 和每个信息集 I_{ij}，有

$$u_i\left(s;I_{ij},\beta\right)\geqslant u_i\left((s_i',s_{-i});I_{ij},\beta\right)$$

成立，其中 $s=(s_i,s_{-i})$。

定义 14-8（一致性） 在博弈G中，评估(s,β)具有一致性，如果存在一个序列$(s^k,\beta^k)_{k=1}^{\infty}$在欧氏空间收敛到$(s,\beta)$。其中，$s^k$是一个混合策略，$\beta^k$是$s^k$由贝叶斯法则得到的信念系统。

由于拥有不完全信息，参与者必须在不确定的情况下做出决定。根据策略组合和信念系统在当前节点做出最优决策，参与者可以获取最高的效用。此时策略达到序贯均衡，任何理性参与者都没有违背诚实策略的动机。

14.3 理性委托计算分析

为更符合实际应用，本章将理性参与者引入委托计算，每个参与者的行为以自身效用最大化为目的，并且能够理性地分析所有可能的策略以及博弈的结果，并选择最优策略进行决策。假设参与者都是理性的，通过本章方案，用户不用验证过程就能保证计算结果的正确性。本章针对一个委托方将计算委托给两个不可信的计算方的情形，不考虑计算任务和数据的隐私性，主要任务是确保委托任务被正确计算。协议引入了一个可信第三方（Trusted Third Party，TTP），由其充当理性委托计算的仲裁者。

14.3.1 问题分析

在理性的委托计算中，由于理性参与者以最大化自身效用为目标采取行动，则委托计算过程可能会出现以下问题。

（1）委托不公平。委托方将计算任务委托给两个计算方，若约定给一个计算方佣金为$a(a>0)$，则委托计算正确完成后，需要支付的佣金成本为$2a$。这个阶段可能会出现委托方共谋行为：委托方为了降低支付成本，会向其中一个计算方发起共谋，约定只由其接收计算任务，委托方支付给共谋计算方佣金$a+b_0$，则另一个计算方的收益为0。此时被贿赂计算方的最优策略就是共谋。

（2）计算不正确。计算方正确计算任务的成本为c，不经计算随机返回结果的成本为0，则理性计算方可能会返回一个错误结果（在这里假设计算方可以随机猜测正确结果的概率是可忽略的）；另外，为了避免委托方收到两个不同的结果导致被罚款，则理性计算方产生发起共谋的动机，与另一计算方共同约定发送相同的结果给委托方以便通过验证。

针对这两种共谋情况，14.4 节和 14.5 节将分别给出分析并构造协议。

14.3.2 协议参数

本节定义了协议效用参数用于分析参与者的效用，如表 14-1 所示，所有参数都大于 0 且单位相同。

表 14-1　协议效用参数

参数	支付用途
R	正确计算结果的价值
a	委托方返回给计算方的佣金
c	计算方参与计算的成本
b_0	委托方勾结计算方的贿赂成本
d	计算方支付的计算押金
d_0	委托方支付的委托押金
c_t	计算方调用第三方重新计算的成本

协议所需的基本条件如下。

（1）$a>c$：计算方可以获得利润才接受计算任务。

（2）$c_t>2a$：委托方的佣金应小于第三方重新计算的成本，否则用户可直接使用第三方计算。

（3）$a>b_0$：委托方给计算方的贿赂成本小于给计算方的佣金，否则不必发起共谋。

（4）$d_0>a$：委托方进行委托的押金大于给计算方的佣金，用于委托共谋。

（5）$d>c+c_t$：计算方支付的计算押金大于计算成本与调用第三方重新计算成本之和，用于计算方之间的共谋。

14.4　计算方与委托方——公平委托协议

14.4.1　协议构造

将委托方记为 P_0，两个计算方分别记为 C_1 和 C_2。针对 14.3.1 节描述的问题，在委托阶段，P_0 有动机勾结其中一个计算方，理性的计算方也一定会参与共谋，但是 C_1 和 C_2 预先都不知道自己是否将遭遇欺骗，需要与委托方签署协议来避免这种情况。针对委托不公平的问题，提出委托方预先支付押金的方法来设计协议。

协议由 C_1、C_2 与 P_0 提前签署，并在需要时引入 TTP 参与。具体步骤如下。

（1）初始化阶段

Step 1　参与者约定在时间 T_1 之前，委托方将计算函数 $f(\cdot)$ 和输入 x 发送给计算方，计算方在 T_2 之前返回给委托方计算结果，委托方在 T_3 之前给计算方支付计算佣金。则 $T_1<T_2<T_3$。

Step 2　P_0 确认接受正确计算结果 $f(x)$，需要支付佣金 a 给计算方。

Step 3　P_0 需要支付委托押金 d_0，才能获得委托给计算方的资格，说明委托方有能力支付本次计算任务。

Step 4　C_1、C_2 也需要支付押金 d，若一方没有支付则退出本次任务，押金退回支付方；若双方都没有支付，则终止委托计算。

（2）委托计算阶段

Step 1　在 T_1 之前 P_0 需将计算函数 $f(\cdot)$ 和输入 x 发送给 C_1 和 C_2。

Step 2　若 C_i（i=1,2）在 T_1 之前没有收到任务，或者 T_1 时刻已经过去，则 C_i 向 TTP 请求检验 P_0 没有发送任务给 C_i，让 P_0 返还押金给 C_i，并在 T_2 前收取 P_0 的押金，终止整个协议。

Step 3　在 T_2 之前 C_1 和 C_2 返回计算结果给委托方 P_0。

（3）结果恢复与支付阶段

Step 1　委托方 P_0 将两个结果比较检验后，在 T_3 之前支付 C_1 和 C_2 相应的佣金。

Step 2　若在 T_3 之前 P_0 没有任何反馈行为，则强制执行支付 C_1 和 C_2 相应的佣金，并返还 C_1 和 C_2 的押金。

本章协议设定各个时间用来推进委托计算的进程，防止某些参与者静止不动导致协议运行中空间占用和时间浪费，确保计算方押金不被冻结。当 C_i 没有收到计算任务时，TTP 参与协议，C_i 支付 TTP 的成本小于 P_0 的押金。

由公平委托协议设计的博弈如图 14-2 所示。在博弈中，有两个参与者 $P=\{P_0,C_i\}$。用 u_i 表示被欺骗计算方 C_i 的效用函数，用 u_0 表示 P_0 的效用函数。P_0 的策略组合为 $A_0=\{\text{nc},\text{yc}\}$，其中，nc 表示委托方在 T_1 之前不发起共谋，yc 表示委托方向其中一个计算方发起共谋。C_i 的策略组合为 $A_i=\{\text{ex},\text{en}\}$，其中，ex 表示 C_i 揭发委托方的共谋行为，en 表示 C_i 不揭发委托方的共谋行为。两方的效用列在叶子节点下。其中 R 表示正确计算结果的价值。

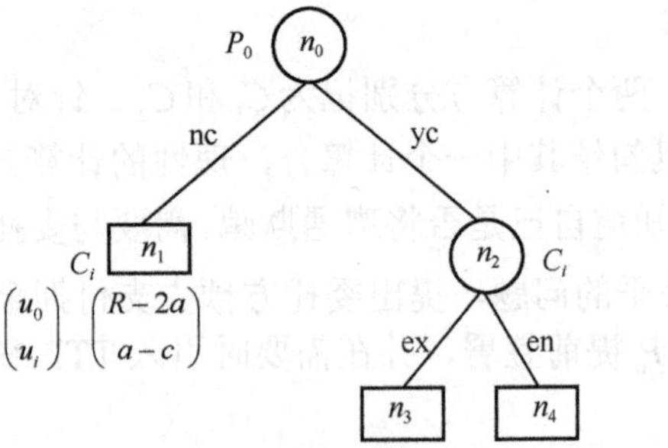

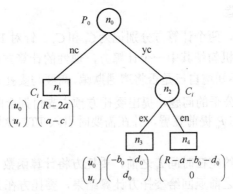

图 14-2　委托方公平委托协议（博弈 1）

14.4.2　均衡分析

接下来，证明博弈 1 有一个序贯均衡，其中委托方将不发起共谋行为，即 P_0 将以概率 1 选择策略 {nc}。

定理 14-1　博弈 1 有一个序贯均衡 $(s_0,s_i),(\beta_0,\beta_i)$，其中

$$\begin{cases} s_0 = (1(\text{nc}),0(\text{yc})) \\ s_i = (1(\text{ex}),0(\text{en})) \\ \beta_0 = (1(n_0)) \\ \beta_i = (1(n_1),0(n_2)) \end{cases}$$

若 P_0 和 C_i 都是理性的，则博弈 1 最终抵达节点 n_1。

证明

（1）序贯理性。令均衡策略组合为 (s_0,s_i)，且

$$\begin{cases} s_0 = (p(\text{nc}),(1-p)(\text{yc})) \\ s_i = (q(\text{ex}),(1-q)(\text{en})) \end{cases}$$

由贝叶斯法则得出信念系统为 $\beta=(\beta_0,\beta_i)$，且

$$\begin{cases} \beta_0 = (1(n_0)) \\ \beta_i = (p(n_1),(1-p)(n_2)) \end{cases}$$

通过进行逆向推理找到委托方与被欺骗计算方如何行动。为了方便分析，假设节点 n_1 也是 C_i 的选择节点，需要注意的是，无论 C_i 作何行为，其效用都是所列效用，则 C_i 的信息集 $I_i=\{n_1,n_2\}$。C_i 作为一个理性参与者，将在信息集上最大化自身效用，得到

$$\begin{aligned} u_i(s;I_i,\beta) = \beta_i(n_1)u_i(s;n_1)+\beta_i(n_2)u_i(s;n_2) = \\ pu_i(s;n_1)+(1-p)u_i(s;n_2) \end{aligned}$$

其中

$$\begin{cases} u_i(s;n_1) = qu_i(n_1)+(1-q)u_i(n_1) = 1u_i(n_1) \\ u_i(s;n_2) = qu_i(n_3)+(1-q)u_i(n_4) \end{cases}$$

因此，若 $q=1,1-q=0$，C_i 以概率 1 选择策略 {ex} 会获得最高效用。由于 $u_i(n_3)>u_i(n_4)$，则在概率 $q=1$ 下 C_i 能获得最大效用，即 $u_i(s;n_1)=u_i(n_1)$，$u_i(s;n_2)=u_i(n_3)$。因此，期望效用 $u_i(s;I_1,\beta)$ 也达到最大化。

下面逆推到 P_0 进行分析，因为 C_i 会以概率 1 选择策略 {ex}，所以 P_0 选择不发起共谋，其效用达到 $u_0(n_1)$，选择共谋效用达到 $u_0(n_3)$。则 P_0 的期望效用为

$$\begin{aligned} u_0(s;I_0,\beta) = \beta_0(n_0)u_0(s;n_0) = \\ pu_0(n_1)+(1-p)u_0(n_3) \end{aligned}$$

在博弈 1 中，由于$u_0(n_1) > u_0(n_3)$，因此设置$p=1$、$1-p=0$，P_0选择不发起共谋可达到最大期望效用。

因此，得到均衡策略(s_0,s_i)是序贯理性的，并且是唯一的序贯均衡。

（2）序贯一致。令序列$s^k=(s_0^k,s_i^k)$，且

$$\begin{cases} s_0^k=(\dfrac{k-1}{k}(\text{nc}),\dfrac{1}{k}(\text{yc})) \\ s_i^k=(\dfrac{k-1}{k}(\text{ex}),\dfrac{1}{k}(\text{en})) \end{cases}$$

对于混合策略s^k，因为$\lim\limits_{k\to\infty}\dfrac{k-1}{k}=1$，所以$s^k$收敛到$s$。

同样地，信念系统$\beta^k=(\beta_0^k,\beta_i^k)$，且

$$\begin{cases} \beta_0^k=(1(n_0)) \\ \beta_i^k=(\dfrac{k-1}{k}(n_1),\dfrac{1}{k}(n_2)) \end{cases}$$

因为$\lim\limits_{k\to\infty}\dfrac{k-1}{k}=1$，同样地，所以$\beta^k$也收敛到$\beta$。

综上，证出评估$(s_0,s_i),(\beta_0,\beta_i)$是博弈 1 的唯一序贯均衡。双方根据均衡策略，有以下等式成立，则博弈一定到达节点n_1。

$$\Pr\left[n_1|(s,\beta)\right]=\Pr\left[n_0|\text{s}\right]\Pr\left[n_1|(\text{s},n_0)\right]=1$$

证毕。

通过定理 14-1，可把信念非正式地解释为：P_0只有一个信息集并且信息集上只有一个节点，则P_0知道自己一定在节点n_0上，表示为$\beta_0=(1(n_0))$；对于C_i来说，C_i知道P_0的最优策略是不发起共谋，则C_i可以顺利达到节点n_1，表示为$\beta_i=(1(n_1),0(n_2))$。

因此，本章协议保证了委托方不会选择串通任何一个计算方，而是将计算任务委托给两个计算方以使效用最大化，从而解决了不公平委托的问题。

14.5 委托方与计算方——囚徒协议

14.5.1 协议构造

在计算阶段，由于理性计算方有动机返回一个随机的错误结果，则委托方需要引入可信第三方进行处理。通过设计合理的协议构造博弈模型，为两个计

算方打造“囚徒困境”，使其发现不诚实计算会导致损失，从而解决计算方不诚实的问题。

协议由 P_0 与 C_1、C_2 提前签署，在需要时可调用可信第三方 TTP 参与。具体步骤如下。

（1）初始化阶段

Step1~Step4 与公平委托协议初始化阶段的 Step1 相同，这里不再赘述。

（2）委托计算阶段

Step 1　P_0 在 T_1 之前需将计算函数 $f(\cdot)$ 和输入 x 发送给 C_1 和 C_2。

Step 2　若 C_i 在 T_1 之前没有收到任务，或者 T_1 时刻已经过去，则 C_i 向 TTP 请求检验 P_0 没有发送任务给 C_i，让 P_0 返还押金给 C_i，并在 T_2 前收取 P_0 的押金，终止整个协议。

Step 3　在 T_2 前，C_1 和 C_2 必须返回计算结果 y_1 和 y_2 给 P_0。

（3）结果恢复阶段

Step 1　当 P_0 接收到 y_1 和 y_2，或者超过时限 T_2 时，P_0 执行以下步骤。

① 若超过时限 T_2，P_0 没有收到 y_1 和 y_2，则没收 C_1 和 C_2 的全部押金，并终止协议。

② 若 P_0 在 T_2 前收到 y_1 和 y_2，且 $y_1 = y_2$，则 P_0 分别支付佣金 a 给 C_1 和 C_2。

③ 若在 T_2 前收到 y_1 和 y_2，且 $y_1 \neq y_2$；或只收到一个结果，则 P_0 需请求 TTP 解决问题。

Step 2　TTP 接收到 P_0 的请求，计算 $f(x)$，并执行以下步骤检测出欺骗方。

① 若 $y_i \neq f(x),\ i = 1,2$，则 C_i 欺骗。

② 若 $y_i = \perp$，$i = 1,2$，则 C_i 欺骗。

（4）支付阶段

① 若存在欺骗计算方 C_i 被检测出来，则 P_0 没收 C_i 的押金 d；支付给 TTP 计算佣金 c_t；然后支付给诚实计算方佣金 a 和奖励 $d - c_t$，并返回其押金。

② 若 P_0 在 T_3 之前没有任何反馈行为，则强制执行对返回结果的计算方 C_i 支付佣金 a，并返还其押金。

在以上协议中，假设 TTP 是可信的仲裁者，委托方对其审判的结果完全信任。申请调用 TTP 的费用从没收欺骗方的押金中抽取。

由囚徒协议构造的博弈如图 14-3 所示。在博弈中，有两个参与者 $P = \{C_1, C_2\}$。用 u_1 表示 C_1 的效用函数，用 u_2 表示 C_2 的效用函数。C_1 与 C_2 的行为策略集合 $A_i = \{y, y_i'\}$，其中 $y = f(x)$，y_i' 是 C_i 随机猜测的结果（假设 C_1 与 C_2 猜测的结果正好相等的概率可以忽略，且猜测的结果正好等于正确结果的概率也可忽略，则 $y_1' \neq y_2' \neq y$）。各方的效用列在叶子节点下。给定均衡策略，博弈将到达 n_3 节点。

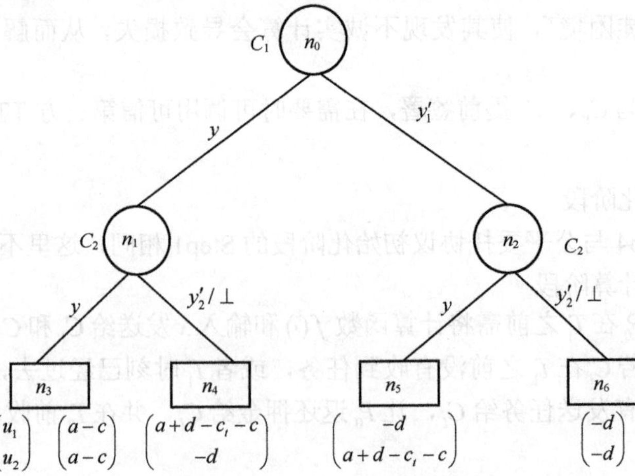

图 14-3 计算方囚徒协议（博弈 2）

14.5.2 均衡分析

接下来，分析博弈得出若押金 $d > c_t$，参与者必定都返回正确计算的结果 y，则博弈会到达节点 n_3。证明博弈 2 有唯一的序贯均衡点，其中计算方一定诚实计算，即 C_i 将以概率 1 选择行为策略 y。首先，对 C_2 在节点 n_1 进行分析，$u_2(y)=a-c$，$u_2(y_2')=-d$。其中 $u_2(y)$ 一定大于 $u_2(y_2')$；同样地，C_2 在节点 n_2 获得效用 $u_2(y)=a+d-c_t-c$，$u_2(y_2')=-d$，若 $d>c_t$，则 $u_2(y)$ 一定大于 $u_2(y_2')$。因此，C_2 在信息集上的行为策略一定是 $y=f(x)$。在此条件下，C_1 无论选择哪个策略都只能到达节点 n_3 和 n_4，并且在 n_3 的效用 $u_1(y)=a-c$，$u_1(y_1')=-d$，因为 $u_1(y)>u_1(y_1')$，C_2 在信息集上的行为策略也是 $y=f(x)$，从而获得最大效用。综上推理，得到定理 14-2。

定理 14-2 博弈 2 有一个序贯均衡 $(s_1,s_2),(\beta_1,\beta_2)$，其中

$$\begin{cases} s_1=(1(y),0(y_1')) \\ s_2=(1(y),0(y_2')) \\ \beta_1=(1(n_0)) \\ \beta_2=(1(n_1),0(n_2)) \end{cases}$$

若 C_1 和 C_2 都是理性参与者，则博弈 2 最终抵达节点 n_3。

证明 首先证明均衡是序贯理性的。令均衡策略组合为 (s_1,s_2)，其中

$$\begin{cases} s_1=(p(y),(1-p)(y_1')) \\ s_2=(q(y),(1-q)(y_2')) \end{cases}$$

由贝叶斯法则得到信念系统 $\beta=(\beta_1,\beta_2)$，且

$$\begin{cases}\beta_1=(1(n_0))\\ \beta_2=(p(n_1),(1-p)(n_2))\end{cases}$$

通过逆向推理找到 C_1 和 C_2 的行为策略。C_2 的信息集为 $I_2=\{n_1,n_2\}$。作为一个理性参与者，C_2 将在信息集上最大化自身效用，定义 C_2 的效用函数为

$$u_2(s;I_2,\beta)=\beta_2(n_1)u_2(s;n_1)+\beta_2(n_2)u_2(s;n_2)=\\ pu_2(s;n_1)+(1-p)u_2(s;n_2)$$

其中

$$\begin{cases}u_2(s;n_1)=qu_2(n_3)+(1-q)u_2(n_4)\\ u_2(s;n_2)=qu_2(n_4)+(1-q)u_2(n_6)\end{cases}$$

因此，若 $q=1$，即 C_2 以概率 1 选择策略 $y=f(x)$ 会获得最大效用。当 $d>c_t$ 时，$u_2(n_3)>u_2(n_4)$，$u_2(n_4)>u_2(n_6)$。因此在概率条件 $q=1$ 下，C_2 可获得最大的期望效用，即 $u_2(s;n_1)=u_2(n_3)$，$u_2(s;n_2)=u_2(n_4)$。因此，C_2 和 C_2 在信息集 I_2 上的期望效用 $u_i(s;I_1,\beta)$ 也达到最大化。

下面逆推分析 C_1，因为 C_2 的策略是 $(1(y),0(y_2'))$，所以 C_1 无论是选择策略 y 还是策略 y_1'，其最终只能达到 n_3 和 n_4 节点。定义 C_1 的期望效用为

$$u_1(s;I_1,\beta)=\beta_1(n_0)u_1(s;n_0)=pu_1(n_3)+(1-p)u_1(n_4)$$

在博弈 2 中，由于 $u_1(n_3)>u_1(n_4)$，因此当 $p=1$ 时，C_1 选择诚实计算并返回正确结果 y 可获得最大的期望效用。

因此，得到均衡策略 (s_1,s_2) 是序贯理性的。

接下来证明信念系统的一致性，令序列 $s^k=(s_1^k,s_2^k)$，且

$$\begin{cases}s_1^k=\left(\dfrac{k-1}{k}(y),\dfrac{1}{k}(y_1')\right)\\[2ex] s_2^k=\left(\dfrac{k-1}{k}(y),\dfrac{1}{k}(y_2')\right)\end{cases}$$

对于混合策略 s^k，因为 $\lim\limits_{k\to\infty}\dfrac{k-1}{k}=1$，则 s^k 收敛到 s。

令信念系统 $\beta^k=(\beta_1^k,\beta_2^k)$，且

$$\begin{cases}\beta_0^k=(1(n_0))\\ \beta_i^k=\left(\dfrac{k-1}{k}(n_1),\dfrac{1}{k}(n_2)\right),\quad i=1,2\end{cases}$$

同样地，β^k 也收敛到 β。

综上可得 $(s_1,s_2),(\beta_1,\beta_2)$ 是博弈 2 的唯一序贯均衡。双方根据均衡策略，以概率 1 选择返回正确的计算结果，则博弈一定会到达节点 n_3。

$$\Pr\left[n_3|(s,\beta)\right]=\Pr\left[n_0|s\right]\Pr\left[n_1|(s,n_0)\right]\Pr\left[n_3|(s,n_1)\right]=1$$

证毕。

本节通过设计囚徒协议，解决了委托计算过程计算方返回随机结果的问题，并使诚实的委托方可以在支付成本不超过 $2a$ 的情况下获得委托函数的正确结果。囚徒协议保证了委托计算的正确性。

14.6 协议分析

14.6.1 正确性分析

定理 14-3 所提基于序贯均衡理论的理性委托计算协议满足计算正确性，并且协议满足全局最优。

证明 参与者在执行理性委托计算过程中，委托方与两个计算方签署囚徒协议，保证了委托计算结果的正确性。根据囚徒协议，理性参与者在可信第三方的威慑下将选择返回正确的计算结果，否则支付调用可信第三方处理问题的开销由欺骗的一方支付。不正确计算将会导致利益损失。所提基于序贯均衡理论的理性委托计算协议满足计算正确性。

在协议的效用分析阶段，如果委托方和两个计算方都遵守协议的规则，那么博弈将达到序贯均衡状态，理性参与者都将选择使全局帕累托最优的策略。

由计算方分别与委托方签署的公平委托协议使计算任务能合理分配给两个计算方，保证了委托计算的公平性。

14.6.2 性能分析

本节针对委托不同模指数的计算任务所需的时间开销进行性能分析。使用理性委托计算协议，委托方不需要对结果进行证明验证，只需要对比两个计算方的结果。不同协议时间开销对比如图 14-4 所示。通过对比可知，理性委托计算协议消耗的时间小于委托计算协议与直接计算协议的时间开销，并且随着计算任务量的增大，更能直观看出理性委托计算协议的高效性。

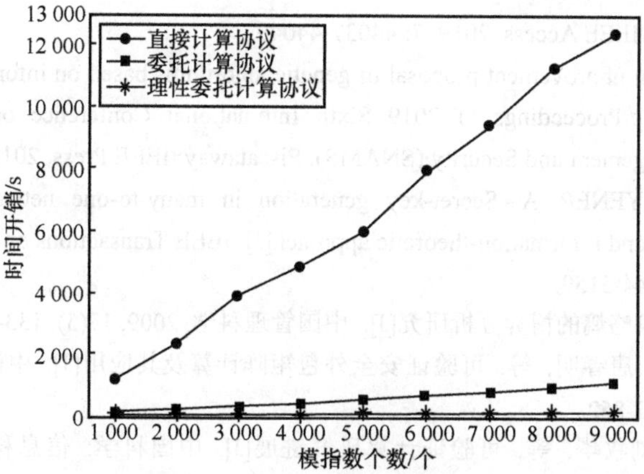

图 14-4　不同协议时间开销对比

参考文献

[1] HALPERN J Y, TEAGUE V. Rational secret sharing and multiparty computation: extended abstract[C]//Proceedings of the 36th Annual ACM Symposium on Theory of Computing. New York: ACM Press, 2004: 623-632.

[2] KATZ J. Bridging game theory and cryptography: recent results and future directions[C]//Theory of Cryptography. Berlin: Springer, 2008: 251-272.

[3] KOL G, NAOR M. Games for exchanging information[C]//Proceedings of the 40th Annual ACM Symposium on Theory of Computing. New York: ACM Press, 2008: 423-432.

[4] TIAN Y L, MA J F, PENG C G, et al. Fair (t,n) threshold secret sharing scheme[J]. Information Security, 2013, 7(2): 106-112.

[5] 张恩，孙权党，刘亚鹏. 抗共谋理性多秘密共享方案[J]. 计算机科学, 2015(10):170-175.

[6] KÜPCÜ A. Incentivized outsourced computation resistant to malicious contractors[J]. IEEE Transactions on Dependable and Secure Computing, 2017, 14(6): 633-649.

[7] 尹鑫，田有亮，王海龙. 公平理性委托计算协议[J]. 软件学报, 2018, 29(7): 1953-1962.

[8] WANG Y J, WU Q H, WONG D S, et al. Securely outsourcing exponentiations with single untrusted program for cloud storage[C]//Computer Security - ESORICS 2014. Berlin: Springer, 2014: 326-343.

[9] INASAWA K, YASUNAGA K. Rational proofs against rational verifiers[J]. IEICE Transactions on Fundamentals of Electronics, Communications and Computer Sciences, 2017, 100(11): 2392-2397.

[10] NEYMAN A, OKADA D. Repeated games with bounded entropy[J]. Games and Economic Behavior, 2000, 30(2): 228-247.

[11] TIAN Y L, GUO J, WU Y L, et al. Towards attack and defense views of rational delegation of

computation[J]. IEEE Access, 2019, 7: 44037-44049.

[12] LI J C, LI L. An improvement proposal of genetic algorithms based on information entropy and game theory[C]//Proceedings of 2019 Sixth International Conference on Social Networks Analysis, Management and Security (SNAMS). Piscataway: IEEE Press, 2019: 36-43.

[13] CHOU R A, YENER A. Secret-key generation in many-to-one networks: an integrated game-theoretic and information-theoretic approach[J]. IEEE Transactions on Information Theory, 2019, 65(8): 5144-5159.

[14] 何大义. 基于策略熵的博弈分析研究[J]. 中国管理科学, 2009, 17(5): 133-139.

[15] 胡杏，裴定一，唐春明，等. 可验证安全外包矩阵计算及其应用[J]. 中国科学：信息科学, 2013, 43(7): 842-852.

[16] 薛锐，吴迎，刘牧华，等. 可验证计算研究进展[J]. 中国科学：信息科学，2015，45(11): 1370-1388.

[17] CAMPANELLI M, GENNARO R. Sequentially composable rational proofs[C]//Lecture Notes in Computer Science. Berlin: Springer, 2015: 270-288.

[18] AZAR P D, MICALI S. Super-efficient rational proofs[C]//Proceedings of the 14th ACM Conference on Electronic Commerce. Berlin: Springer, 2013: 29-30.

[19] CATALANO D, FIORE D, WARINSCHI B. Homomorphic signatures with efficient verification for polynomial functions[C]//Advances in Cryptology-CRYPTO 2014. Berlin: Springer, 2014: 371-389.

[20] BACKES M, FIORE D, REISCHUK R M. Verifiable delegation of computation on outsourced data[C]//Proceedings of the 2013 ACM SIGSAC Conference on Computer & Communications Security. New York: ACM Press, 2013: 863-874.

[21] APPLEBAUM B, ISHAI Y, KUSHILEVITZ E. From secrecy to soundness: efficient verification via secure computation[C]//Automata, Languages and Programming. Berlin: Springer, 2010: 152-163.

[22] PARNO B, RAYKOVA M, VAIKUNTANATHAN V. How to delegate and verify in public: verifiable computation from attribute-based encryption[C]//Theory of Cryptography. Berlin: Springer, 2012: 422-439.

[23] DEMIREL D, SCHABHÜSER L, BUCHMANN J. Proof and argument based verifiable computing[M]. Berlin: Springer, 2017.

[24] BELENKIY M, CHASE M, ERWAY C C, et al. Incentivizing outsourced computation[C]// Proceedings of the 3rd International Workshop on Economics of Networked Systems. New York: ACM Press, 2008: 85-90.

第 15 章 激励相容的理性委托计算方案

本章考虑了理性委托计算方案中的可验证计算问题，这意味着客户端将计算任务委托给不受信任的服务端，并且需要验证由服务端返回的计算结果的正确性。Dong 等提出一种有效的基于重复的可验证计算方案，具体地，客户端将相同的计算任务委托给两个不同的服务端，并通过交叉验证来实现方案可验证性。Dong 方案尽管不需要昂贵的密码学验证开销来验证计算结果的正确性，但是需要支付双倍的委托开销。

为了减少 Dong 方案的委托开销，本章提出了一种新颖的激励相容的理性委托计算（Incentive Compatible Rational Delegation Computing，ICRDC）方案。在本章方案中，客户端将整个计算任务划分为若干任务块，分发给不同的服务端，其中某些服务端将收到相同的任务块，但服务端并不知道客户端是如何进行分发的，仅知道自己收到重复任务块的概率分布。在此基础下，本章设计了多个有效的激励机制，构造了制衡博弈、共谋博弈、诬陷博弈、背叛博弈，并求解了每个博弈的序贯均衡解，证明了在更低的委托开销下，理性参与者仍然没有动机偏离诚实行为。分析表明，本章方案的委托开销是 Dong 方案的 $\frac{n}{2n-2}$。

15.1 问题引入

现有可验证委托计算方案的构造通常基于两种方法。一种是基于密码学，即服务端需要返回计算结果与密码算法的“证明”来实现可验证性。另一种是基于重复，即客户端将相同的任务委托给不同的服务端，服务端各自计算并返回计算结果后，客户端通过对比计算结果是否一致来实现可验证性。委托操作在密码学领域中具有悠久的历史，1993 年，Chaum 与 Pedersen 发表了 *Wallet Databases with Observers* 来保证不可信插件的正确执行。到目前为止，众多学者已提出了很多基于密码学的可验证计算方案。尽管这些方案可以可靠地执行，但是密码学算法所需的验证开销通常比较高。重复是确保系统可靠性的有效技术。在基于重复的可验证计算方案中，尽管不需要很高的密码学验证开销，但是客户端不得不雇佣多个服务端来执行相同的任务，这就意味着客户端不得不需要支付额外的委托开销。

本章工作是基于 Dong 方案的改进。具体地，Dong 等结合博弈论，从经济学而不是密码学角度构造了一种基于重复的理性委托计算方案，以智能合约实现激励机制，并解决了两个服务端之间的共谋问题。一方面，Dong 方案的委托开销比传统方案降低了 50%。然而，50%的委托开销仍然不够低，特别是当仅委托一个服务端计算一份原始任务时的开销是巨大的。另一方面，结合博弈论、区块链与智能合约所构造的方案逐渐成为近年的研究热点。简而言之，本章的目的是在激励理性参与者诚实行动的同时尽可能降低现有方案的委托开销。

15.2 制衡博弈

本节首先提出了一对 n 激励相容的理性委托计算方案，然后设计了制衡合约（Prisoner Contract，PC）来约束理性参与者的行为，最后构造制衡博弈并严格证明了理性参与者将签订 PC 以及诚实执行 ICRDC。

15.2.1 ICRDC

一对 n 委托计算指的是一个客户端将选定的计算任务委托给 n 个服务端，并且客户端需要验证返回结果的正确性。ICRDC 具体分为以下几个阶段。

（1）划分。客户端将计算任务均匀划分为 m 块，每一块被称为任务块 b_j。每一个任务块的委托开销是计算任务的 $\frac{1}{m}$。定义客户端为 C，服务端集合为 $P=\{P_1,P_2,\cdots,P_n\}$，任务块集合为 $B=\{b_1,b_2,\cdots,b_m\}$。

（2）委托。客户端将 m 块任务块委托给 n 个服务端，同时客户端将每个任务块的承诺发布至区块链。如果 C 想要将任务块 b_j 委托给 P_i，那么 C 需要随机选取 $\xi_i \in F_q^*$ 生成 $\mathrm{Com}_{\xi_i}(b_j)$ 并发布至区块链。称 P_i 收到的任务块为 b_i，那么当 P_i 收到 (b_i,ξ_i) 时，其通过计算 $\mathrm{Com}_{\xi_i}(b_i)\overset{?}{=}\mathrm{Com}_{\xi_i}(b_j)$ 来判断区块链上的承诺是否由自身收到的消息生成。在委托过程中，C 确保①每个任务块 b_j 被委托给一个或两个服务端；②每个服务端 P_i 收到且只收到一个任务块；③至少存在一个任务块 b_* 使其被委托给了两个不同的服务端。由于如何划分及委托取决于 C，P_i 无法确定自身收到的 b_i 是否是重复的。因此，将服务端划分为两类，①DS（Duplicate Server）是一个重复的服务端 P_i，即满足对于 $\exists P_{i'}(P_{i'} \neq P_i) \in P$，使 $b_{i'} = b_i$；②US（Unique Server）是一个单独的服务端 P_i，即满足对于 $\forall P_{i'}(P_{i'} \neq P_i) \in P$，使 $b_{i'} \neq b_i$。

（3）计算。每个服务端私有地计算所收到的任务块，并将计算结果返回给客户端，同时将计算结果的承诺发布至区块链。

显然，P_i 计算必将产生计算开销，同时，P_i 也将从 C 处获取报酬，报酬必须大于自身计算开销。值得注意的是，当 P_i 返回计算结果 $f(b_i)$ 时，同样需要随机选取 $\varsigma_i \in F_q^*$ 生成 $\mathrm{Com}_{\varsigma_i}(f(b_i))$ 并将承诺发布至区块链，如此 C 也能容易地验证链上的承诺是否由收到的计算结果生成。

（4）验证。客户端交叉验证返回的计算结果，并决定是否向可信第三方发起验证请求。

实际上，C 仅交叉验证由 DS 返回的计算结果。①定义接收到相同任务块的两个 DS 为一对$(\mathrm{DS}_i,\mathrm{DS}_j)$，显然，如果每对$(\mathrm{DS}_i,\mathrm{DS}_j)$返回的计算结果不一致，则至少有一个 DS 欺骗。因此，通过对比每对$(\mathrm{DS}_i,\mathrm{DS}_j)$返回的计算结果是否一致即可判断其是否存在欺骗行为，并决定是否发起验证。②定义 κ 表示 DS 的数量，由于 DS 是两两配对的，则 κ 为偶数；③定义 τ 表示 US 的数量，则 $\tau = n - \kappa$。

引理 15-1　对于每个 P_i 而言，DS 的概率为 $\dfrac{2n-2m}{n}$，US 的概率为 $\dfrac{2m-n}{n}$。

证明　根据 ICRDC 的委托规则（如图 15-1 所示），假设所有的 m 个任务块已经被决定委托给 m 个服务端，由于每个任务块必须被委托给一或两个服务端，那么剩余的 $n-m$ 个服务端所收到的任务块必将为重复的，则共有 $\kappa = 2n-2m$ 个服务端同时成为 DS，即成为 DS 的概率为 $\dfrac{2n-2m}{n}$。因此，$\tau = n-(2n-2m) = 2m-n$，即成为 US 的概率为 $\dfrac{2m-n}{n}$。证毕。

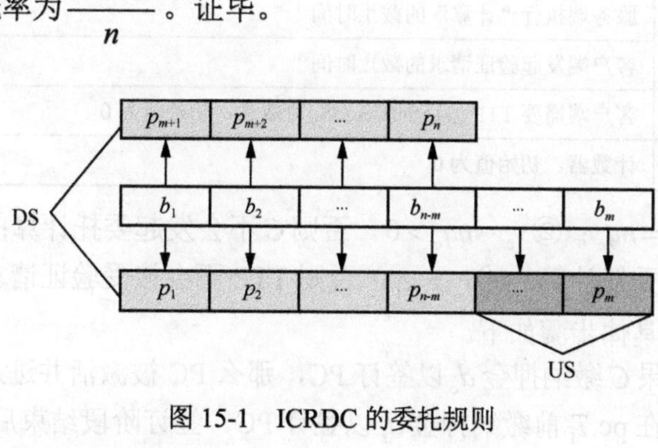

图 15-1　ICRDC 的委托规则

除此之外，由于 κ 为偶数，则 $2 \leqslant \kappa \leqslant n$，因此有

$$\begin{cases}\kappa = 2n-2m \\ \tau = 2m-n \\ 2\leqslant \kappa \leqslant n \\ \tau = n-\kappa\end{cases} \Rightarrow \frac{n}{2}\leqslant m\leqslant n-1 \tag{15-1}$$

更具体地，当 $m=\frac{n}{2}$ 时，每两个服务端互为(DS_i,DS_j)对；当 $m=n-1$ 时，只有两个服务端收到相同任务块而成为 DS，同时其他服务端均为 US。

15.2.2 制衡合约

定义制衡合约中的变量如表 15-1 所示。

表 15-1 制衡合约中的变量

变量	描述
α	客户端直接委托一份原始计算任务的委托开销
d_c	客户端签订 PC 需要缴纳的押金
d_s	每个服务端签订 PC 需要缴纳的押金
q_c	客户端给每个服务端支付的计算报酬
v_c	客户端通过委托计算获得正确结果的收益
g_s	每个服务端计算任务块的计算成本
r_c	TTP 验证每对(DS_i,DS_j)所收取的验证费用
g_t	TTP 验证每对(DS_i,DS_j)的验证成本
$pc.T_1$	客户端发起委托计算请求后，服务端签订 PC 的截止时间
$pc.T_2$	PC 生效后，客户端执行“委托”的截止时间
$pc.T_3$	服务端执行“计算”的截止时间
$pc.T_4$	客户端发起验证请求的截止时间
l_0	客户端需要 TTP 验证的(DS_i,DS_j)对数量，初始值为 0
l_1,l_2,l_3	计数器，初始值为 0

显然有① $\alpha = nq_c$；② $v_c - nq_c > 0$，否则 C 不会发起委托计算；③ $q_c - g_s > 0$，否则 P_i 不会接受委托计算；④ $r_c > g_t$，否则 TTP 不会接受验证请求。

制衡合约的具体步骤如下。

Step 1 如果 C 缴纳押金 d_c 以签订 PC，那么 PC 被激活并进入 Step2。

Step 2 P_i 在 $pc.T_1$ 前缴纳押金 d_s 以签订 PC。签订阶段结束后，如果 $n\leqslant 2$，那么 PC 在归还所有参与者的押金后终止；否则，判断 n 是否为偶数，若 n 为偶数则 PC 进入 Step3；若 n 为奇数则剔除最后一名签订合约的 P_{last} 并归还其押金，随后 PC 进入 Step3。

Step 3 C 在 pc.T_2 前执行 ICRDC 的“委托”过程，此后每个 P_i 在 pc.T_3 前执行 ICRDC 的“计算”过程。如果参与者均按时执行，那么 PC 进入 Step4；否则，PC①没收每个超时参与者的押金并平均分配给未超时参与者；②归还每个未超时参与者的押金，PC 终止。

Step 4 C 在 pc.T_3 前执行 ICRDC 的“验证”过程，令 l_0 表示 C 需要 TTP 验证的(DS$_i$,DS$_j$)对数量。如果 $l_0>0$，那么 PC 进入 Step4-1；否则 PC①转交 C 押金中的 q_c 给每个 P_i；②归还 C 剩余的押金 d_c-nq_c；③归还每个 P_i 的押金 d_s，PC 终止。

Step 4-1 若 $l_0>0$，那么 $l_0=l_0-1$，PC 进入 Step4-2；否则，PC 进入 Step4-3。

Step 4-2 TTP 重新计算每个 C 要求验证的(DS$_i$,DS$_j$)对的任务块。针对当前(DS$_i$,DS$_j$)对，如果 DS$_i$ 和 DS$_j$ 都是诚实的，那么 PC①转交 C 押金中的 r_c 给 TTP；②转交 C 押金中的 q_c 给当前每个 DS；③归还当前每个 DS 的押金 d_s；④ $l_1=l_1+1$，PC 回到 Step4-1；否则，如果只有 DS$_i$ 或 DS$_j$ 是诚实的，那么 PC①转交 C 押金中的 q_c 给诚实的 DS；②转交不诚实 DS 的押金 d_s 给诚实的 DS；③转交诚实 DS 押金中的 r_c 给 TTP；④归还诚实 DS 的押金 d_s-r_c；⑤ $l_2=l_2+1$，PC 回到 Step4-1；否则，PC①转交 C 押金中的 r_c 给 TTP；②转交当前每个 DS 的押金 d_s 给 C；③ $l_3=l_3+1$，PC 回到 Step4-1。

Step 4-3 PC①转交 C 押金中的 q_c 给每个未涉入验证的服务端；②归还 C 的剩余押金 $d_c-(n-2l_0+2l_1+l_2)q_c-(l_1+l_3)r_c$；③归还每个未涉入验证的服务端的押金 d_s，PC 终止。

也就是说，Step1 说明此时 C 有策略{sign}与{not-sign}，其中{sign}表示 C 缴纳押金并发起委托计算请求。Step2 说明此时 P_i 有策略{sign}与{not-sign}，其中{sign}表示 P_i 缴纳押金并加入 C 的委托计算中。Step3 说明 C 必须及时执行“委托”，否则被没收押金，P_i 必须及时执行“计算”，否则被没收押金，且此时 P_i 有策略{honest}与{dishonest}，其中{honest}表示诚实计算并返回计算结果。Step4 说明此时 C 有策略{IVR}与{NIVR}，其中{IVR}表示 C 向 TTP 发起针对某个(DS$_i$,DS$_j$)对的验证请求，之后由 TTP 来实现仲裁并由 PC 来自动执行押金的流转。

考虑这样一个问题：C 应该如何选择策略{IVR}与{NIVR}呢？设 C 通过委托计算得到的所有计算结果的价值为 γv_c，$\gamma\in[0,1]$，显然，在 TTP 未涉入验证的情况下，γv_c 随着错误计算结果数量的增多而减小或不变。因此，针对具体某个(DS$_i$,DS$_j$)对，假设 C 已经选择了策略{IVR}，C 的效用为

$$u_c(\text{IVR})=\gamma_1 v_c-(n-2l_0)q_c+(-2q_c-r_c)l_1-q_c l_2+(2d_s-r_c)l_3=$$
$$\gamma_1 v_c-nq_c+2q_c l_0+(-2q_c-r_c)l_1-q_c l_2+(2d_s-r_c)l_3 \tag{15-2}$$

引理 15-2 当 $2d_s+2q_c-r_c>0$ 时，对于某个(DS$_i$,DS$_j$)对，如果 C 发现 DS$_i$ 和 DS$_j$

返回的计算结果一致，那么C必然选择策略{NIVR}；否则，C必然选择策略{IVR}。

证明 对于一个特定的(DS_i,DS_j)对，由于DS_i和DS_j计算了相同的任务块，因此如果各自返回的计算结果是一致的，就能说明DS_i和DS_j（在没有共谋情况下）均诚实地计算了；如果不一致，就能说明起码有一个DS是不诚实的。

① 如果DS_i和DS_j均诚实（此时计算结果一致），那么

$$u_c(\text{NIVR}) = \gamma_1 v_c - nq_c + 2q_c(l_0 - 1) + (-2q_c - r_c)(l_1 - 1) - q_c l_2 + (2d_s - r_c)l_3 = u_C(\text{IVR}) + r_c > u_C(\text{IVR}) \tag{15-3}$$

则理性的C必然选择策略{NIVR}。

② 如果DS_i和DS_j中只有一方诚实（此时计算结果不一致），那么

$$u_c(\text{NIVR}) = \gamma_2 v_c - nq_c + 2q_c(l_0 - 1) + (-2q_c - r_c)l_1 - q_c(l_2 - 1) + (2d_s - r_c)l_3 \leqslant u_C(\text{IVR}) - q_c < u_C(\text{IVR}) \tag{15-4}$$

其中，$\gamma_2 \leqslant \gamma_1$，则$C$必然选择策略{IVR}。

③ 如果DS_i和DS_j都不诚实（此时计算结果不一致），那么

$$u_c(\text{NIVR}) = \gamma_3 v_c - nq_c + 2q_c(l_0 - 1) + (-2q_c - r_c)l_1 - q_c l_2 + (2d_s - r_c)(l_3 - 1) < u_C(\text{IVR}) + r_c - 2d_s - 2q_c < u_C(\text{IVR}) \tag{15-5}$$

其中，$\gamma_3 < \gamma_1$，则C必然选择策略{IVR}。证毕。

因此，C会理性地选择策略{IVR}和{NIVR}，这使C自身不会浪费验证开销，不诚实的DS也一定会被捕捉和惩罚。正因如此，对于一个(DS_i,DS_j)对而言，①如果给定DS_i选择策略{honest}，那么DS_j选择策略{honest}得到效用$q_c - g_s$，选择策略{dishonest}得到效用$-d_s$；②如果给定DS_i选择策略{dishonest}，那么DS_j选择策略{honest}得到效用$q_c - g_s + d_s - r_c$，选择策略{dishonest}得到效用$-d_s$。即无论如何，策略{dishonest}都是劣势策略。也就是说，DS没有动机选择策略{dishonest}，即$l_0 = l_1 = l_2 = l_3 = 0$，同时，TTP也不会被$C$调用。

15.2.3 制衡博弈与分析

15.2.2节说明了DS没有动机选择策略{dishonest}，即没有动机偏离诚实行为。然而，须证明ICRDC中的每个服务端$P_i \in P$都不偏离诚实行为。

由引理15-2可知，如果DS选择策略{dishonest}，那么C必然选择策略{IVR}以获得更高效用。然而，如果US选择策略{dishonest}，由于没有针对US的验证

机制，从而 C 的效用将减少。因此，定义 C 的效用为

$$u_c = \phi_n(\kappa_h) + \varphi_n(\tau_h) \tag{15-6}$$

其中，n 为服务端数量，κ_h 为诚实的 DS 数量，τ_h 为诚实的 US 数量。显然 $\phi_n(\kappa_h)$ 是关于 $\kappa_h \in [0, 2n-2m]$ 的减函数，即对于 $\forall \kappa_{h1} < \kappa_{h2}$，满足 $\phi_n(\kappa_{h1}) > \phi_n(\kappa_{h2})$。而 $\varphi_n(\tau_h)$ 是关于 $\tau_h \in [0, 2m-n]$ 的增函数，即对于 $\forall \tau_{h1} < \tau_{h2}$，满足 $\varphi_n(\tau_{h1}) < \varphi_n(\tau_{h2})$。

令除了 P_i 以外的其他服务端为 $P_{-i} = \{P_1, \cdots, P_{i-1}, P_{i+1}, \cdots, P_n\}$，$\kappa_h = k, \tau_h = t$。构造如图 15-2 所示的 C 与 P_i 的制衡博弈。

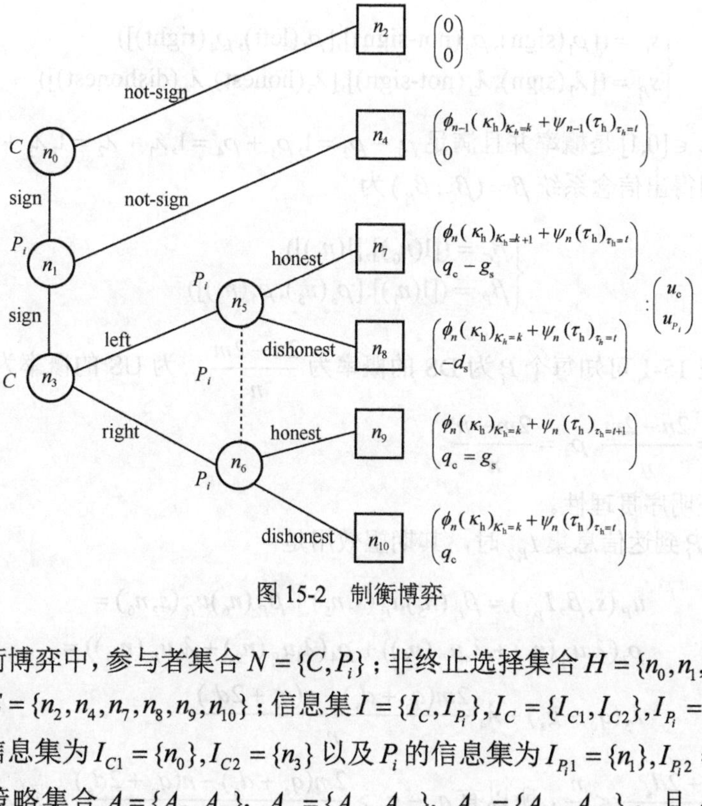

图 15-2 制衡博弈

在制衡博弈中，参与者集合 $N = \{C, P_i\}$；非终止选择集合 $H = \{n_0, n_1, n_3, n_5, n_6\}$；终止集合 $E = \{n_2, n_4, n_7, n_8, n_9, n_{10}\}$；信息集 $I = \{I_C, I_{P_i}\}, I_C = \{I_{C1}, I_{C2}\}, I_{P_i} = \{I_{P_i1}, I_{P_i2}\}$，其中 C 的信息集为 $I_{C1} = \{n_0\}, I_{C2} = \{n_3\}$ 以及 P_i 的信息集为 $I_{P_i1} = \{n_1\}, I_{P_i2} = \{n_5, n_6\}$。

可选策略集合 $A = \{A_C, A_{P_i}\}$，$A_C = \{A_{C1}, A_{C2}\}$，$A_{P_i} = \{A_{P_i1}, A_{P_i2}\}$，且 $A_{C1} = \{\text{sign}, \text{not-sign}\}$，$A_{C2} = \{\text{left}, \text{right}\}$，$A_{P_i1} = \{\text{sign}, \text{not-sign}\}$，$A_{P_i2} = \{\text{honest}, \text{dishonest}\}$，其中策略{left}表示 C 给 P_i 发送了相同的任务块，而策略{right}表示发送了独一无二的任务块。

定理 15-1 如果 $\dfrac{2q_c + 2d_s}{2q_c + 2d_s - g_s} < \dfrac{n}{m} \leqslant 2$，那么图 15-2 中制衡博弈存在唯一序贯均衡 $(s, \beta) = ((s_C, s_{P_i}), (\beta_C, \beta_{P_i}))$，其中 s_C, β_C 是 C 的行为策略和信念，s_{P_i}, β_{P_i} 是 P_i

的行为策略和信念，且

$$\begin{cases} s_C = \left([1(\text{sign}), 0(\text{not-sign})], \left[\dfrac{2n-2m}{n}(\text{left}), \dfrac{2m-n}{n}(\text{right}) \right] \right) \\ s_{P_i} = ([1(\text{sign}), 0(\text{not-sign})], [1(\text{honest}), 0(\text{dishonest})]) \\ \beta_C = ([1(n_0)], [1(n_3)]) \\ \beta_{P_i} = \left([1(n_1)], \left[\dfrac{2n-2m}{n}(n_5), \dfrac{2m-n}{n}(n_6) \right] \right) \end{cases} \tag{15-7}$$

证明 令策略组合为 $s=(s_C, s_{P_i})$，且

$$\begin{cases} s_C = ([\rho_1(\text{sign}), \rho_2(\text{not-sign})], [\rho_3(\text{left}), \rho_4(\text{right})]) \\ s_{P_i} = ([\lambda_1(\text{sign}), \lambda_2(\text{not-sign})], [\lambda_3(\text{honest}), \lambda_4(\text{dishonest})]) \end{cases} \tag{15-8}$$

其中，$\rho_i, \lambda_i \in [0,1]$ 是概率并且满足 $\rho_1+\rho_2=1, \rho_3+\rho_4=1, \lambda_1+\lambda_2=1, \lambda_3+\lambda_4=1$，由贝叶斯法则得出信念系统 $\beta=(\beta_C, \beta_{P_i})$ 为

$$\begin{cases} \beta_C = ([1(n_0)], [1(n_3)]) \\ \beta_{P_i} = ([1(n_1)], [\rho_3(n_5), \rho_4(n_6)]) \end{cases} \tag{15-9}$$

由引理 15-1 可知每个 P_i 为 DS 的概率为 $\dfrac{2n-2m}{n}$，为 US 的概率为 $\dfrac{2m-n}{n}$，因此有 $\rho_3 = \dfrac{2n-2m}{n}, \rho_4 = \dfrac{2m-n}{n}$。

下面证明序贯理性。

① 当 P_i 到达信息集 $I_{P_i 2}$ 时，其期望效用是

$$\begin{aligned} & u_{P_i}(s, \beta, I_{p_{i2}}) = \beta_{P_i}(n_5) u_{P_i}(s, n_5) + \beta_{P_i}(n_6) u_{P_i}(s, n_6) = \\ & \rho_3(\lambda_3 u_{P_i}(n_7) + \lambda_4 u_{P_i}(n_8)) + \rho_4(\lambda_3 u_{P_i}(n_9) + \lambda_4 u_{P_i}(n_{10})) = \\ & \lambda_3(q_c - g_s) + \lambda_4 \frac{2m(q_c + d_s) - n(q_c + 2d_s)}{n} \end{aligned} \tag{15-10}$$

因为 $\dfrac{2q_c + 2d_s}{2q_c + 2d_s - g_s} < \dfrac{n}{m}$，所以有 $q_c - g_s > \dfrac{2m(q_c + d_s) - n(q_c + 2d_s)}{n}$，则 $\lambda_3 = 1, \lambda_4 = 0$ 是 P_i 为了最大化自身效用的唯一合理解，即 P_i 此时一定选择策略{honest}。

② 当 P_i 到达信息集 $I_{P_i 1}$ 时，其期望效用是

$$u_{P_i}(s, \beta, I_{P_i 1}) = \beta_{P_i}(n_1) u_{P_i}(s, n_1) = \lambda_1(q_c - g_s) + \lambda_2 \cdot 0 \tag{15-11}$$

因为 $q_c - g_s > 0$，则 P_i 此时必然令 $\lambda_1 = 1, \lambda_2 = 0$ 来最大化自身的效用，即 P_i 一定会选择策略{sign}。

③ 当C到达信息集I_{C1}时，其期望效用是

$$u_c(s,\beta,I_{C1})=\beta_C(n_1)u_C(s,n_1)=$$
$$\rho_1\left(\frac{2n-2m}{n}(\phi_n(\kappa_h)_{\kappa_h=k+1}+\psi_n(\tau_h)_{\tau_h=t}\right)+$$
$$\frac{2m-n}{n}(\phi(\kappa_h)_{\kappa_h=k}+\psi(\tau_h)_{\tau_h=t+1}))+\rho_2\cdot 0 \tag{15-12}$$

因为理性的C不止知道当自身令$\rho_3=\dfrac{2n-2m}{n}$，$\rho_4=\dfrac{2m-n}{n}$时P_i的最优策略是选择{sign}后选择{honest}，C也同样知道P_i知道这一点。换句话说，C知道只要自己此时发起委托计算请求后，没有任何的参与者P_i有动机偏离诚实行为，即$\kappa_h=\kappa=2n-2m$，$\tau_h=\tau=2m-n$，因此C必然选择策略{sign}，即$\rho_1=1,\rho_2=0$。

下面证明序贯一致。

令完全混合策略组合序列为$s^k=(s_C^k,s_{P_i}^k)$，其中

$$\begin{cases}s_C^k=\left(\left(\dfrac{k-1}{k}(\text{sign}),\dfrac{1}{k}(\text{not-sign})\right),\left[\dfrac{k-1}{k}\dfrac{2n-2m}{n}(\text{left}),\left(1-\dfrac{k-1}{k}\dfrac{2n-2m}{n}\right)(\text{right})\right]\right)\\ s_{P_i}^k=\left(\left[\dfrac{k-1}{k}(\text{sign}),\dfrac{1}{k}(\text{not-sign})\right],\left[\dfrac{k-1}{k}(\text{honest}),\dfrac{1}{k}(\text{dishonest})\right]\right)\end{cases} \tag{15-13}$$

则由贝叶斯法则得到的信念序列为$\beta^k=(\beta_C^k,\beta_{P_i}^k)$，其中

$$\begin{cases}\beta_C^k=([1(n_0)],[1(n_3)])\\ \beta_{P_i}^k=\left(\left[1(n_1),\left[\dfrac{k-1}{k}\dfrac{2n-2m}{n}(n_5),\left(1-\dfrac{k-1}{k}\dfrac{2m-n}{n}\right)(n_6)\right]\right]\right)\end{cases} \tag{15-14}$$

由$\lim\limits_{k\to\infty}\dfrac{k-1}{k}=1$，$\lim\limits_{k\to\infty}\dfrac{1}{k}=0$，$\lim\limits_{k\to\infty}\dfrac{k-1}{k}\dfrac{2n-2m}{n}=\lim\limits_{k\to\infty}\left(\dfrac{2n-2m}{n}-\dfrac{2n-2m}{kn}\right)=\dfrac{2n-2m}{n}$，且$\lim\limits_{k\to\infty}\left(1-\dfrac{k-1}{k}\dfrac{2n-2m}{n}\right)=\lim\limits_{k\to\infty}\left(\dfrac{2m-n}{n}+\dfrac{2n-2m}{kn}\right)=\dfrac{2m-n}{n}$，则有

$$\begin{cases}\lim\limits_{k\to\infty}(s_C^k)\to s_C\\ \lim\limits_{k\to\infty}(s_{P_i}^k)\to s_{P_i}\\ \lim\limits_{k\to\infty}(\beta_C^k)\to\beta_C\\ \lim\limits_{k\to\infty}(\beta_{P_i}^k)\to\beta_{P_i}\end{cases}\Rightarrow\begin{cases}\lim\limits_{k\to\infty}(s^k)\to s\\ \lim\limits_{k\to\infty}(\beta^k)\to\beta\end{cases} \tag{15-15}$$

证毕。

因此，每个 P_i 由于信息不对称而与其他服务端同时陷入服务端之间的囚徒困境（此囚徒困境指的是服务端无法获得理论上的最高效用，即不但不用诚实计算而且能获得报酬）。因此，每个 P_i 都一定会签订 PC 以加入 ICRDC，并诚实执行 ICRDC，获得由 C 支付的报酬。由于没有 P_i 会偏离诚实行为，从而 C 也不会向 TTP 发起任何验证请求。实际上，TTP 的存在是对 P_i 的可置信威胁，其使 P_i 担心自身被捕捉而失去押金。

15.3 共谋博弈

15.2 节证明了在没有共谋的前提下，每个 P_i 均没有动机偏离诚实行为。然而，在实际情况中，每个 P_i 可能通过与其他服务端交互而了解自己所接收到的任务块是否重复，即了解自己的类型（是 DS 还是 US）。本节首先提出了共谋合约（Collusion Contract，CC）来促使一个(DS_i,DS_j)对中的两个 DS 实现共谋，然后构造共谋博弈并求解其中的序贯均衡解。

15.3.1 共谋合约

定义 ϖ_i 为 P_i 通过与其他服务端交互了解自己的类型所需的交互成本，且①当 $q_c-g_s>q_c-\varpi_i$ 时，称 P_i 为高成本的；②当 $q_c-g_s<q_c-\varpi_i$ 时，称 P_i 为低成本的。

显然，高成本的 P_i 不会与其他服务端交互，其还不如自己诚实计算来获得 q_c-g_s 的效用。而对于低成本的 P_i，其必然选择交互来了解自己的类型，此时若 P_i 为 US，那么 P_i 完全无须诚实计算；若 P_i 为 DS，那么其可以向拥有相同计算任务的另一个 DS 发起共谋请求。对于一个(DS_i,DS_j)对而言，称发起共谋请求的 DS 为 Leader，另一个 DS 为 Follower。

定义共谋合约中变量如表 15-2 所示。

表 15-2 共谋合约中变量

变量	描述
o_s	签订 CC 需要缴纳的押金
$cc.T_1$	Leader 发起共谋请求的截止时间
$cc.T_2$	Follower 接受共谋请求的截止时间
$cc.T_3$	Leader 与 Follower 约定相同值的截止时间

共谋合约的具体步骤如下。

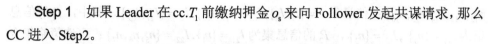

Step 1　如果 Leader 在 cc.T_1 前缴纳押金 o_s 来向 Follower 发起共谋请求，那么 CC 进入 Step2。

Step 2　如果 Follower 在 cc.T_2 前缴纳押金 o_s 来接受共谋请求，那么 CC 进入 Step3；否则 CC 归还 Leader 的押金后终止。

Step 3　为了欺骗 C，Leader 与 Follower 需要在 cc.T_3 前约定一个相同值 $f(\cdot)$（其中 $f(\cdot)\neq f(x)$，$f(x)$ 指正确的计算结果）。约定相同值后，如果只有 Leader 给 C 发送了 $f(\cdot)$，那么 CC①转交 Follower 押金 o_s 给 Leader；②归还 Leader 押金 o_s；否则，如果只有 Follower 发送了 $f(\cdot)$ 给 C，那么 CC①转交 Leader 押金 o_s 给 Follower；②归还 Follower 押金 o_s；否则，归还 Leader 与 Follower 的押金 o_s。

也就是说，Step1 说明此时 Leader 有策略{sign}与{not-sign}，其中{sign}表示 Leader 缴纳押金并向 Follower 发起共谋请求。Step2 说明此时 Follower 有策略{sign}与{not-sign}，其中{sign}表示 Follower 缴纳押金并接受共谋请求。Step3 说明 Leader 与 Follower 达成共谋并约定了 $f(\cdot)$ 后，有策略$\{f(\cdot)\}$、$\{f(x)\}$、{others}、分别表示其在 ICRDC 中返回约定的 $f(\cdot)$、正确的 $f(x)$、既非 $f(\cdot)$ 又非 $f(x)$ 的其他值给 C。

15.3.2　共谋博弈与分析

在 PC 和 CC 的共同约束下，构造如图 15-3 所示的共谋博弈。其中，$a_s=q_c-g_s+d_s-r_c$，$o_s>a_s+d_s$，$g_s>\varpi$。

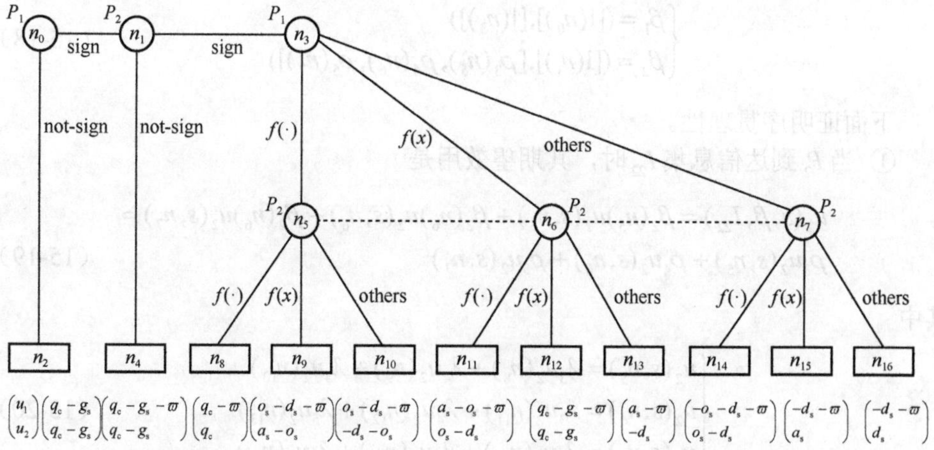

图 15-3　共谋博弈

在共谋博弈中，参与者集合 $N=\{P_1,P_2\}$，其中 P_1 表示 Leader，P_2 表示 Follower；非终止选择集合 $H=\{n_0,n_1,n_3,n_5,n_6,n_7\}$；终止集合 $E=\{n_2,n_4,n_8,n_9,n_{10},n_{11},$

$n_{12},n_{13},n_{14},n_{15},n_{16}\}$；信息集 $I=\{I_1,I_2\},I_1=\{I_{11},I_{12}\},I_2=\{I_{21},I_{22}\}$，其中，$P_1$ 的信息集为 $I_{11}=\{n_0\}$，$I_{12}=\{n_3\}$，P_2 的信息集为 $I_{21}=\{n_1\},I_{22}=\{n_5,n_6,n_7\}$；可选策略集合 $A=\{A_1,A_2\}$，其中 $A_1=\{A_{11},A_{12}\},A_2=\{A_{21},A_{22}\}$，且 $A_{11}=\{\text{sign},\text{not-sign}\},A_{12}=\{f(\cdot),f(x),\text{others}\}$，$A_{21}=\{\text{sign},\text{not-sign}\}$，$A_{22}=\{f(\cdot),f(x),\text{others}\}$。除此之外，在效用函数 $\begin{pmatrix}u_1\\u_2\end{pmatrix}$ 中，以 ϖ 表示 Leader 的交互成本，并令 $a_s=q_c-g_s+d_s-r_c$。

定理 15-2 如果 $o_s>a_s+d_s$ 且 $g_s>\varpi$，那么图 15-3 中的共谋博弈存在唯一序贯均衡 $(s,\beta)=((s_1,s_2),(\beta_1,\beta_2))$，其中 s_1,β_1 是 Leader 的行为策略与信念，s_2,β_2 是 Follower 的行为策略与信念，且

$$\begin{cases}s_1=([1(\text{sign}),0(\text{not-sign})],[1(f(\cdot)),0(f(x)),0(\text{others})])\\ s_2=([1(\text{sign}),0(\text{not-sign})],[1(f(\cdot)),0(f(x)),0(\text{others})])\\ \beta_1=([1(n_0)],[1(n_3)])\\ \beta_1=([1(n_1)],[1(n_5),0(n_6),0(n_7)])\end{cases}\tag{15-16}$$

证明 令策略组合为 $s=(s_1,s_2)$，且

$$\begin{cases}s_1=([\rho_1(\text{sign}),\rho_2(\text{not-sign})],[\rho_3(f(\cdot)),\rho_4(f(x)),\rho_5(\text{others})])\\ s_2=([\lambda_1(\text{sign}),\lambda_2(\text{not-sign})],[\lambda_3(f(\cdot)),\lambda_4(f(x)),\lambda_5(\text{others})])\end{cases}\tag{15-17}$$

其中，概率 $\rho_i,\lambda_i\in[0,1]$ 且满足 $\rho_1+\rho_2=1,\rho_3+\rho_4+\rho_5=1,\lambda_1+\lambda_2=1,\lambda_3+\lambda_4+\lambda_5=1$，由贝叶斯法则得出信念系统为 $\beta=(\beta_1,\beta_2)$，其中

$$\begin{cases}\beta_1=([1(n_0)],[1(n_3)])\\ \beta_2=([1(n_1)],[\rho_3(n_5),\rho_4(n_6),\rho_5(n_7)])\end{cases}\tag{15-18}$$

下面证明序贯理性。

① 当 P_2 到达信息集 I_{22} 时，其期望效用是

$$\begin{aligned}&u_2(s,\beta,I_{22})=\beta_2(n_5)u_2(s,n_5)+\beta_2(n_6)u_2(s,n_6)+\beta_2(n_6)u_2(s,n_7)=\\&\rho_3u_2(s,n_5)+\rho_4u_2(s,n_6)+\rho_5u_2(s,n_7)\end{aligned}\tag{15-19}$$

其中

$$\begin{cases}u_2(s,n_5)=\lambda_3u_2(n_8)+\lambda_4u_2(n_9)+\lambda_5u_2(n_{10})\\ u_2(s,n_6)=\lambda_3u_2(n_{11})+\lambda_4u_2(n_{12})+\lambda_5u_2(n_{13})\\ u_2(s,n_7)=\lambda_3u_2(n_{14})+\lambda_4u_2(n_{15})+\lambda_5u_2(n_{16})\end{cases}\tag{15-20}$$

因为当 $o_s>a_s+d_s$ 时，可得出 $u_2(n_8)>u_2(n_9)>u_2(n_{10}),u_2(n_{11})>u_2(n_{12})>u_2(n_{13})$，$u_2(n_{14})>u_2(n_{15})>u_2(n_{16})$，则可知 P_2 必然令 $\lambda_3=1,\lambda_4=0,\lambda_5=0$ 来最大化自身的效用，即 P_2 此时一定选择策略 $\{f(\cdot)\}$。

② 当 P_1 到达信息集 I_{12} 时，P_1 同样知道 $\lambda_3=1,\lambda_4=0,\lambda_5=0$，则其期望效用是

$$\begin{aligned}u_1(s,\beta,I_{12})=\beta_1(n_3)u_1(s,n_3)=\\ \rho_3(\lambda_3u_1(n_8)+\lambda_4u_1(n_9)+\lambda_5u_1(n_{10}))+\\ \rho_4(\lambda_3u_1(n_{11})+\lambda_4u_1(n_{12})+\lambda_5u_1(n_{13}))+\\ \rho_5(\lambda_3u_1(n_{14})+\lambda_4u_1(n_{15})+\lambda_5u_1(n_{16}))=\\ \rho_3u_1(n_8)+\rho_4u_1(n_{11})+\rho_5u_1(n_{14})\end{aligned} \tag{15-21}$$

因为 $u_1(n_8)>u_1(n_{11})>u_1(n_{14})$，所以 P_1 必然令 $\rho_3=1,\rho_4=0,\rho_5=0$，即 P_1 此时一定选择策略 $\{f(\cdot)\}$。

③ 当 P_1 到达信息集 I_{21} 时，其期望效用是

$$u_2(s,\beta,I_{21})=\lambda_1u_2(n_8)+\lambda_2u_2(n_4) \tag{15-22}$$

其中，n_4 表示如果 P_2 未接受共谋请求，其将陷入制衡博弈，从而获得 q_c-g_s 的效用。由于 $u_2(n_8)>u_2(n_4)$，因此 $\lambda_1=1,\lambda_2=0$ 能最大化 P_2 的效用，即 P_2 一定会选择策略 $\{\text{sign}\}$。

④ 当 P_1 到达信息集 I_{11} 时，其期望效用是

$$u_1(s,\beta,I_{11})=\rho_1u_1(n_8)+\rho_2u_1(n_2) \tag{15-23}$$

由 $g_s>\varpi$ 可知 $u_1(n_8)>u_1(n_2)$，因此 $\rho_1=1,\rho_2=0$ 能最大化 P_1 的效用，即 P_1 一定会选择策略 $\{\text{sign}\}$。

下面证明序贯一致。

令完全混合策略组合序列为 $s^k=(s_1^k,s_2^k)$，其中

$$\begin{cases}s_1^k=\left(\left[\dfrac{k-1}{k}(\text{sign}),\dfrac{1}{k}(\text{not-sign})\right],\left[\dfrac{k-2}{k}(f(\cdot)),\dfrac{1}{k}(f(x)),\dfrac{1}{k}(\text{others})\right]\right)\\ s_2^k=\left(\left[\dfrac{k-1}{k}(\text{sign}),\dfrac{1}{k}(\text{not-sign})\right],\left[\dfrac{k-2}{k}(f(\cdot)),\dfrac{1}{k}(f(x)),\dfrac{1}{k}(\text{others})\right]\right)\end{cases} \tag{15-24}$$

则由贝叶斯法则得到的信念序列为 $\beta^k=(\beta_1^k,\beta_2^k)$，其中

$$\begin{cases}\beta_1^k=([1(n_0)],[1(n_3)])\\ \beta_2^k=\left([1(n_1)],\left[\dfrac{k-2}{k}(n_5),\dfrac{1}{k}(n_5),\dfrac{1}{k}(n_7)\right]\right)\end{cases} \tag{15-25}$$

由 $\lim\limits_{k\to\infty}\dfrac{k-1}{k}=1$，$\lim\limits_{k\to\infty}\dfrac{k-2}{k}=1$，且 $\lim\limits_{k\to\infty}\dfrac{1}{k}=0$，则有

$$\begin{cases}\lim\limits_{k\to\infty}(s_1^k)\to s_1\\ \lim\limits_{k\to\infty}(s_2^k)\to s_2\\ \lim\limits_{k\to\infty}(\beta_1^k)\to \beta_1\\ \lim\limits_{k\to\infty}(\beta_2^k)\to \beta_2\end{cases}\Rightarrow\begin{cases}\lim\limits_{k\to\infty}(s^k)\to s\\ \lim\limits_{k\to\infty}(\beta^k)\to \beta\end{cases} \tag{15-26}$$

证毕。

因此，当 $o_s > a_s + d_s$（即签订 CC 所需缴纳的押金足够大）且 $g_s > \varpi$（即服务端是低成本的）时，共谋博弈必然沿着图 15-3 中的 $n_0 \to n_1 \to n_3 \to n_5 \to n_8$ 路径执行。也就是说，当低成本的 Leader 成功找到拥有相同任务块的 Follower 后，其必然选择向 Follower 发起共谋请求，而 Follower 必然接受该共谋请求，之后两者将约定相同值 $f(\cdot)$，并在执行 ICRDC 时将 $f(\cdot)$ 发送给 C。由于 C 无法通过交叉验证来发现这一不诚实行为，从而 Leader 与 Follower 得以成功逃过 PC 的惩罚。简而言之，Leader 与 Follower 没有任何动机不去共谋来最大化自身的效用，但这也使 C 的效用严重受损。

15.4 诬陷博弈与背叛博弈

本节首先设计了背叛合约（Betrayal Contract，BC），然后构造并分析了诬陷博弈，最后构造并分析了背叛博弈。

15.4.1 背叛合约

为了对抗 CC 并解决 Leader 与 Follower 的共谋问题，本节沿用 Dong 方案的思路设计举报的机制来改变效用函数，促使通过举报而背叛 CC 的服务端能够得到更高的效用。对于每个(Leader,Follower)对，只允许第一个发起举报的服务端进入 BC，称发起举报的服务端为 Betrayer，另一个服务端为 Defendant。除此之外，一旦举报被发起，可信第三方就会被调用以重新计算此(Leader,Follower)对的任务块，即此时的不诚实行为就会被捕捉。

然而，在 Betrayer 发起举报后，一个困难的问题在于如何保证 Betrayer 能同时免于被 PC 以及 CC 处罚。此时，如果 Betrayer 返回正确的 $f(x)$，那么将被 CC 处罚并失去押金 o_s；而如果 Betrayer 返回约定的 $f(\cdot)$，那么将被 PC 处罚并失去押金 d_s。因此，具体的对策是给 Betrayer 一次额外机会来返回计算结果，即允许 Betrayer 在 ICRDC 中首先返回 $f(\cdot)$ 来避免 CC 的处罚，并在第二次机会中返回 $f(x)$ 以覆盖 $f(\cdot)$ 来避免 PC 的处罚。

定义背叛合约中的变量如表 15-3 所示。

表 15-3 背叛合约中的变量

变量	描述
$bc.T_1$	Betrayer 发起举报的截止时间
$bc.T_2$	Betrayer 在第二次机会中返回计算结果的截止时间

背叛合约的具体步骤如下。

Step 1　如果 Betrayer 在 bc.T_1 前发起请求，那么 BC 进入 Step2。

Step 2　在 Betrayer 和 Defendant 返回计算结果后，TTP 进行验证。若返回的计算结果有一个为正确的 $f(x)$，则 BC 终止；否则，给 Betrayer 第二次机会返回计算结果，BC 随后终止。

也就是说，Step1 说明此时 Betrayer 可以选择是否举报，而举报又可分为两种情况。①不存在共谋关系，即 Betrayer 故意诬陷 Defendant，称此时的举报为策略{frame}；②确实存在共谋关系，即 Betrayer 与 Defendant 之间签署了 CC，称此时的举报为策略{betray}。Step2 中若 Betrayer 有第二次机会返回计算结果，则其有策略 $\{\text{second}.f(x)\}$ 与 $\{\text{second}.\neg f(x)\}$，其中，策略 $\{\text{second}.f(x)\}$ 指 Betrayer 在第二次机会中返回正确的计算结果 $f(x)$，策略 $\{\text{second}.\neg f(x)\}$ 表示返回错误的计算结果 $\neg f(x)$。

15.4.2　诬陷博弈与分析

本节构造诬陷博弈来展示当 Betrayer 诬陷 Defendant 时的效用函数，并证明诬陷是不可行的。首先考虑在 Betrayer 已选择策略{frame}的情况下，若有第二次机会返回计算结果，那么应该如何选择策略 $\{\text{second}.f(x)\}$ 与 $\{\text{second}.\neg f(x)\}$ 呢？

引理 15-3　若 Betrayer 已选择策略{frame}，其必然选择策略 $\{\text{second}.f(x)\}$。

证明　如表 15-4 所示，P_1 表示 Betrayer，P_2 表示 Defendant。令 ϖ_1 为 P_1 的交互成本，$\sigma_1 \in \{0,1\}$，其中 $\sigma_1 = 1$ 表示其通过交互了解了自己的类型。由 BC 的内容可知只有序号为 1、3、7、9 的情况下允许 Betrayer 第二次返回计算结果，显然，都有 $u_1(\{\text{second}.f(x)\}) > u_1(\{\text{second}.\neg f(x)\})$，即 Betrayer 必然选择策略 $\{\text{second}.f(x)\}$。

表 15-4　当选择{frame}时，Betrayer 在二次机会的效用

序号	P_1	P_2	二次机会	$u_1(\{\text{second}.f(x)\})$	$u_1(\{\text{second}.\neg f(x)\})$
1	$\{f(\cdot)\}$	$\{f(\cdot)\}$	√	$a_s - \sigma_1\varpi_1$	$-d_s - \sigma_1\varpi_1$
2	$\{f(x)\}$	$\{f(\cdot)\}$	×	/	/
3	{others}	$\{f(\cdot)\}$	√	$a_s - \sigma_1\varpi_1$	$-d_s - \sigma_1\varpi_1$
4	$\{f(\cdot)\}$	$\{f(x)\}$	×	/	/
5	$\{f(x)\}$	$\{f(x)\}$	×	/	/
6	{others}	$\{f(x)\}$	×	/	/
7	$\{f(\cdot)\}$	{others}	√	$a_s - \sigma_1\varpi_1$	$-d_s - \sigma_1\varpi_1$
8	$\{f(x)\}$	{others}	×	/	/
9	{others}	{others}	√	$a_s - \sigma_1\varpi_1$	$-d_s - \sigma_1\varpi_1$

证毕。

因此，由引理 15-3 可直接剔除 $\{\text{second}.\neg f(x)\}$ 这一分支，构造如图 15-4 所示的诬陷博弈。其中，$a_s = q_c - g_s + d_s - r_c$。

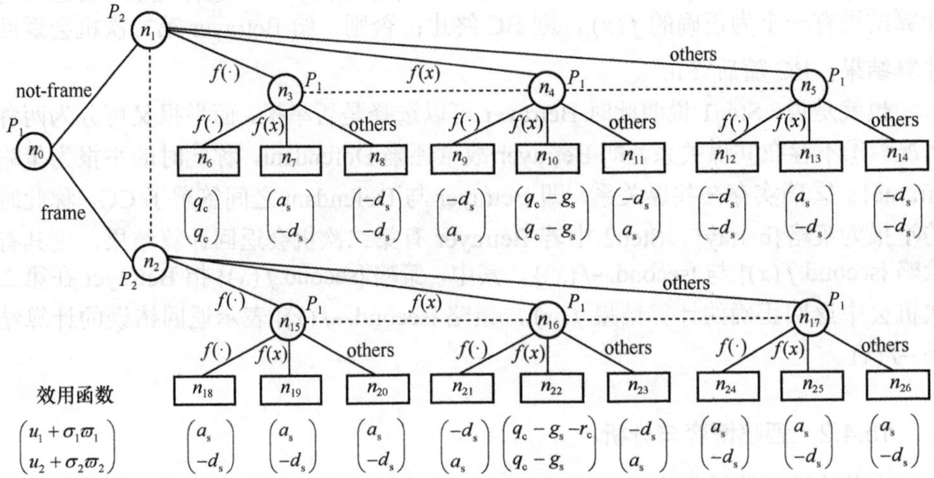

图 15-4　诬陷博弈

在诬陷博弈中，参与者集合 $N = \{P_1, P_2\}$，P_1 表示 Betrayer，P_2 表示 Defendant；非终止选择集合 $H = \{n_0, n_1, n_2, n_3, n_4, n_5, n_{15}, n_{16}, n_{17}\}$；终止集合 $E = \{n_6, n_7, n_8, n_9, n_{10}, n_{11}, n_{12}, n_{13}, n_{14}, n_{18}, n_{19}, n_{20}, n_{21}, n_{22}, n_{23}, n_{24}, n_{25}, n_{26}\}$；信息集 $I = \{I_1, I_2\}$，其中 P_1 的信息集为 $I_1 = \{I_{11}, I_{12}, I_{13}\}$，$I_{11} = \{n_0\}$，$I_{12} = \{n_3, n_4, n_5\}$，$I_{13} = \{n_{15}, n_{16}, n_{17}\}$，而 P_2 的信息集为 $I_2 = \{n_1, n_2\}$；可选策略集合 $A = \{A_1, A_2\}$，$A_1 = \{A_{11}, A_{12}, A_{13}\}$，$A_{11} = \{\text{frame}, \text{not-frame}\}$，$A_{12} = A_{13} = A_2 = \{f(\cdot), f(x), \text{others}\}$；效用函数为 $\begin{pmatrix} u_1 + \sigma_1\varpi_1 \\ u_2 + \sigma_2\varpi_2 \end{pmatrix}$，其中 u_1, u_2 为 P_1, P_2 实际效用，ϖ_1, ϖ_2 为 P_1, P_2 的交互成本，$\sigma_1, \sigma_2 \in \{0,1\}$。

定理 15-3　图 15-4 中诬陷博弈存在唯一序贯均衡 $(s, \beta) = ((s_1, s_2), (\beta_1, \beta_2))$，其中 s_1 和 β_1 是 Betrayer 的行为策略和信念，s_2 和 β_2 是 Defendant 的行为策略和信念，且

$$\begin{cases} s_1 = ([1(\text{not-frame}), 0(\text{frame})], [0(f(\cdot)), 1(f(x)), 0(\text{others})], \\ \qquad [0(f(\cdot)), 1(f(x)), 0(\text{others})]) \\ s_2 = ([0(f(\cdot)), 1(f(x)), 0(\text{others})]) \\ \beta_1 = ([1(n_0)], [0(n_3), 1(n_4), 0(n_5)], [0(n_{15}), 1(n_{16}), 0(n_{17})]) \\ \beta_2 = ([1(n_1), 0(n_2)]) \end{cases} \tag{15-27}$$

证明　令策略组合为 $s = (s_1, s_2)$，且

$$\begin{cases} s_1 = ([\rho_1(\text{not-frame}), \rho_2(\text{frame})], [\rho_3(f(\cdot)), \rho_4(f(x)), \rho_5(\text{others})], \\ \qquad [\rho_6(f(\cdot)), \rho_7(f(x)), \rho_8(\text{others})]) \\ s_2 = ([\lambda_1(f(\cdot)), \lambda_2(f(x)), \lambda_3(\text{others})]) \end{cases} \tag{15-28}$$

其中，$\rho_i, \lambda_i \in [0,1]$ 表示概率且满足 $\rho_1 + \rho_2 = 1, \rho_3 + \rho_4 + \rho_5 = 1, \rho_3 + \rho_4 + \rho_5 = 1, \lambda_1 + \lambda_2 + \lambda_3 = 1$。

由贝叶斯法则得出信念系统为 $\beta = (\beta_1, \beta_2)$，其中

$$\begin{cases} \beta_1 = ([1(n_0)], [\lambda_1(n_3), \lambda_2(n_4), \lambda_3(n_5)], [\lambda_1(n_{15}), \lambda_2(n_{16}), \lambda_3(n_{17})]) \\ \beta_2 = ([\rho_1(n_1), \rho_2(n_2)]) \end{cases} \tag{15-29}$$

下面证明序贯理性。

① 当 P_1 到达信息集 I_{12} 时，其期望效用是

$$u_1(s, \beta, I_{12}) = \beta_1(n_3)u_1(s, n_3) + \beta_1(n_4)u_1(s, n_4) + \beta_1(n_5)u_1(s, n_5) = \\ \lambda_1 u_1(s, n_3) + \lambda_2 u_1(s, n_4) + \lambda_3 u_1(s, n_5) \tag{15-30}$$

其中

$$\begin{cases} u_1(s, n_3) = \rho_3 u_1(n_6) + \rho_4 u_1(n_7) + \rho_5 u_1(n_8) \\ u_1(s, n_4) = \rho_3 u_1(n_9) + \rho_4 u_1(n_{10}) + \rho_5 u_1(n_{11}) \\ u_1(s, n_5) = \rho_3 u_1(n_{12}) + \rho_4 u_1(n_{13}) + \rho_5 u_1(n_{14}) \end{cases} \tag{15-31}$$

因为 $u_1(n_7) > u_1(n_6) > u_1(n_8), u_1(n_{10}) > u_1(n_9) = u_1(n_{11}), u_1(n_{13}) > u_1(n_{12}) = u_1(n_{14})$，所以 P_1 必然令 $\rho_4 = 1, \rho_3 = 0, \rho_5 = 0$ 来最大化自身的效用，即在 I_{12} 上选择策略 $\{f(x)\}$。

② 当 P_1 到达信息集 I_{13} 时，其期望效用是

$$u_1(s, \beta, I_{13}) = \beta_1(n_{15})u_1(s, n_{15}) + \beta_1(n_{16})u_1(s, n_{16}) + \beta_1(n_{17})u_1(s, n_{17}) = \\ \lambda_1 u_1(s, n_{15}) + \lambda_2 u_1(s, n_{16}) + \lambda_3 u_1(s, n_{17}) \tag{15-32}$$

其中

$$\begin{cases} u_1(s, n_{15}) = \rho_6 u_1(n_{18}) + \rho_7 u_1(n_{19}) + \rho_8 u_1(n_{20}) \\ u_1(s, n_4) = \rho_6 u_1(n_{21}) + \rho_7 u_1(n_{22}) + \rho_8 u_1(n_{23}) \\ u_1(s, n_5) = \rho_6 u_1(n_{24}) + \rho_7 u_1(n_{25}) + \rho_8 u_1(n_{26}) \end{cases} \tag{15-33}$$

因为 $u_1(n_{18}) = u_1(n_{19}) > u_1(n_{20}), u_1(n_{22}) > u_1(n_{21}) = u_1(n_{23}), u_1(n_{24}) = u_1(n_{25}) = u_1(n_{26})$，所以 P_1 必然令 $\rho_7 = 1, \rho_6 = 0, \rho_8 = 0$，即在 I_{13} 上选择策略 $\{f(x)\}$。

③ 当 P_2 到达信息集 I_2 时，其期望效用是

$$u_2(s, \beta, I_2) = \beta_2(n_1)u_2(s, n_1) + \beta_1(n_2)u_2(s, n_2) = \\ \rho_1 u_2(s, n_1) + \rho_2 u_2(s, n_2) \tag{15-34}$$

其中

$$\begin{cases} u_2(s,n_1)=\lambda_1(\rho_3u_2(n_6)+\rho_4u_2(n_7)+\rho_5u_2(n_8))+ \\ \qquad \lambda_2(\rho_3u_2(n_9)+\rho_4u_2(n_{10})+\rho_5u_2(n_{11}))+ \\ \qquad \lambda_3(\rho_3u_2(n_{12})+\rho_4u_2(n_{13})+\rho_5u_2(n_{14})) \\ u_2(s,n_2)=\lambda_1(\rho_6u_2(n_{18})+\rho_7u_2(n_{19})+\rho_8u_2(n_{20}))+ \\ \qquad \lambda_2(\rho_6u_2(n_{21})+\rho_7u_2(n_{22})+\rho_8u_2(n_{23}))+ \\ \qquad \lambda_3(\rho_6u_2(n_{24})+\rho_7u_2(n_{25})+\rho_8u_2(n_{26})) \end{cases} \tag{15-35}$$

因为P_2同样知道P_1在信息集I_{12},I_{13}上的最优选择是策略$\{f(x)\}$，即P_1必然令概率值$\rho_4=1,\rho_3=0,\rho_5=0,\rho_7=1,\rho_6=0,\rho_8=0$，则有

$$\begin{aligned} u_2(s,\beta,I_2)=\rho_1(\lambda_1u_2(n_7)+\lambda_2u_2(n_{10})+\lambda_3u_2(n_{13}))+ \\ \rho_2(\lambda_1u_2(n_{19})+\lambda_2u_2(n_{22})+\lambda_3u_2(n_{25})) \end{aligned} \tag{15-36}$$

又因为$u_2(n_{10})>u_2(n_7)=u_2(n_{13}),u_2(n_{22})>u_2(n_{19})=u_2(n_{25})$，则$\lambda_2=1,\lambda_1=0,\lambda_3=0$是此时$P_2$为了最大化自身效用的解。

④ 当P_1到达信息集I_{11}时，由于$\lambda_2=1,\rho_4=1,\rho_7=1$，则其期望效用是

$$u_1(s,\beta,I_{11})=\rho_1u_1(n_{10})+\rho_2u_1(n_{22}) \tag{15-37}$$

因为$u_1(n_{22})<u_1(n_{10})$，则$\rho_1=1,\rho_2=0$是最优解，即P_1必然选择策略{not-frame}。

下面证明序贯一致。

令完全混合策略组合序列为$s^k=(s_1^k,s_2^k)$，其中

$$\begin{cases} s_1=\left(\left[\frac{k-1}{k}(\text{not-frame}),\frac{1}{k}(\text{frame})\right],\left[\frac{1}{k}(f(\cdot)),\frac{k-2}{k}(f(x)),\frac{1}{k}(\text{others})\right],\right. \\ \qquad \left.\left[\frac{1}{k}(f(\cdot)),\frac{k-2}{k}(f(x)),\frac{1}{k}(\text{others})\right]\right) \\ s_2=\left(\left[\frac{1}{k}(f(\cdot)),\frac{k-2}{k}(f(x)),\frac{1}{k}(\text{others})\right]\right) \end{cases} \tag{15-38}$$

则由贝叶斯法则得到的信念序列为$\beta^k=(\beta_1^k,\beta_2^k)$，其中

$$\begin{cases} \beta_1=\left([1(n_0)],\left[\frac{1}{k}(n_3),\frac{k-2}{k}(n_4),\frac{1}{k}(n_5)\right],\left[\frac{1}{k}(n_{15}),\frac{k-2}{k}(n_{16}),\frac{1}{k}(n_{17})\right]\right) \\ \beta_2=\left(\left[\frac{k-1}{k}(n_1),\frac{1}{k}(n_2)\right]\right) \end{cases} \tag{15-39}$$

由$\lim\limits_{k\to\infty}\frac{k-1}{k}=1$，$\lim\limits_{k\to\infty}\frac{k-2}{k}=1$，且$\lim\limits_{k\to\infty}\frac{1}{k}=0$，则有

$$\begin{cases} \lim\limits_{k\to\infty}(s_1^k) \to s_1 \\ \lim\limits_{k\to\infty}(s_2^k) \to s_2 \\ \lim\limits_{k\to\infty}(\beta_1^k) \to \beta_1 \\ \lim\limits_{k\to\infty}(\beta_2^k) \to \beta_2 \end{cases} \Rightarrow \begin{cases} \lim\limits_{k\to\infty}(s^k) \to s \\ \lim\limits_{k\to\infty}(\beta^k) \to \beta \end{cases} \tag{15-40}$$

证毕。

因此，共谋未发生时，图 15-4 中的诬陷博弈必然沿着 $n_0 \to n_1 \to n_4 \to n_{10}$ 路径进行，即诬陷是不可行的。具体地，Betrayer 必然不敢诬陷 Defendant，因为这只会使自身给 TTP 支付额外费用 r_c 而无法骗取任何报酬。另外，由于此时无共谋发生，则该对(Betrayer,Defendant)将进入制衡博弈。

15.4.3　背叛博弈与分析

本节研究共谋已经发生的情况下，Betrayer 背叛共谋后又将如何导致效用函数改变。值得注意的是，如果是在 CC 中发起共谋请求的 Leader 在 BC 中选择背叛，那么 Follower 可能根本就不会接受该共谋请求而使 CC 不会生效，从而使此时 Leader 的举报行为成为不理智的{frame}。而 Follower 完全可以在收到来自 Leader 的共谋请求后就举报共谋，然后接受该共谋请求。因此，在 BC 中背叛共谋的 Betrayer 总是在 CC 中接受共谋请求的 Follower，即总是 Follower 选择策略{betray}。

首先考虑当 Betrayer 选择策略{betray}后，应该如何选择策略 $\{\text{second}.f(x)\}$ 与 $\{\text{second}.\neg f(x)\}$。

引理 15-4　若 Betrayer 已选择策略{betray}，其必然选择策略 $\{\text{second}.f(x)\}$。

证明　如表 15-5 所示，每种情况下都有 $u_1(\{\text{second}.f(x)\}) > u_1 \quad (\{\text{second}.\neg f(x)\})$，即 Betrayer 必然选择策略 $\{\text{second}.f(x)\}$。

表 15-5　当选择{betray}时，Betrayer 在二次机会的效用

P_1	P_2	二次机会	$u_1(\{\text{second}.f(x)\})$	$u_1(\{\text{second}.\neg f(x)\})$
$\{f(\cdot)\}$	$\{f(\cdot)\}$	√	$a_s - \sigma_1\varpi_1$	$-d_s - \sigma_1\varpi_1$
$\{f(x)\}$	$\{f(\cdot)\}$	×	/	/
{others}	$\{f(\cdot)\}$	√	$a_s - o_s - \sigma_1\varpi_1$	$-d_s - o_s - \sigma_1\varpi_1$
$\{f(\cdot)\}$	$\{f(x)\}$	×	/	/
$\{f(x)\}$	$\{f(x)\}$	×	/	/
{others}	$\{f(x)\}$	×	/	/
$\{f(\cdot)\}$	{others}	√	$a_s + o_s - \sigma_1\varpi_1$	$-d_s + o_s - \sigma_1\varpi_1$
$\{f(x)\}$	{others}	×	/	/
{others}	{others}	√	$a_s - \sigma_1\varpi_1$	$-d_s - \sigma_1\varpi_1$

因此在背叛博弈中，可直接剔除 $\{\text{second}.\neg f(x)\}$ 这一分支，构造的背叛博弈如图 15-5 所示。其中，$a_s = q_c - g_s + d_s - r_c, o_s > a_s + d_s$。

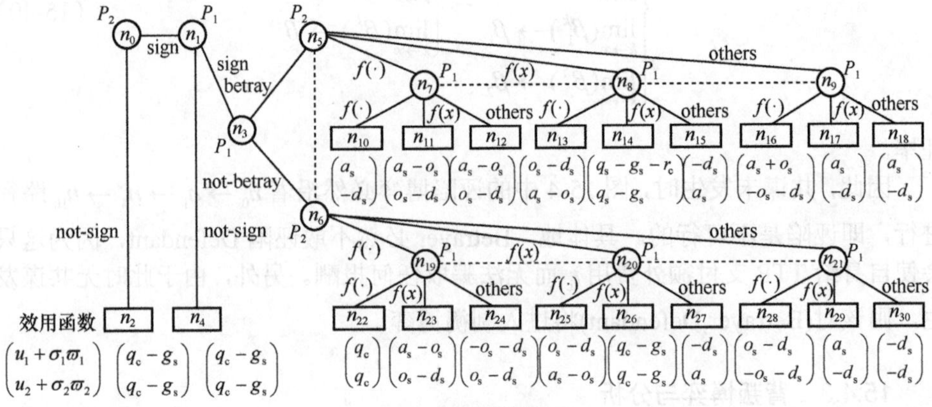

图 15-5　背叛博弈

在背叛博弈中，参与者集合 $N=\{P_1,P_2\}$，P_1 表示 Betrayer/Follower，P_2 表示 Defendant/Leader；非终止选择集合 $H=\{n_0,n_1,n_3,n_5,n_6,n_7,n_8,n_9,n_{19},n_{20},n_{21}\}$；终止集合 $E=\{n_2,n_4,n_{10},n_{11},n_{12},n_{13},n_{14},n_{15},n_{16},n_{17},n_{18},n_{22},n_{23},n_{24},n_{25},n_{26},n_{27},n_{28},n_{29},n_{30}\}$；信息集 $I=\{I_1,I_2\}$，其中 P_1 的信息集为 $I_1=\{I_{11},I_{12},I_{13},I_{14}\},I_{11}=\{n_1\},I_{12}=\{n_3\},I_{13}=\{n_7,n_8,n_9\},I_{14}=\{n_{15},n_{16},n_{17}\}$，而 P_2 的信息集为 $I_2=\{I_{21},I_{22}\},I_{21}=\{n_0\},I_{22}=\{n_5,n_6\}$；可选策略集合 $A=\{A_1,A_2\}$，P_1 的策略集合 $A_1=\{A_{11},A_{12},A_{13},A_{14}\},A_{11}=\{\text{sign},\text{not-sign}\}$，$A_{12}=\{\text{betray},\text{not-betray}\}$，$A_{13}=A_{14}=\{f(\cdot),\ f(x),\text{others}\}$，$P_2$ 的策略集合为 $A_2=\{A_{21},\ A_{22}\},A_{21}=\{\text{sign},\text{not-sign}\},A_{22}=\{f(\cdot),f(x),\text{others}\}$（注意此处的 $\{\text{sign}\}$ 是指签订 CC）；效用函数为 $\begin{pmatrix} u_1+\sigma_1\varpi_1 \\ u_2+\sigma_2\varpi_2 \end{pmatrix}$，其中 u_1,u_2 为 P_1,P_2 实际效用，ϖ_1,ϖ_2 为 P_1,P_2 的交互成本，$\sigma_1,\sigma_2\in\{0,1\}$，$\sigma_1=1$ 表示 P_1 通过花费 ϖ_1 了解了自己的类型（实际上，在后文中将得到 $\sigma_1=\sigma_2=0$）。

定理 15-4　图 15-5 中背叛博弈存在唯一序贯均衡 $(s,\beta)=((s_1,s_2),(\beta_1,\beta_2))$，其中，$s_1,\beta_1$ 是 Betrayer/Follower 的行为策略与信念，s_2,β_2 是 Defendant/Leader 的行为策略与信念，且

$$\begin{cases} s_1=([1(\text{sign}),0(\text{not-sign})],[1(\text{betray}),0(\text{not-betray})], \\ \qquad [1(f(\cdot)),0(f(x)),0(\text{others})],[1(f(\cdot)),0(f(x)),0(\text{others})]) \\ s_2=([0(\text{sign}),1(\text{not-sign})],[1(f(\cdot)),0(f(x)),0(\text{others})]) \\ \beta_1=([1(n_1)],[1(n_3)],[1(n_7),0(n_8),0(n_9)],[1(n_{19}),0(n_{20}),0(n_{21})]) \\ \beta_2=([1(n_0)],[1(n_5),0(n_6)]) \end{cases} \tag{15-41}$$

证明　令策略组合为 $s=(s_1,s_2)$，且

$$\begin{cases} s_1=([\rho_1(\text{sign}),\rho_2(\text{not-sign})],[\rho_3(\text{betray}),\rho_4(\text{not-betray})], \\ \qquad [\rho_5(f(\cdot)),\rho_6(f(x)),\rho_7(\text{others})],[\rho_8(f(\cdot)),\rho_9(f(x)),\rho_{10}(\text{others})]) \\ s_2=([\lambda_1(\text{sign}),\lambda_2(\text{not-sign})],[\lambda_3(f(\cdot)),\lambda_4(f(x)),\lambda_5(\text{others})]) \end{cases} \tag{15-42}$$

其中，$\rho_i,\lambda_i\in[0,1]$ 是概率且满足 $\rho_1+\rho_2=1,\rho_3+\rho_4=1,\rho_5+\rho_6+\rho_7=1,$ $\rho_8+\rho_9+\rho_{10}=1,\lambda_1+\lambda_2=1,\lambda_3+\lambda_4+\lambda_5=1$。

由贝叶斯法则得出信念系统为 $\beta=(\beta_1,\beta_2)$，其中

$$\begin{cases} \beta_1=([1(n_1)],[1(n_3)],[\lambda_3(n_7),\lambda_4(n_8),\lambda_5(n_9)],[\lambda_3(n_{19}),\lambda_4(n_{20}),\lambda_5(n_{21})]) \\ \beta_2=([1(n_0)],[\rho_1\rho_3(n_5),\rho_1\rho_4(n_6)]) \end{cases} \tag{15-43}$$

下面证明序贯理性。

① 当 P_1 到达信息集 I_{14} 时，其期望效用是

$$\begin{aligned} &u_1(s,\beta,I_{14})= \\ &\beta_1(n_{19})u_1(s,n_{19})+\beta_1(n_{20})u_1(s,n_{20})+\beta_1(n_{21})u_1(s,n_{21})= \\ &\lambda_3u_1(s,n_{19})+\lambda_4u_1(s,n_{20})+\lambda_5u_1(s,n_{21}) \end{aligned} \tag{15-44}$$

其中

$$\begin{cases} u_1(s,n_{19})=\rho_8u_1(n_{22})+\rho_9u_1(n_{23})+\rho_{10}u_1(n_{24}) \\ u_1(s,n_{20})=\rho_8u_1(n_{25})+\rho_9u_1(n_{26})+\rho_{10}u_1(n_{27}) \\ u_1(s,n_{21})=\rho_8u_1(n_{28})+\rho_9u_1(n_{29})+\rho_{10}u_1(n_{30}) \end{cases} \tag{15-45}$$

因为 $u_1(n_{22})>u_1(n_{23})>u_1(n_{24}),u_1(n_{25})>u_1(n_{26})>u_1(n_{27}),u_1(n_{28})>u_1(n_{29})>u_1(n_{30})$，所以 P_1 必然令 $\rho_8=1,\rho_9=0,\rho_{10}=0$ 来最大化自身的效用，即在 I_{14} 上选择策略 $\{f(\cdot)\}$。

② 当 P_1 到达信息集 I_{13} 时，其期望效用是

$$\begin{aligned} &u_1(s,\beta,I_{13})= \\ &\beta_1(n_7)u_1(s,n_7)+\beta_1(n_8)u_1(s,n_8)+\beta_1(n_9)u_1(s,n_9)= \\ &\lambda_3u_1(s,n_7)+\lambda_4u_1(s,n_8)+\lambda_5u_1(s,n_9) \end{aligned} \tag{15-46}$$

其中

$$\begin{cases} u_1(s,n_7)=\rho_5u_1(n_{10})+\rho_6u_1(n_{11})+\rho_7u_1(n_{12}) \\ u_1(s,n_8)=\rho_4u_1(n_{13})+\rho_6u_1(n_{14})+\rho_7u_1(n_{15}) \\ u_1(s,n_9)=\rho_4u_1(n_{16})+\rho_6u_1(n_{17})+\rho_{10}u_1(n_{18}) \end{cases} \tag{15-47}$$

因为 $u_1(n_{10})>u_1(n_{11})=u_1(n_{12})$，$u_1(n_{13})>u_1(n_{14})>u_1(n_{15})$ 且 $u_1(n_{16})>u_1(n_{17})=u_1(n_{18})$，所以 P_1 必令 $\rho_5=1,\rho_6=0,\rho_7=0$ 来最大化自身的效用，即在 I_{13} 上选择策略 $\{f(\cdot)\}$。

③ 当 P_2 到达信息集 I_{22} 时，由于 $\rho_5=1,\rho_8=1$，则其期望效用是

$$u_2(s,\beta,I_{22})=\beta_2(n_5)u_2(s,n_5)+\beta_2(n_6)u_2(s,n_6)=$$
$$\rho_1\rho_3u_2(s,n_5)+\rho_1\rho_4u_2(s,n_6) \tag{15-48}$$

其中

$$\begin{cases}u_2(s,n_5)=\lambda_3u_2(n_{10})+\lambda_4u_2(n_{13})+\lambda_5u_2(n_{16})\\u_2(s,n_6)=\lambda_3u_2(n_{22})+\lambda_4u_2(n_{25})+\lambda_5u_2(n_{28})\end{cases} \tag{15-49}$$

因为$u_2(n_{10})>u_2(n_{13})>u_2(n_{16}),u_2(n_{22})>u_2(n_{25})>u_2(n_{28})$，所以$\lambda_3=1,\lambda_4=0,\ \lambda_5=0$能最大化$P_2$的效用，即$P_2$必然在$I_{22}$上选择策略$\{f(\cdot)\}$。

④ 当P_1到达信息集I_{12}时，由于$\lambda_3=1,\rho_5=1,\rho_8=1$，则其期望效用是

$$u_1(s,\beta,I_{12})=\lambda_1\rho_3u_1(n_{10})+\lambda_1\rho_3u_1(n_{22}) \tag{15-50}$$

因为$u_1(n_{10})>u_1(n_{22})$，所以P_1必然令$\rho_3=1,\rho_4=0$来最大化自身的效用，即在I_{12}上选择策略{betray}。

⑤ 当P_1到达信息集I_{11}时，其期望效用是

$$u_1(s,\beta,I_{11})=\lambda_1\rho_1u_1(n_{10})+\lambda_1\rho_2u_1(n_4) \tag{15-51}$$

因为$u_1(n_{10})>u_1(n_4)$，所以P_1必然令$\rho_1=1,\rho_2=0$来最大化自身的效用，即在I_{11}上选择策略{sign}。

⑥ 当P_2到达信息集I_{21}时，其期望效用是

$$u_2(s,\beta,I_{21})=\lambda_1u_2(n_{10})+\lambda_2u_2(n_2) \tag{15-52}$$

因为$u_2(n_2)>u_2(n_{10})$，所以P_2必然令$\lambda_1=0,\lambda_1=1$来最大化自身的效用，即在I_{21}上选择策略{not-sign}。

下面证明序贯一致。

令完全混合策略组合序列为$s^k=(s_1^k,s_2^k)$，其中

$$\begin{cases}s_1=\left(\left[\frac{k-1}{k}(\text{sign}),\frac{1}{k}(\text{not-sign})\right],\left[\frac{k-1}{k}(\text{betray}),\frac{1}{k}(\text{not-betray})\right],\right.\\\left.\left[\frac{k-2}{k}(f(\cdot)),\frac{1}{k}(f(x)),\frac{1}{k}(\text{others})\right],\left[\frac{k-2}{k}(f(\cdot)),\frac{1}{k}(f(x)),\frac{1}{k}(\text{others})\right]\right)\\s_2=\left(\left[\frac{1}{k}(\text{sign}),\frac{k-1}{k}(\text{not-sign})\right],\left[\frac{k-2}{k}(f(\cdot)),\frac{1}{k}(f(x)),\frac{1}{k}(\text{others})\right]\right)\end{cases} \tag{15-53}$$

则由贝叶斯法则得到的信念序列为$\beta^k=(\beta_1^k,\beta_2^k)$，其中

$$\begin{cases}\beta_1 = \left([1(n_1)],[1(n_3)],\left[\frac{k-2}{k}(n_7),\frac{1}{k}(n_8),\frac{1}{k}(n_9)\right],\right.\\ \left.\left[\frac{k-2}{k}(n_{19}),\frac{1}{k}(n_{20}),\frac{1}{k}(n_{17})\right]\right)\\ \beta_2 = \left([1(n_0)],\left[\frac{k-1}{k}\frac{k-1}{k}(n_5),\frac{k-1}{k}\frac{1}{k}(n_6)\right]\right)\end{cases} \tag{15-54}$$

由于 $\lim_{k\to\infty}\frac{k-1}{k}=1$，$\lim_{k\to\infty}\frac{k-2}{k}=1$，$\lim_{k\to\infty}\frac{k-1}{k}\frac{k-1}{k}=1$，$\lim_{k\to\infty}\frac{1}{k}=0$，且 $\lim_{k\to\infty}\frac{k-1}{k}\frac{1}{k}=0$，则有

$$\begin{cases}\lim_{k\to\infty}(s_1^k)\to s_1\\ \lim_{k\to\infty}(s_2^k)\to s_2\\ \lim_{k\to\infty}(\beta_1^k)\to \beta_1\\ \lim_{k\to\infty}(\beta_2^k)\to \beta_2\end{cases} \Rightarrow \begin{cases}\lim_{k\to\infty}(s^k)\to s\\ \lim_{k\to\infty}(\beta^k)\to \beta\end{cases} \tag{15-55}$$

证毕。

由定理 15-4 可知，图 15-5 中的背叛博弈必然以 $n_0 \to n_2$ 路线进行，即 Defendant/Leader 不敢发起共谋请求。更具体地，理性的 Defendant/Leader 知道，如果发起共谋请求，那么 Betrayer/Follower 必然选择接受并举报该共谋。之后，Betrayer/Follower 必然选择在第一轮发送约定的 $f(\cdot)$ 来逃避 CC 处罚的押金 o_s，并在第二轮发送正确的 $f(x)$ 来逃避 PC 处罚同时获得更高的效用，而 Defendant/Leader 至少会被 CC 处罚押金 o_s 或者被 PC 处罚押金 d_s 而导致自身获得更低的效用。简而言之，由于 BC 这一威胁，Leader 与 Follower 之间的共谋问题得以解决。

引理 15-5　理性的 C 必然给每个低成本的服务端发送重复的任务块，使每个低成本的服务端成为 DS。

证明　假设若存在低成本的 US，此类 US 在了解自身类型后便可返回错误的计算结果，而此时 C 无法通过交叉验证捕捉此作弊行为。而对于低成本的 DS 而言，虽然其可以参与共谋（具体见共谋博弈），但是其会涉入背叛（具体见背叛博弈）从而使共谋是不可行的。因此，理性的 C 不会让低成本的 US 存在，即其必然给每个低成本的服务端发送重复的任务块，使每个低成本的服务端成为 DS。证毕。

因此，由引理 15-5 可知，每个低成本服务端知道自身必然为 DS，又由定理 15-4 可知，此时参与共谋是不可行的。也就是说，每个低成本服务端知道与他人交互也只能导致自身的效用降低，即在效用函数 $\begin{pmatrix}u_1+\sigma_1\varpi_1\\ u_2+\sigma_2\varpi_2\end{pmatrix}$ 中，$\sigma_1=\sigma_2=0$。

15.5 性能分析

本节给出所提方案所需满足的安全需求，同时在以太坊上用智能合约仿真方案所构造的激励机制，为方案从理论层面拓展到实践应用提供参考。

15.5.1 安全分析

方案主要的安全需求如下。

（1）隐私性。客户端和服务端所发送的消息应该是隐蔽的。然而，由于区块链上的数据对公众是公开可见的，因此，隐私性应该被考虑。

（2）可验证性。当且仅当方案满足可验证性时，才能合理设计激励机制来控制参与者的效用。

（3）正确性。无论服务端如何选择策略，即诚实与否，客户端只要诚实就一定能得到正确的计算结果。

一方面，在 ICRDC 的委托阶段中，使用了著名的 Pedersen 承诺方案。具体地，如果客户端C计划将任务块b_j发送给服务端P_i，其需要随机选择$\xi_i \in F_q^*$来生成承诺$\mathrm{Com}_{\xi_i}(b_j)$并发送到区块链。对于一个给定的$\mathrm{Com}_{\xi_i}(b_j)$而言，因为隐私性，则不可能在不知道$\xi_i$的情况下知道$b_j$。同时，因为绑定性，则不可能找到不同的两对$(\xi_i,b_j)$和$(\xi_i',b_j')$，使$\mathrm{Com}_{\xi_i}(b_j)=\mathrm{Com}_{\xi_i'}(b_j')$。换句话说，$P_i$能够判断$C$公布在区块链上的$\mathrm{Com}_{\xi_i}(b_j)$是否由自身所接受的消息$(b_i,\xi_i)$生成，则此时$C$无法抵赖其确实发送了该消息给$P_i$。类似地，在计算阶段中，由于当$P_i$返回计算结果给$C$时，其同样需要发送计算结果的承诺到区块链，那么这既保证了P_i无法抵赖其所返回的计算结果，又保证了C以及其他服务端P_{-i}无法诬陷P_i。另一方面，如果P_i在没有共谋的情况下返回了错误的计算结果给C，由引理 15-2 可知，C必然发起验证请求并得到由 TTP 返回的正确结果。如果P_i在参与共谋的情况下返回了错误的计算结果给C，由定理 15-4 可知，P_i的共谋者必然会采取背叛策略，C同样也会得到正确结果。值得注意的是，如果C不希望P_i了解所接收到任务块b_i的具体内容，则在委托阶段中C对任务块使用全同态加密。因此，方案满足隐私性、可验证性以及正确性。

15.5.2 合约函数

（1）背叛合约 BC 的主要函数

① Report：为了发起举报，Betrayer 在 bc.T_1 前调用该函数。

② ReturnAgain：如果 Betrayer 与 Defendant 均未在首轮返回$f(x)$，那么允许

Betrayer 在 $bc.T_2$ 前调用该函数以返回二轮结果。

（2）制衡合约 PC 的主要函数

① Create：为了发起委托计算请求，客户端 C 需要向 PC 账户缴纳押金 d_c。

② Join：为了加入委托计算，服务端 P_i 需要在 $pc.T_1$ 前向 PC 账户缴纳押金 d_s。

③ Outsource：客户端 C 需要在 $pc.T_2$ 前给每个服务端发送任务块，并向区块链发送任务块的承诺。

④ Return：服务端 P_i 需要在 $pc.T_3$ 前给客户端 C 返回计算结果，并向区块链发送计算结果的承诺。

⑤ Check：客户端 C 需要在 $pc.T_4$ 前决定哪些(DS_i,DS_j)对要被 TTP 验证。

⑥ Transfer：该函数用于处理不同情况（Case1~Case7）的纠纷。

Case 1　PC 未生效：合约返还每名参与者的押金。

Case 2　客户端超时，即未在 $pc.T_2$ 前调用函数 Outsource：合约没收客户端 C 的押金。

Case 3　服务端超时，即未在 $pc.T_3$ 前调用函数 Return：合约没收服务端 P_i 的押金。

Case 4　客户端或服务端的承诺无法打开：合约没收作弊参与者的押金。

Case 5　客户端至少向一对(DS_i,DS_j)发起验证请求，即在 $pc.T_4$ 前调用了函数 Check：对于每对(DS_i,DS_j)而言，(a)若 DS_i 和 DS_j 均诚实，则合约给 DS_i 和 DS_j 转账 d_s+q_c，给 TTP 转账 r_c；(b)若仅有一个 DS 诚实，则合约给诚实 DS 转账 $2d_s+q_c$，给 TTP 转账 r_c；(c)若 DS_i 和 DS_j 均不诚实，则合约 PC 给 TTP 转账 r_c。

Case 6　至少一个服务端举报了共谋，即至少一个 Betrayer 在 $pc.T_1$ 前调用函数 Report：对于每对(Betrayer,Defendant)而言，(a)若 Betrayer 和 Defendant 均在首轮返回 $f(x)$，则合约 PC 给 Betrayer 转账 $d_s+q_c-r_c$，给 Defendant 转账 d_s+q_c，给 TTP 转账 r_c；(b)若仅 Betrayer 在首轮返回 $f(x)$，则合约 PC 给 Betrayer 转账 $2d_s+q_c-r_c$，给 TTP 转账 r_c；(c)若仅 Defendant 在首轮返回 $f(x)$，则合约 PC 给 Defendant 转账 $2d_s+q_c-r_c$，给 TTP 转账 r_c；(d)若 Betrayer 和 Defendant 均未在首轮返回 $f(x)$，那么 Betrayer 通过调用函数 ReturnAgain 以第二轮机会返回结果计算结果，若 Betrayer 返回 $f(x)$，则合约 PC 给 Defendant 转账 $2d_s+q_c-r_c$，给 TTP 转账 r_c；若 Betrayer 返回 $\neg f(x)$，则合约 PC 给 TTP 转账 r_c。

Case 7　对于每个未涉入函数 Check 和 Report 的服务端：合约给每个服务端转账 d_s+q_c。

最后，制衡合约 PC 将所有剩余押金转账给客户端。

（3）共谋合约 CC 的主要函数

① Conspire：为了发起共谋请求，Leader 需要在 $cc.T_1$ 前向 BC 账户交纳押金 o_s。

② Accept：为了响应共谋请求，Follower 需要在 $cc.T_2$ 前向 BC 账户交纳押金 o_s。

③ Agree：为了欺骗客户端 C，Leader 与 Follower 需要在 $cc.T_3$ 前密谋一个错误的计算结果 $f(\cdot)$。

④ Transfer：该函数用于处理不同情况（Case 1～Case 3）的纠纷。

Case 1 共谋合约 CC 未生效，即 Follower 未在 $cc.T_2$ 前调用函数 Accept，共谋合约 CC 返还 Leader 的押金；

Case 2 超时，即 Leader 或 Follower 未在 $cc.T_3$ 前调用函数 Agree：(a)若两者均超时，则共谋合约 CC 归还两者押金；(b)若仅有一者超时，则共谋合约 CC 给未超时者转账 $2o_s$。

Case 3 (a)若两者均发送 $f(\cdot)$，或者两者均发送 $\neg f(\cdot)$，则合约 CC 归还两者押金；(b)若两者中仅有一者发送 $f(\cdot)$，则合约给发送 $f(\cdot)$ 者转账 $2o_s$。

15.5.3 合约开销

在智能合约中，合约的开销以 gas 度量，其中 1 gas = 1 Gwei (1×10^{-9} ether)。表 15-6~表 15-8 展示了制衡合约 PC、共谋合约 CC、背叛合约 BC 部署及执行智能合约函数的开销。由定理 15-4 可知，由于存在 BC 这一可置信威胁，没有一个服务端敢发起共谋，即 CC 根本不会被部署。既然没有共谋会发生，那么 BC 中的函数 Report 与 ReturnAgain 也不会被调用。同时，由定理 15-4 可知，每个服务端的最优策略是诚实执行 ICRDC，因此 PC 中的函数 Check 也不会被调用。

表 15-6 PC 开销

函数	开销/gas
Deploy	3 116 968
Create	163 042
Join	196 615
Outsource	359 984
Return	70 538
Check	147 433
Transfer	225 602

表 15-7 CC 开销

函数	开销/gas
Deploy	1 243 536
Conspire	150 006
Accept	81 768
Agree	64 150
Transfer	78 770

表 15-8　BC 开销

函数	开销/gas
Deploy	430 329
Report	87 974
ReturnAgain	41 168

15.6　委托开销

本节分析本章构造方案的一个重要指标，即客户端 C 需支付的委托开销 $\bar{\alpha}$。

15.6.1　分析

显然，若能激励每个服务端 P_i 诚实执行 ICRDC，那么客户端 C 的效用为 $u_c = v_c - \bar{\alpha}$。给定 v_c，则当委托开销 $\bar{\alpha}$ 最低时，客户端 C 的效用最高。由本章所构造方案可知，每一份任务块的委托开销为 $\frac{1}{m}\alpha$，且服务端数量为 n，则客户端 C 的总委托开销为 $\bar{\alpha} = \frac{n}{m}\alpha$。

一方面，n_{lc} 的值直接影响 κ_{min}，其中，n_{lc} 指低成本服务端数量，κ_{min} 指 DS 数量的最小值。若 $n_{lc} = 9$，那么 $\kappa_{min} = 10$，由引理 15-5 可知此 9 个低成本服务端将为 DS，又有 κ_{min} 必须为偶数，即至少 1 个高成本服务端将为 DS。除此之外，由于 $\kappa_{min} = 2n - 2m_{max}$，因此有 $\kappa_{min} \Rightarrow m_{max} \Rightarrow \left\{\frac{n}{m}\right\}_{min}$。

另一方面，对于给定的 α，求解最低的 $\bar{\alpha}$ 就是要在以下两个条件下求解 $\left\{\frac{n}{m}\right\}_{min}$。

（1）能满足 ICRDC 的委托规则。由引理 15-1 可知 $\frac{n}{n-1} \leqslant \frac{n}{m} \leqslant 2$。

（2）能激励每个理性服务端不偏离诚实行为。①对于每个低成本服务端而言，由引理 15-5 可知其成为 DS 的概率为 1，成为 US 的概率为 0，由定理 15-3 可知此时该低成本 DS 的最优策略是不参与共谋。②对于每个高成本服务端而言，尽管没有任何动机支付交互成本 ϖ_i 来了解自己的类型，但其同样知道每个低成本服务端将成为 DS，因此其将修正自身成为 DS 的概率。具体地，由于有 $2n - 2m - n_{lc}$ 个高成本服务端将成为 DS，则每个高成本服务端成为 DS 的概率为 $\frac{2n - 2m - n_{lc}}{n}$，成为 US 的概率为 $\frac{2m - n + n_{lc}}{n}$。换句话说，每个高成本服务端诚实执行 ICRDC 的期望效用为$u_{\text{honest}}=\frac{2n-2m-n_{\text{lc}}}{n}(q_{\text{c}}-g_{\text{s}})+\frac{2m-n+n_{\text{lc}}}{n}(q_{\text{c}}-g_{\text{s}})=q_{\text{c}}-g_{\text{s}}$，不诚实的期望效用为$u_{\text{dishonest}}=\frac{2n-2m-n_{\text{lc}}}{n}(-d_{\text{s}})+\frac{2m-n+n_{\text{lc}}}{n}q_{\text{c}}$。由于仅当$u_{\text{honest}}>u_{\text{dishonest}}$时能激励其诚实，所以有

$$u_{\text{honest}}>u_{\text{dishonest}}\Rightarrow\frac{n}{m}>\frac{2q_{\text{c}}+2d_{\text{s}}}{2q_{\text{c}}+2d_{\text{s}}-g_{\text{s}}-\frac{n_{\text{lc}}}{n}q_{\text{c}}-\frac{n_{\text{lc}}}{n}d_{\text{s}}}\tag{15-56}$$

15.6.2 最低委托开销

显然，$n_{\text{lc}}\in[0,n]$，其中$n_{\text{lc}}=0$指每个服务端都是高成本的，$n_{\text{lc}}=n$指每个服务端都是低成本的。

定理 15-5 如果$n_{\text{lc}}=0$且$\frac{n}{n-1}>\frac{2q_{\text{c}}+2d_{\text{s}}}{2q_{\text{c}}+2d_{\text{s}}-g_{\text{s}}}$，委托开销可达到最低值，此时最低委托开销$\bar{\alpha}_{\min}=\frac{n}{n-1}\alpha$。

证明 首先考虑两个极端情况。

（1）如果$n_{\text{lc}}=n$。由引理 15-5 可知每个服务端将成为 DS，即此时$n=2m$，所以有$\bar{\alpha}=\frac{n}{m}\alpha=2\alpha$。

（2）如果$n_{\text{lc}}=0$。由于只有$\frac{n}{m}>\frac{2q_{\text{c}}+2d_{\text{s}}}{2q_{\text{c}}+2d_{\text{s}}-g_{\text{s}}-\frac{n_{\text{lc}}}{n}q_{\text{c}}-\frac{n_{\text{lc}}}{n}d_{\text{s}}}=\frac{2q_{\text{c}}+2d_{\text{s}}}{2q_{\text{c}}+2d_{\text{s}}-g_{\text{s}}}$时才能激励每个理性服务端不偏离诚实行为，并且由引理 15-1 可知$\frac{n}{n-1}\leqslant\frac{n}{m}\leqslant 2$，那么有

Case 1 如果$\frac{n}{n-1}>\frac{2q_{\text{c}}+2d_{\text{s}}}{2q_{\text{c}}+2d_{\text{s}}-g_{\text{s}}}$，此时因为$\left[\frac{n}{n-1},2\right]\cap\left(\frac{2q_{\text{c}}+2d_{\text{s}}}{2q_{\text{c}}+2d_{\text{s}}-g_{\text{s}}},+\infty\right)=\left[\frac{n}{n-1},2\right]$，即$\frac{n}{m}\in\left[\frac{n}{n-1},2\right]$，所以$\left\{\frac{n}{m}\right\}_{\min}=\frac{n}{n-1}$。换句话说，这表示$C$将计算任务划分为$n-1$块，并且当仅有一份重复的任务块被委托给了两个不同的服务端时，$\bar{\alpha}_{\min}=\frac{n}{n-1}\alpha$。

Case 2 如果$\frac{n}{n-1}=\frac{2q_{\text{c}}+2d_{\text{s}}}{2q_{\text{c}}+2d_{\text{s}}-g_{\text{s}}}$，此时有$\left[\frac{n}{n-1},2\right]\cap\left(\frac{2q_{\text{c}}+2d_{\text{s}}}{2q_{\text{c}}+2d_{\text{s}}-g_{\text{s}}},+\infty\right)=\left(\frac{n}{n-1},2\right]$，即$\frac{n}{m}\in\left(\frac{n}{n-1},2\right]$。因为对于给定的$n$，$\bar{\alpha}$随着$m$的增大而减小，那么

应该选择可取得的$m_{\max}$。更具体地，因为

$$\begin{cases}\dfrac{n}{n-1}<\dfrac{n}{m}\Rightarrow m<n-1\\ m\leqslant n-1\end{cases} \tag{15-57}$$

那么$m_{\max}=n-2$，这表示C将计算任务划分为$n-2$块，且$\kappa=4,\tau=n-4$，此时$\bar{\alpha}_{\min}=\dfrac{n}{n-2}\alpha$。

Case 3 如果$\dfrac{n}{n-1}<\dfrac{2q_c+2d_s}{2q_c+2d_s-g_s}$，此时有$\dfrac{n}{m}\in\left(\dfrac{2q_c+2d_s}{2q_c+2d_s-g_s},2\right]$，即$\bar{\alpha}>\dfrac{2q_c+2d_s}{2q_c+2d_s-g_s}\alpha$。换句话说，$\bar{\alpha}$的值与$q_c,d_s,g_s$相关。由$\kappa=2n-2m$可得$\dfrac{n}{m}=\dfrac{2n}{2n-\kappa}$，又因为$\kappa$表示 DS 的数量，则有$\kappa\in[2,n]$，那么有

$$\begin{cases}\dfrac{n}{m}>\dfrac{2q_c+2d_s}{2q_c+2d_s-g_s}\Rightarrow(2n-2m)(q_c+d_s)>ng_s\Rightarrow\dfrac{\kappa}{n}>\dfrac{g_s}{q_c+d_s}\\ \dfrac{n}{n-1}<\dfrac{2q_c+2d_s}{2q_c+2d_s-g_s}\Rightarrow\dfrac{g_s}{q_c+d_s}>\dfrac{2}{n}\\ 2\leqslant\kappa\leqslant n\Rightarrow\dfrac{2}{n}\leqslant\dfrac{\kappa}{n}\leqslant 1\end{cases} \tag{15-58}$$

即$\dfrac{2}{n}<\dfrac{g_s}{q_c+d_s}<\dfrac{\kappa}{n}\leqslant 1$。

如图 15-6 所示，$\dfrac{g_s}{q_c+d_s}$必然属于一个具体的$\mathrm{Seg}=\left\{\mathrm{Seg}_1,\mathrm{Seg}_2,\cdots,\mathrm{Seg}_{\frac{n-2}{2}}\right\}$段中，其中每个$\mathrm{Seg}_i$是一个区间，$\mathrm{Seg}_1=\left(\dfrac{2}{n},\dfrac{4}{n}\right),\mathrm{Seg}_i=\left(\dfrac{2i}{n},\dfrac{2i+2}{n}\right]$，$i\neq 1$。例如，如果$\dfrac{g_s}{q_c+d_s}\in\mathrm{Seg}_1$，这表示$\dfrac{g_s}{q_c+d_s}\in\left(\dfrac{2}{n},\dfrac{4}{n}\right)$，则$\dfrac{\kappa}{n}\in\left[\dfrac{4}{n},1\right]$，所以$m_{\max}=2n-\kappa=2n-4$，此时$\bar{\alpha}_{\min}=\dfrac{n}{n-2}\alpha$。如果$\dfrac{g_s}{q_c+d_s}\in\mathrm{Seg}_{\frac{n-2}{2}}$，那么$\dfrac{\kappa}{n}\in\left[\dfrac{n-2}{n},1\right]$，此时$m_{\max}=\dfrac{n}{2}$，$\bar{\alpha}_{\min}=2\alpha$。换句话说，因为$\dfrac{g_s}{q_c+d_s}\in\left(\dfrac{2i}{n},\dfrac{2i+2}{n}\right]$，所以$\dfrac{\kappa}{n}\in\left[\dfrac{2i}{n},1\right]$，因此，最低委托开销取决于$\dfrac{g_s}{q_c+d_s}$所属的区间范围，而在 Case3 中的最低委托开销出现在当$\dfrac{g_s}{q_c+d_s}\in\mathrm{Seg}_1$时，此时$\bar{\alpha}_{\min}=\dfrac{n}{n-2}\alpha$。

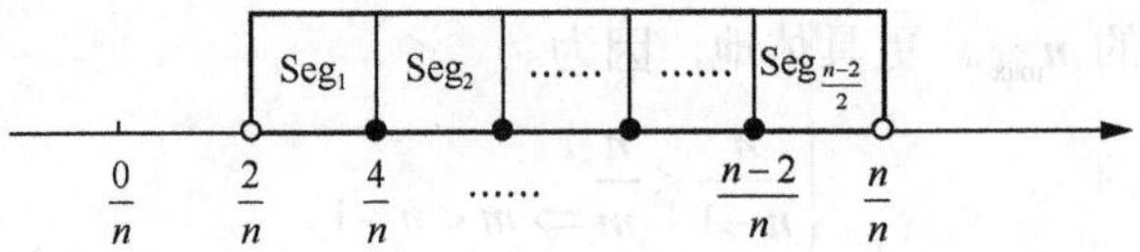

图 15-6 $\frac{g_s}{q_c+d_s}$ 范围

显然，只要将 d_s 设置得足够大以使 Case1 的条件成立，方案将取得最低的委托开销 $\bar{\alpha}_{\min}=\frac{n}{n-1}\alpha$。也就是说，本章方案的委托开销 $\bar{\alpha}\in\left[\frac{n}{n-1}\alpha,2\alpha\right]$。本章方案与现有方案的对比如表 15-9 所示。由表 15-9 可知，在最优情况下，本章方案的委托开销可降低至 Dong 方案委托开销的 $\frac{\frac{n}{n-1}\alpha}{2\alpha}=\frac{n}{2n-2}$。

表 15-9　本章方案与现有方案对比

方案	抗共谋	激励相容	委托开销
Canetti 方案	否	否	2α
Dong 方案	是	是	2α
本章方案	是	是	$\left[\frac{n}{n-1}\alpha,2\alpha\right]$

参考文献

[1] CHAUM D, PEDERSEN T P. Wallet databases with observers[C]//Annual International Cryptology Conference. Berlin: Springer, 1993: 89-105.

[2] DONG C Y, WANG Y L, ALDWEESH A, et al. Betrayal, distrust, and rationality: smart counter-collusion contracts for verifiable cloud computing[C]//Proceedings of the 2017 ACM SIGSAC Conference on Computer and Communications Security. New York: ACM Press, 2017: 211-227.

[3] KOTLA R, ALVISI L, DAHLIN M, et al. ZYZZYVA: speculative byzantine fault tolerance[C]//Proceedings of the 21st ACM SIGOPS symposium on Operating systems principles. New York: ACM Press, 2007: 45-58.

[4] CANETTI R, RIVA B, ROTHBLUM G N. Practical delegation of computation using multiple servers[C]//Proceedings of the 18th ACM Conference on Computer and Communications Security. New York: ACM Press, 2011: 445-454.

[5] VAN D H J, KAASHOEK M F, ZELDOVICH N. Versum: verifiable computations over large public logs[C]//Proceedings of the 2014 ACM SIGSAC Conference on Computer and Communications Security. New York: ACM Press, 2014: 1304-1316.

[6] DISTLER T, CACHIN C, KAPITZA R. Resource-efficient Byzantine fault tolerance[J]. IEEE

Transactions on Computers, 2016, 65(9): 2807-2819.

[7] WANG S, YUAN Y, WANG X, et al. An overview of smart contract: architecture, applications, and future trends[C]//Proceedings of 2018 IEEE Intelligent Vehicles Symposium. Piscataway: IEEE Press, 2018: 108-113.

[8] WU S K, CHEN Y J, WANG Q, et al. CReam: a smart contract enabled collusion-resistant e-auction[J]. IEEE Transactions on Information Forensics and Security, 2019, 14(7): 1687-1701.

[9] JIANG X X, TIAN Y L. Rational delegation of computation based on reputation and contract theory in the UC framework[C]//Security and Privacy in Digital Economy. Berlin: Springer, 2020: 322-335.

[10] LI T, CHEN Y L, WANG Y L, et al. Rational protocols and attacks in blockchain system[J]. Security and Communication Networks, 2020, 2020: 1939-0114.

[11] GUO W L, CHANG Z, GUO X J, et al. Incentive mechanism for edge-computing-based blockchain[J]. IEEE Transactions on Industrial Informatics, 2020, 16(11): 7105-7114.

[12] BLAKLEY G R. Safeguarding cryptographic keys[C]//International Workshop on Managing Requirements Knowledge (MARK). Piscataway: IEEE Press, 1979: 313-318.

[13] ASMUTH C, BLOOM J. A modular approach to key safeguarding[J]. IEEE Transactions on Information Theory, 1983, 29(2): 208-210.

[14] CHOR B, GOLDWASSER S, MICALI S, et al. Verifiable secret sharing and achieving simultaneity in the presence of faults[C]//Proceedings of the 26th Annual Symposium on Foundations of Computer Science. Piscataway: IEEE Press, 1985: 383-395.

[15] ITO M, SAITO A, NISHIZEKI T. Secret sharing scheme realizing general access structure[J]. Electronics and Communications in Japan (Part III: Fundamental Electronic Science), 1989, 72(9): 56-64.

[16] GOYAL V, KUMAR A. Non-malleable secret sharing[C]//Proceedings of the 50th Annual ACM SIGACT Symposium on Theory of Computing. New York: ACM Press, 2018: 685-698.

[17] BADRINARAYANAN S, SRINIVASAN A. Revisiting non-malleable secret sharing[C]//Annual International Conference on the Theory and Applications of Cryptographic Techniques. Berlin: Springer, 2019: 593-622.

[18] APPLEBAUM B, BEIMEL A, FARRAS O, et al. Secret-sharing schemes for general and uniform access structures[C]//Annual International Conference on the Theory and Applications of Cryptographic Techniques. Berlin: Springer, 2019: 441-471.

[19] LIU T R, VAIKUNTANATHAN V. Breaking the circuit-size barrier in secret sharing[C]// Proceedings of the 50th Annual ACM SIGACT Symposium on Theory of Computing. New York: ACM Press, 2018: 699-708.

[20] MALEKA S, SHAREEF A, RANGAN C P. Rational secret sharing with repeated games[C]// Information Security Practice and Experience. Berlin: Springer, 2008: 334-346.

[21] ONG S J, PARKES D C, ROSEN A, et al. Fairness with an honest minority and a rational majority[C]//Theory of Cryptography. Berlin: Springer, 2009: 36-53.

[22] FUCHSBAUER G, KATZ J, NACCACHE D. Efficient rational secret sharing in standard

communication networks[C]//Theory of Cryptography. Berlin: Springer, 2010: 419-436.
[23] WANG Y L, WANG H, XU Q L. Rational secret sharing with semi-rational players[J]. International Journal of Grid and Utility Computing, 2012, 3(1): 59-67.
[24] ZHANG Z F, LIU M L. Rational secret sharing as extensive games[J]. Science China Information Sciences, 2013, 56(3): 1-13.
[25] DE S J, RUJ S, PAL A K. Should silence be heard? fair rational secret sharing with silent and non-silent players[C]//Cryptology and Network Security. Berlin: Springer, 2014: 240-255.
[26] JIN J H, ZHOU X, MA C G, et al. A rational secret sharing relying on reputation[C]//Proceedings of 2016 International Conference on Intelligent Networking and Collaborative Systems (INCoS). Piscataway: IEEE Press, 2016: 384-387.
[27] SZABO N. Formalizing and securing relationships on public networks[J]. First Monday, 1997: doi.org/10.5210/fm.v2i9.548.